高等学校教材

无机及分析化学实验

Inorganic and Analytical Chemistry Experiment

◎ 庄京　欧阳琛　王训　编著

中国教育出版传媒集团
高等教育出版社·北京

内容提要

本书是为化学、化工、材料、环境、生物、药学、医学类专业本科生开设无机及分析化学实验课程而编写的无机及分析化学实验教材。全书分为五部分：无机及分析化学实验基础知识，元素性质及定性分析实验，定量分析基本操作、仪器及实验，无机化合物制备基本操作、仪器及实验，附录。本书除介绍最基本的实验室安全守则和基本知识外，更注重把实验中涉及的基本操作、仪器使用等相关内容介绍与实验紧密结合，而且加入了危险化学品的安全信息，以及安全防护用品的介绍。

本书适合作为高等学校无机及分析化学实验课程教材，亦可作为相关专业的参考书。

图书在版编目(CIP)数据

无机及分析化学实验 / 庄京，欧阳琛，王训编著. -- 北京 ：高等教育出版社，2022.10

ISBN 978-7-04-059137-8

Ⅰ.①无… Ⅱ.①庄… ②欧… ③王… Ⅲ.①无机化学-化学实验-高等学校-教材②分析化学-化学实验-高等学校-教材 Ⅳ.①O61-33②O65-33

中国版本图书馆 CIP 数据核字(2022)第 142482 号

WUJI JI FENXI HUAXUE SHIYAN

策划编辑 曹 瑛　责任编辑 曹 瑛　封面设计 王 琰　版式设计 徐艳妮
责任绘图 黄云燕　责任校对 张 薇　责任印制 刁 毅

出版发行 高等教育出版社
社　　址 北京市西城区德外大街4号
邮政编码 100120
印　　刷 山东临沂新华印刷物流集团有限责任公司
开　　本 787mm×1092mm 1/16
印　　张 15
字　　数 360千字
购书热线 010-58581118
咨询电话 400-810-0598
网　　址 http://www.hep.edu.cn
　　　　 http://www.hep.com.cn
网上订购 http://www.hepmall.com.cn
　　　　 http://www.hepmall.com
　　　　 http://www.hepmall.cn
版　　次 2022年10月第1版
印　　次 2022年10月第1次印刷
定　　价 31.10元

物 料 号 59137-00

前　言

“无机及分析化学实验”是清华大学化学系为化工、材料、环境、生物、药学、医学等专业开设的一门公共基础实验课，是上述专业学生进入大学后的第一门化学实验课，目前使用的教材为高等教育出版社出版于2007年的普通高等教育“十一五”国家级规划教材《基础分析化学实验》，有关无机元素的实验内容主要采用了定性分析部分的元素实验，有关无机合成的实验则以补充讲义的形式呈现，教材经过十多年的使用，积累了大量的经验，同时也发现了很多不足与需要更新的内容，因此亟待编写一本《无机及分析化学实验》教材，以期实现课程教材的完整性及内容上的与时俱进，本书是在此背景下编写而成的。

编者结合多年的教学经验和体会，在编写《无机及分析化学实验》教材时着重从以下几方面入手来体现本书的特点：

1. 本书所涉及的知识点与实际紧密结合，实验内容的选取以基础经典实验为主，并尽可能地结合选修此课程各院系的相关学科，适当地引入最新的研究成果，如书中无机合成实验部分编入的光致变色型钨酸铋纳米片制备实验，素材来源就是近年发表在 *Nature catalysis* 上的研究成果。此外，书中介绍的实验仪器，均为目前常用仪器的最新型号。

2. 本书的整体架构，除了最基本的实验室安全规则和基本知识外，更注重把实验中涉及的基本操作、仪器使用等相关内容介绍与实验紧密结合，这样的安排更符合学生的阅读习惯以及方便学生进行课前预习。另外，在实验内容中我们编写了说明，说明中包括了需要强调的实验要点以及一些拓展知识。再有，考虑到学生前期理论课学习中“无机化学”的知识所学较浅，因此相关原理多以总结的形式呈现。

3. 随着人们实验室安全意识的日益增强，本书中加入了危险化学品的安全信息，以及安全防护用品介绍。同时为了增强学生的环保意识，本书中亦介绍了化学实验中产生的“三废”的简单处理。此外，本书中锌铁氧体制备实验的制备方法亦可用于处理重金属废水，且具有独到的优点。

本书的出版得到了高等教育出版社曹瑛编辑的大力支持与帮助，在此向她表示衷心的感谢。

“无机及分析化学实验”作为一门基础实验课，其内容、仪器等还在不断地发展，因此相应的实验内容也需要不断完善，由于编者水平有限，书中的错误和欠妥之处，恳请读者批评指正。

编者

2022年4月

目　录

绪论

一、无机及分析化学实验的目的和要求

“无机及分析化学实验”课程是为化工、材料、环境、生物、药学、医学等专业的学生开设的一门基础实验课,是学生们进入大学后的第一门化学实验课。前期的必修理论课程为“无机及分析化学”或“化学原理”,开设“无机及分析化学实验”课程的主要目的是:

(1) 培养良好的专业素养　进入实验室的个人安全防护、必须遵守的实验室安全守则、实验时的习惯、熟练掌握无机及分析化学实验中的正确基本操作技术。

(2) 培养探究的学习态度　摒弃对于基础实验“照方抓药”的固有思维认知,通过实践探究“方子”的来龙去脉,并运用所学的理论知识指导实验、解释实验现象、分析误差来源,从而学会正确、合理地选择实验方法和实验仪器,并能按照要求独立地设计一些实验。

(3) 培养实事求是、严谨的科学作风　翔实记录真实的实验数据和过程,是学生未来从事任何领域工作的必备品质。

(4) 培养努力不懈的意志品质　从实验“小白”成长为具有一定能力的实验者,需要克服困难,不断提升自己,并在实验中锻炼独立分析、解决问题的能力。

基础实验课程的学习,将为培养出具备健全人格的创新性人才夯实基础。

为了达到上述目的,获得较好的实验效果,必须切实做到以下几点:

(1) 课前必须预习,理解实验原理,熟悉每个实验步骤,并撰写好预习报告。未预习者不得进行实验。

(2) 实验时应手脑并用,并随时把必要的数据和现象清楚、认真地记录在专用的记录本上。

(3) 保持室内安静,以利于集中精力做好实验。保持实验台面整洁,仪器摆放整齐、有序,注意节约和安全。

(4) 实验后对实验现象和取得的数据要进行实事求是的归纳、总结和计算,并且应用误差理论正确地处理和评价数据,对于误差较大的数据应加以讨论,找出产生原因,作为后续实验的参考。

二、实验成绩的评定

实验成绩按以下五方面进行综合评定:

(1) 对实验原理和实验中的主要环节的理解程度;

(2) 实验的工作效率和实验操作的正确性;

(3) 良好的实验习惯是否养成;

(4) 实验作风是否实事求是;

(5) 实验数据的精密度与准确度是否达到要求,实验报告的撰写及总结讨论是否认真深入等。

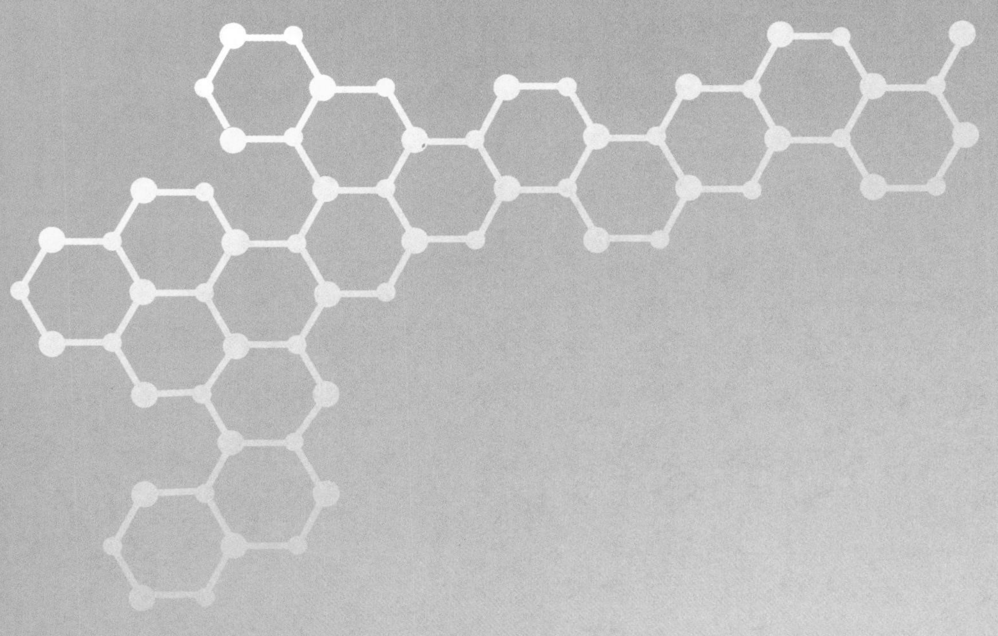

第一部分

无机及分析化学实验基础知识

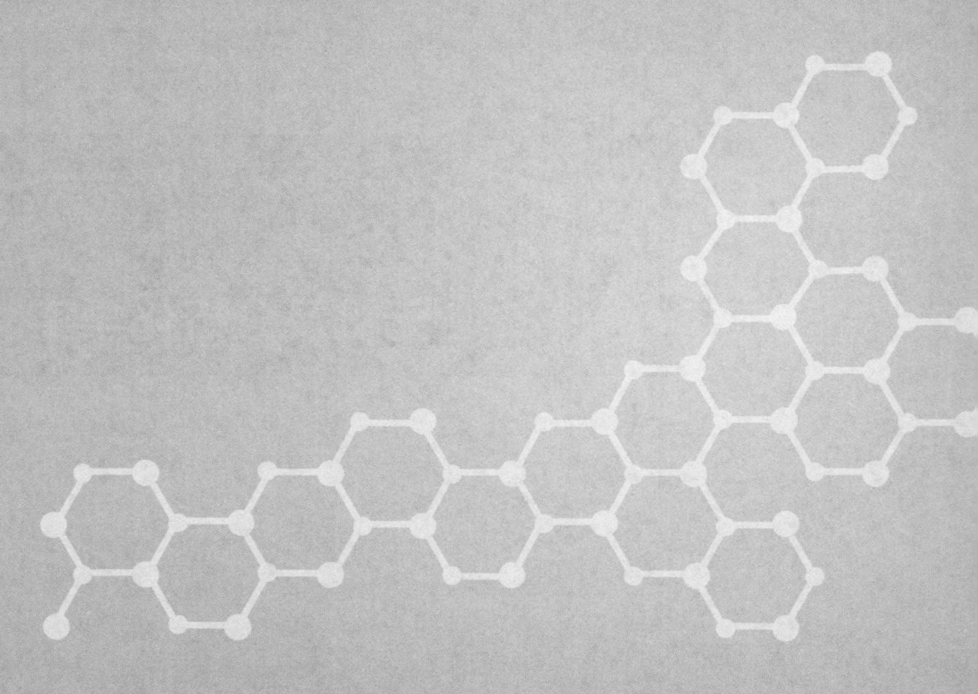

1.1 实验室安全知识

1.1.1 实验室安全守则

（1）进入实验室，必须穿实验服并佩戴防护眼镜，长发应束起，不得佩戴隐形眼镜。此外，个人着装要求为穿好实验服后除头部、颈部、手部以外的身体皮肤均不能暴露在空气中，不允许穿拖鞋、凉鞋及鞋面有孔的鞋。防护手套视实验内容选择性佩戴。

（2）实验室内严禁饮食、吸烟，切勿以实验用容器代替水杯、餐具使用，防止化学试剂入口，实验结束后要洗手。

（3）掌握实验室所在楼宇的位置及安全逃生通道，掌握楼道和实验室内灭火器、紧急喷淋器、灭火毯、急救箱、洗眼器等安全保障设施的位置及使用方法，了解实验室内水、电总开关的位置。

（4）严禁随意混合各种化学药品，实验室中的所有药品不得擅自带离实验室。实验中涉及的危害化学品，其废物、废液不得乱扔、乱倒，应专门回收，由专业人员进行统一处理。

（5）使用浓酸、浓碱及其他具有强烈腐蚀性的试剂时，操作要小心，防止溅伤和腐蚀皮肤、衣物等。易挥发的有毒或有强烈腐蚀性的液体和气体，要在通风柜中操作（尤其是用它们热分解样品时），溅到实验台上或地面上时要用水稀释后擦掉。

（6）使用电气设备时，切不可用湿润的手开启电闸和电器开关。凡是漏电的仪器不要使用，以免触电。实验中涉及的仪器，要在阅读仪器操作规程或经教师讲解后再动手操作，不要随意拨弄仪器，以免损坏或发生其他事故，使用后应将仪器恢复到初始状态。使用高压气体钢瓶时，应严格按操作规程进行操作。

（7）实验进行过程中，严禁大声喧哗，不得擅自离开实验室。实验室应保持整洁，不要将毛刷、抹布扔在水槽中。保持水槽清洁，禁止将固体废弃物、玻璃碎片、废纸等扔入水槽内，以免造成下水道堵塞。实验结束离开实验室时，应仔细检查水、电、气及门、窗等是否关好。

1.1.2 灭火知识

1. 火灾分类

根据可燃物的类型和燃烧特性，采用标准化的方法可将火灾分为 A、B、C、D、E、F 六类（国家标准 GB/T 5907.1－2014 消防词汇，第一部分：通用术语 2.6）。

（1）A 类火灾：指固体物质火灾。这种物质通常具有有机物质性质，一般在燃烧时能产生灼热的余烬。如木材、干草、煤炭、棉、毛、麻、纸张等火灾。

（2）B 类火灾：指液体或可熔化的固体物质火灾。如煤油、柴油、原油、甲醇、乙醇、沥青、石蜡、塑料等火灾。

(3) C 类火灾:指气体火灾。如煤气、天然气、甲烷、乙烷、丙烷、氢气等火灾。

(4) D 类火灾:指金属火灾。如钾、钠、镁、钛、锆、锂、铝镁合金等火灾。

(5) E 类火灾:指带电火灾。物体带电燃烧的火灾。

(6) F 类火灾:指烹饪器具内的烹饪物(如动植物油脂)火灾。

实验室中的起火原因主要涉及上述的 B、C、D、E 四类。

2. 灭火原则

移去或隔绝燃料的来源,隔绝空气(氧气),降低温度。根据起火的原因和火场周围的情况,采取不同的扑救方法。起火后,不要慌乱,一般应立即采取以下措施:

(1) 防止火势蔓延:

① 切断电源、熄灭所有加热设备;

② 快速将一切可燃物移至远处;

③ 关闭通风装置,以减少空气(氧气)的流通。

(2) 扑灭火焰:一般的小火可用湿布、石棉布或沙土覆盖在着火的物体上。火势大时应用灭火器扑救。

由电气设备及电线引发的火灾,首先须关闭总电闸以切断电流,再用灭火器扑救。衣服着火时,应赶快脱下,根据着火原因,选择使用湿布或石棉布覆盖着火处,或使用实验室内的喷淋装置,或在地上卧倒打滚,绝不可慌张乱跑。

3. 化学实验室常备灭火器介绍

(1) 干粉灭火器:干粉灭火器内部填充的干粉灭火剂一般分为 BC 干粉灭火剂(碳酸氢钠等)和 ABC 干粉灭火剂(磷酸铵盐等)两大类。BC 干粉灭火器适用于易燃、可燃液体、气体和带电设备的初起火灾;ABC 干粉灭火器除可用于上述几类火灾外,还可扑救固体类物质的初起火灾,但都不能扑救 D 类金属火灾。

干粉灭火器构造与灭火原理:干粉灭火器利用二氧化碳气体或氮气气体作动力,将筒内的干粉喷出灭火。干粉灭火器内部填充的干粉灭火剂是由具有灭火效能的无机盐和少量的防潮剂、流动促进剂、结块防止剂等添加剂经干燥、粉碎、混合而成的微细固体粉末,具有易流动性、干燥性,灭火一是靠干粉中的无机盐的挥发性分解物,与燃烧过程中燃料所产生的自由基或活性基团发生化学抑制和负催化作用,使燃烧的链反应中断而灭火;二是靠干粉的粉末落在可燃物表面外,发生化学反应,并在高温作用下形成一层玻璃状覆盖层,从而隔绝氧气,进而窒息灭火。另外,还有部分稀释氧气和冷却作用。

干粉灭火器扑救易燃、可燃液体火灾时,应对准火焰根部扫射,如果被扑救的液体火灾呈流淌燃烧时,应对准火焰根部由近而远,并左右扫射,直至把火焰全部扑灭。如果可燃液体在容器内燃烧,扑救者应对准火焰根部左右晃动扫射,使喷射出的干粉流覆盖整个容器开口表面;当火焰被赶出容器时,扑救者仍应继续喷射,直至将火焰全部扑灭。在扑救容器内可燃液体火灾时,应注意不能将喷嘴直接对准液面喷射,防止喷流的冲击力使可燃液体溅出而扩大火势,造成灭火困难。如果当可燃液体在金属容器中燃烧时间过长,容器的壁温已高于扑救可燃液体的自燃点,极易造成灭火后再复燃的现象,此时应与泡沫类灭火器联用,灭火效果更佳。

使用 ABC 干粉灭火器扑救固体可燃物火灾时，应对准燃烧最猛烈处喷射，并上下、左右扫射。如条件许可，使用者可提着灭火器沿着燃烧物的四周边走边喷，使干粉灭火剂均匀地喷在燃烧物的表面，直至将火焰全部扑灭。

(2) 泡沫灭火器：适用于扑救一般 B 类火灾，如油制品、油脂等火灾，也适用于 A 类火灾，但不能扑救 B 类火灾中的水溶性可燃、易燃液体的火灾，如醇、酯、醚、酮等物质火灾；也不能扑救带电设备及 C 类和 D 类火灾。

泡沫灭火器构造与灭火原理：泡沫灭火器的外壳由铁皮制成，内装碳酸氢钠与发沫剂的混合溶液，另有一玻璃瓶内胆，装有硫酸铝水溶液。使用时将筒体颠倒使碳酸氢钠和硫酸铝两溶液混合发生化学作用，产生二氧化碳气体泡沫，体积膨胀 7 ~ 10 倍，一般能喷射 10 m 左右。泡沫的相对密度一般为 0.1 ~ 0.2(如汽油的相对密度是 0.78、水的相对密度是 1.0)，由于泡沫的相对密度小，所以能覆盖在易燃液体的表面上，一方面降低了液面的温度(吸热)使液体蒸发速度降低；另一方面形成了一个隔绝层，隔断氧气与液面接触，火就被扑灭。

使用时应注意：不得使灭火器过分倾斜，更不可横拿或颠倒，以免两种药剂混合而提前喷出。当距离着火点 10 m 左右，即可将筒体颠倒过来，一只手紧握提环，另一只手扶住筒体的底圈，将射流对准燃烧物。在扑救可燃液体火灾时，如已呈流淌状燃烧，则将泡沫由近而远喷射，使泡沫完全覆盖在燃烧液面上；如在容器内燃烧，应将泡沫射向容器的内壁，使泡沫沿着内壁流淌，逐步覆盖着火液面。切忌直接对准液面喷射，以免由于射流的冲击，反而将燃烧的液体冲散或冲出容器，扩大燃烧范围。在扑救固体物质火灾时，应将射流对准燃烧最猛烈处。灭火时随着有效喷射距离的缩短，使用者应逐渐向燃烧区靠近，并始终将泡沫喷在燃烧物上，直到扑灭。使用时，灭火器应始终保持倒置状态，否则会中断喷射。

(3) 二氧化碳灭火器：适用于 A、B、C、E 类火灾，不能扑救因钾、钠、镁、铝等金属物质引起的 D 类火灾，因为这些物质会与二氧化碳发生反应。

二氧化碳灭火器构造与灭火原理：加压将液态二氧化碳压缩进灭火器钢瓶中，灭火时将其喷出，常压下液态二氧化碳立即汽化，有效降低了燃烧区域的氧浓度，同时液体迅速汽化成气体会吸收周围部分热量，也起到了冷却的作用。

目前实验室常配备的灭火器为干粉灭火器。

(4) 灭火器的维护：

① 灭火器应定期检查，并按规定更换；

② 灭火器应固定放置在明显的地方，不得任意移动。

1.1.3 实验室意外事故的一般处理

(1) 割伤：发生割伤后，伤口内若有异物，应先取出，然后在伤口处贴上创可贴，若伤口较脏可先用 3% 双氧水擦洗或用碘酒涂在伤口四周进行消毒。但应注意，红药水和碘酒不能同时使用。必要时送医院救治。

(2) 烫伤和烧伤：轻度烫伤或烧伤，可用药棉棒浸 90% ~ 95% 酒精轻涂伤处，也可用 3% ~ 5% 高锰酸钾溶液润湿伤处至皮肤变为棕色，再在烫伤处涂上烫伤膏或万花油，也可直接使用烫伤膏，切忌用水冲洗。此外，因接触过冷物品引起的冻伤，其性质与烫伤类似。

(3) 浓酸(或浓碱)蚀伤：酸或碱接触到皮肤上时，应立即用大量水冲洗，如果是酸蚀，再用饱和碳酸氢钠溶液或稀氨水冲洗，碱蚀则用 2% 醋酸溶液冲洗，最后再用水冲洗。酸（或碱）溅入眼内时，立即用大量水冲洗后，再用 2% 硼砂溶液（或 2% 硼酸溶液）冲洗眼睛，最后再用水洗。

（4） 溴腐蚀伤：先用酒精或 10% 大苏打溶液洗涤伤口，然后用水冲净，并涂敷甘油。

（5） 吸入刺激性或有毒气体：如不慎吸入溴蒸气、氯气、氯化氢等气体，可吸入少量酒精和乙醚的混合蒸气使之溶解。由于吸入煤气、硫化氢气体而引起的不适，应立即到室外呼吸新鲜空气。

（6） 触电：不慎触电时，立即切断电源，必要时进行人工呼吸。

（7） 汞洒落：使用汞及内含汞的仪器时应避免汞的洒落，使用后的汞应收集在专用的回收容器中，切不可倒入下水道或污物箱内。如发生少量汞洒落，应尽量收集干净，并在可能洒落的地方撒一些硫黄粉，最后再清扫干净，集中作固体废物处理。

1.1.4 化学防护手套

化学防护手套可在手部与化学试剂之间形成有效的屏障，保护手部不受化学试剂的伤害。无机及分析化学实验室所用的化学防护手套主要为一次性丁腈手套，有时也采用一次性乳胶手套。化学防护手套的材质都是高分子材料，要起到有效防护作用，就要保证手套材质不能与接触的化学试剂发生作用（溶解、降解、渗透）而导致穿透。

天然乳胶（NR）是一种以顺-1,4-聚异戊二烯为主要成分的天然高分子化合物，其成分中 91% ~94% 是橡胶烃（顺-1,4-聚异戊二烯），其余为蛋白质、脂肪酸、灰分、糖类等非橡胶物质。常温下有较高弹性，略有塑性，低温时结晶硬化。

丁腈橡胶是由丁二烯（$H_2C=CH—CH=CH_2$）和丙烯腈（$H_2C=CH—CN$）经乳液聚合法制得的，主要采用低温乳液聚合法生产，兼有两种均聚物的性能。丁二烯组分赋予共聚物弹性和耐寒性，丙烯腈组分具有强极性，—CN 能使共聚物具备良好的耐化学腐蚀性，尤其是耐油性（如烷烃类油）特别好。增加丙烯腈在橡胶中的含量可以提高橡胶的耐油性，但弹性和耐寒性将有所降低，其制品耐油性好，耐磨性较高，耐热性较好。

生产防护产品的安思尔（Ansell）公司，对其出品的化学防护手套进行了渗透/降解性能方面的测试并将数据汇集成“安思尔手套渗透/降解防护指南”，实验者根据指南，可选择适合的化学防护手套进行佩戴。表 1.1 所列是从“安思尔手套渗透/降解防护指南”中选取的有关乳胶手套和丁腈手套对部分化学品的渗透/降解数据。为了更好地理解表中的数据，首先需要了解渗透、降解这两个关键术语的定义。渗透是化学品未经过针孔、气孔和其他可见开口，而穿过保护膜的过程。单个化学品分子进入薄膜并且穿过手套化合物或从薄膜“钻”进去。很多情况下，被渗透的材料凭肉眼可能看不到变化。渗透数据用渗透时间和渗透率来呈现，渗透时间（单位：min）是指从开始测试到样品（手套材料）另一侧首次检测到化学品的时间间隔，渗透时间反映了手套完全浸没在测试化学品中有效抵抗渗透的时间；渗透率是指 6 h 或 8 h 测试中记录的化学品渗入手套样品的最大流量。降解是指手套材料与化学品接触时，一种或多种物理属性的弱化过程。手套材料会表现出变硬、僵直或易碎，亦可表现为更加柔软、脆弱或膨胀成原有尺寸的数倍。如果一种化学品对手套材料的物理属性影响巨大，它也将轻易损害手套的抗渗透性。因此标注为“较差”或“不推荐”的手套与化学品组合通常不进行抗渗透性能测试。但渗透和降解并非永远是相互关联的。

安思尔的防护指南中，手套材质与对应化学品包括四类数据：总体渗透/降解防护水平、降解等级、渗透时间、渗透率。其中“总体渗透/降解防护水平”采用彩色编码，编码标准：① 满足下列任意一组条件的手套-化学品组合将标记为绿色：a. 降解等级优异或良好、渗透时间达到 30 min 或更长时间、抗渗透率为极优/优良/良好；b. 未规定渗透等级、渗透时间达到 240 min 或更长时间、降解等级为极优/良好。② 满足下列任意一组条件的手套-化学品组合将标记为红色：a. 降解等级为较差或不推荐使用；b. 降解等级为脱层降解（DD）、渗透时间少于 20 min。③ 所有其他手套-化学品组合将标记为黄色。简言之，绿色代表该手套非常适合与该化学品一同使用，黄色代表应该将该手套小心投入使用，红色代表禁止将该手套与该化学品一同使用。手套的降解等级分为：E—极优（液体降解性极小）、G—良好（液体降解性较小）、F—一般（液体降解性中等）、P—较差（液体降解性明显）、DD—降解外层并进行脱层、NR—不推荐使用（液体的降解性严重）。

安思尔手套防护指南

表 1.1　乳胶、丁腈手套渗透/降解防护指南

化学品	丁腈手套			乳胶手套		
	降解等级	渗透时间/渗透率	总体等级颜色	降解等级	渗透时间/渗透率	总体等级颜色
1. acetic acid 冰乙酸，99.7%	G	158/—	黄色	E	110/—	黄色
2. acetone 丙酮	NR	—	红色	E	10/F	黄色
3. ammonium hydroxide 氢氧化铵，浓缩（28% ~30% 铵）	E	>360/—	绿色	E	90/—	黄色
4. bromine water 溴水	E	>480/E	绿色	—	—	—
5. carbon tetrachloride 四氯化碳	G	150/G	绿色	NR	—	红色
6. chloroform 三氯甲烷	NR	—	红色	NR	—	红色
7. “chromic acid” cleaning solution“铬酸”清洁剂	F	240/—	黄色	NR	—	红色
8. citric acid 柠檬酸，10%	E	>360/—	绿色	E	>360/—	绿色
9. cyclohexane 环己烷	▲*	>360/—	绿色	—	—	—
10. ethyl acetate 乙酸乙酯	NR	—	红色	G	5/F	黄色

续表

化学品	丁腈手套			乳胶手套		
	降解等级	渗透时间/渗透率	总体等级颜色	降解等级	渗透时间/渗透率	总体等级颜色
11. ethyl ether 乙醚	E	95/G	绿色	NR	—	红色
12. hydrochloric acid 盐酸,10%	E	>360/—	绿色	E	>360/—	绿色
13. hydrochloric acid 盐酸,37%	E	>480/—	绿色	E	290/—	绿色
14. hydrogen peroxide 过氧化氢,30%	E	>360/—	绿色	E	>360/—	绿色
15. kerosene 煤油	E	>360/E	绿色	NR	—	红色
16. mercury 汞	▲*	>480/E	绿色	▲*	>480/E	绿色
17. nitric acid 硝酸,10%	E	>360/—	绿色	G	>360/—	绿色
18. nitric acid 硝酸,70%	NR	—	红色	NR	—	红色
19. perchloric acid 高氯酸,60%	E	>360/—	绿色	F	>360/—	黄色
20. phosphoric acid 磷酸,85%	E	>360/—	绿色	F	>360/—	黄色
21. potassium hydroxide 氢氧化钾,50%	E	>360/—	绿色	E	>360/—	绿色
22. sodium hydroxide 氢氧化钠,50%	E	>360/—	绿色	E	>360/—	绿色
23. sulfuric acid 硫酸,47%	E	>360/—	绿色	E	>360/—	绿色
24. sulfuric acid 硫酸,95% ~98%	NR	—	红色	NR	—	红色

注:▲—未进行该化学品的降解测试,但因为渗透时间>360/480 min,因此降解等级预期为良好至极优。

从表 1.1 可以看出乳胶手套和丁腈手套均适用于无机及分析化学实验常用的酸碱液、盐类、大部分极性溶剂等,但对强氧化性浓硫酸、浓硝酸不具备防护性能。丁腈手套相较于对非极性溶剂不具备防护性能的乳胶手套,可以有效地耐受烷烃(除含氯的)、环烷烃类非极性试剂，但对于芳烃类及其他非极性溶剂，丁腈手套的防护性能差异较大，使用前需查指南，方可使用。因丁腈手套的材质不含蛋白质，对人体皮肤无过敏反应，丁腈手套是实验室常用的一类防护手套。

虽然实验者手部的防护非常重要，但也应考虑手套使用弃置后对环境的影响，因此应根据实验中所用试剂的种类、浓度、用量等实际情况，合理选择是否佩戴及佩戴何种化学防护手套。

实验过程中，遇到需要加热、记录实验数据、现象时，应按照正确的方法脱下化学防护手套。离开实验室时，也应及时脱去手套，严禁带着化学防护手套接触公共设施（如电梯、门把手）、公共及日常物品，以免造成有毒有害物质的污染扩散。脱去的化学防护手套不得任意丢弃，应弃置于专门的化学废弃物回收器中。

1.2 “三废”的处理

在化学实验中会产生各种有毒有害的废气、废液和废渣，简称“三废”。为了降低对环境的污染，要对“三废”进行处理。

（1）有毒气体的排放：有少量有毒气体产生的实验，应在通风橱中进行。通过排风设备把有毒废气排到室外，利用室外的大量空气进行稀释。如果实验产生大量有毒气体，应安装气体吸收装置来吸收这些气体，例如，产生的 SO_2 气体可以用 NaOH 溶液吸收后排放。

（2）实验中涉及的有毒有害化学品废液应按照有机物、无机物分类后倒入专用回收桶，并在回收桶上贴上标注废弃物成分的标签，之后运输至专业机构进行处理。

（3）常见有毒废液的处理

① 含六价铬化合物：加入还原剂（$FeSO_4$、Na_2SO_3）使之还原为三价铬后，再加入碱（NaOH、Na_2CO_3），调 pH 至 6～8，使之形成氢氧化铬沉淀除去。

② 含氰化物的废液：一是加入硫酸亚铁，使之变为氰化亚铁沉淀除去；二是加入次氯酸钠，使氰化物分解为二氧化碳和氮气而除去。

③ 含汞化物的废液：加入 Na_2S 使之生成难溶的 HgS 沉淀而除去。

④ 含砷化物的废液：加入 $FeSO_4$，并用 NaOH 调 pH 至 9，以便使砷化物生成亚砷酸钠或砷酸钠与氢氧化铁共沉淀而除去。

⑤ 含铅等重金属的废液：加入 Na_2S 使之生成硫化物沉淀而除去。

实验室用水的规格、制备及检验方法 1.3

1.3.1 规格及技术指标

无机及分析化学实验对水的质量要求较高，既不能直接使用自来水或其他天然水，因为一般天然水和自来水(生活饮用水)中常含有氯化物、碳酸盐、硫酸盐、泥沙等少量无机物和有机物，影响实验结果，也不能一概使用高纯水造成浪费，而应根据实验任务和要求的不同，合理地选用不同规格的水。

我国已建立了实验室用水规格的国家标准(GB/T 6682—2008)，其中规定了实验室用水的一般技术指标、制备方法及检验方法。国家标准规定的实验室用水的级别分别为一级、二级、三级(见表1.2)。在实际工作中，有些实验对水还有特殊的要求，还需进一步检验有关的项目。

表1.2 无机及分析化学实验室用水的级别及主要技术指标

技术指标名称	一级	二级	三级
pH范围(25 ℃)	—	—	5.0～7.5
电导率(25 ℃)/($mS \cdot m^{-1}$)	≤0.01	≤0.10	≤0.50
可氧化物质含量(以O计)/($mg \cdot L^{-1}$)	—	≤0.08	≤0.4
吸光度(254 nm，1 cm光程)	≤0.001	≤0.01	—
蒸发残留含量[(105±2)℃]/($mg \cdot L^{-1}$)	—	≤1.0	≤2.0
可溶性硅含量(以SiO_2计)/($mg \cdot L^{-1}$)	≤0.01	≤0.02	—

注:1. 由于在一级水、二级水的纯度下，难以测定其真实的pH，因此对其pH范围不做规定。

2. 由于在一级水的纯度下，难以测定可氧化物质和蒸发残渣，因此，对其限量不做规定，可用其他条件和制备方法来保证一级水的质量。一级水、二级水的电导率需用新制备的水“在线”测定。

电导率是衡量水质的一个重要指标，它表示水中存在的电解质浓度，电解质浓度越高电导率值越大。日常生活中，也常用TDS(total dissolved solid)值来判断水质，TDS的中文译名为溶解性总固体(溶解于水中的总固体含量)，单位为$mg \cdot L^{-1}$(ppm)，水中溶解的物质包括钙镁离子、胶体、悬浮颗粒物、蛋白质、病毒、细菌、微生物及微小的重金属离子等，测量TDS值的仪器为TDS笔，其测量原理实际上是通过测量水的电导率从而间接反映出TDS值，但其实TDS值与电导率没有数学关系，只是可以简单地由TDS值来估计电导率的值，因为不同离子的导电性能不同，所以同样的TDS值电导率也是不同的，经验公式为电导率乘以0.5～0.7等于TDS。

1.3.2 制备方法及选用

1. 常规制备方法

（1）蒸馏法：利用杂质与水的沸点差异，不能与水蒸气一同挥发从而达到水与杂质分离的目的。此方法的优点是操作简单，缺点是设备的密封性要求高，产量很低而成本高。目前使用的蒸馏器有硬质玻璃、石英、金属（金、银、铜等）等材料。蒸馏法可以除去水中非挥发性（大多数无机盐、碱和某些有机物）的杂质，但不能除去挥发性杂质（溶解于水中的气体、多种酸、有机物及被水蒸气带出的低沸点杂质等），为此可进行多次蒸馏，同时在准备重蒸的水中加入适当的试剂抑制某些杂质的挥发。此外，制备纯水的蒸馏器材质将影响纯水的质量。例如使用铜蒸馏器，蒸得的蒸馏水中所含铜常多于原水；使用硬质玻璃蒸馏器，蒸得的蒸馏水中所含硼常多于原水。石英蒸馏器制备的纯水更为纯净，适用于所有痕量元素的测定工作，但是石英蒸馏器价格昂贵，蒸馏瓶体积一般比较小，出水率较低，应合理选择使用。

（2）离子交换法：制备纯水的一种常用方法，用离子交换法制取的纯水称为去离子水，离子交换树脂是有机高分子聚合物，由交换剂基体和交换基团两部分组成，交换剂基体分为苯乙烯系树脂和丙烯酸系树脂两类，交换基团可分为阳离子树脂和阴离子树脂两大类，它们可分别与溶液中的阳离子和阴离子进行离子交换，其中阳离子树脂又分为强酸性和弱酸性两类、阴离子树脂又分为强碱性和弱碱性两类（或再分出中强酸性和中强碱性两类）。目前多采用阴、阳离子交换树脂的混合床装置来制备去离子水。此方法的优点是制备的水量大，成本低，除去离子的能力强；缺点是设备及操作较复杂，不能除去水中非电解型杂质，使去离子水中常含有微量的有机物，而且有微量树脂溶于水中。

（3）渗析法：又叫渗透法，用于纯水制备主要有电渗析法和反渗透（RO）法两种，其中电渗析法是在外加直流电场的作用下，利用阴、阳离子交换膜对原水中离子的选择渗透性，使原水中的阴、阳离子发生离子迁移，分别通过阴、阳离子交换膜将杂质从水中分离出去，从而达到净化水的目的；反渗透又称逆渗透，以分子扩散膜为介质，以静压差为驱动力将纯水从原水中分离出来。电渗析法不能除去非离子型杂质，反渗透法可以有效地去除原水中的溶解盐、胶体、有机物和细菌等杂质，是目前广为使用的纯水技术。

2. 实验室用一、二、三级水的用途及制备方法

一级水：基本上不含有溶解或胶态离子杂质及有机物。用于有严格要求的分析实验，包括对颗粒有要求的实验，如高效液相色谱分析用水。可用二级水经进一步处理制得。例如，可将二级水用石英蒸馏器进一步蒸馏或通过离子交换树脂混合床处理后，再经 0.2 μm 微孔膜过滤的方法制备。

二级水：可含有微量的无机、有机或胶态杂质。用于无机痕量分析等实验，如原子吸收光谱分析、电化学分析用水。可采用蒸馏、反渗透或去离子后再经蒸馏等方法制备。

三级水：适用于一般实验室工作（包括化学分析）。可以采用蒸馏、反渗透、去离子（离子交换及电渗析法）等方法制备。三级水是最普遍使用的纯水。

3. 纯水的合理选用

纯水来之不易，也较难存放，要根据不同的情况选用适当级别的纯水。在保证实验要求

的前提下，应节约用水。无机及定量化学分析实验中，一般使用三级水，有时需将三级水加热煮沸后使用。特殊情况下也需使用二级水。

本书中实验用水为去离子水，是自来水经反渗透装置提纯后再经离子交换树脂处理制备的离子交换水。

1.3.3 水质检验

纯水并不是绝对不含杂质，只是杂质的含量极微少而已。纯水的检验方法有物理方法（测定水的电导率）和化学方法两类。根据一般分析化学实验室要求，现将检验纯水的主要项目介绍如下：

（1）电导率：纯水质量的主要指标是电导率，一般的分析化学实验都可参考这项指标选择适用的纯水。水的电导率越低，表示水中的离子越少，水的纯度越高。25 ℃时，电导率为 $0.01 \sim 0.05\ mS \cdot m^{-1}$ 的水称为纯水，电导率 $<0.01\ mS \cdot m^{-1}$ 的水称为高纯水，高纯水应保存在石英或塑料容器中。

测定电导率应选用适于测定高纯水的（最小量程为 $0.002\ mS \cdot m^{-1}$）电导率仪。测定一、二级水时，电导池常数为 $0.01 \sim 0.1\ m^{-1}$，进行“在线”测定（即将电极装入制水设备的出水管道中进行测定）。测定三级水时，电导池常数为 $0.1 \sim 1\ m^{-1}$，用烧杯接取约 300 mL 水样，立即测定。

（2）吸光度：将水样分别注入 1 cm 和 2 cm 比色皿中，用紫外–可见分光光度计于波长 254 nm 处，以 1 cm 比色皿中的水为参比，测定 2 cm 比色皿中的水的吸光度。一级水的吸光度应 ≤0.001；二级水的吸光度应 ≤0.01；三级水可不测水的吸光度。

（3）pH：用酸度计测定与大气相平衡的纯水的 pH，一般应为 6 左右。在空气中放置较久的纯水，因溶解有 CO_2，pH 可降至 5.6 左右。采用简易化学方法测定时，取两支试管，各加入 10 mL 水，于其中一支试管中滴加 2 滴 0.2% 甲基红指示剂，不得显红色；于另一支试管中滴加 5 滴 0.2% 溴百里酚蓝指示剂，不得显蓝色。

（4）硅酸盐：取 30 mL 水样于一个小烧杯中，加入 5 mL $4\ mol \cdot L^{-1}$ HNO_3 溶液、5 mL 5% 钼酸铵溶液，室温下放置 5 min 后，加入 5 mL 10% Na_2SO_3 溶液，摇匀，目视有否蓝色，如呈蓝色则为不合格。

（5）易氧化物：取 100 mL 二级水或 100 mL 三级水于烧杯中，加入 10 mL $1\ moL \cdot L^{-1}$ H_2SO_4 溶液，煮沸后再加入 5 滴 $0.02\ mol \cdot L^{-1}$ $KMnO_4$ 溶液，盖上表面皿，将其煮沸并保持 5 min，溶液仍呈粉红色则符合易氧化物限度实验，如无色则不符合易氧化物限度实验。

（6）氯化物：取 20 mL 待检验的水于试管中，用 1 滴 $4\ mol \cdot L^{-1}$ HNO_3 溶液酸化，加入 2 滴 $0.1\ mol \cdot L^{-1}$ $AgNO_3$ 溶液，摇匀后如出现白色乳状物，则不合格。

（7）钙镁离子：取 10 mL 待检验的水，加 5 mL pH = 10 的氨性缓冲溶液及 1 滴铬黑 T 指示剂，如呈现紫红色则不合格。

（8）二氧化碳：取 30 mL 水样于玻璃塞磨口三角烧瓶中，加入 25 mL 氢氧化钙试液，塞紧塞子，摇匀后静置 1 h，不得有浑浊。

（9）不挥发物：取 100 mL 水样，在水浴上蒸干，并在烘箱中于 105 ℃干燥 1 h，所留残渣不超过 0.1 mg 为合格。

1.4 化学试剂的一般知识

1.4.1 试剂的分类

化学试剂是一类具有各种纯度标准，用于教学、科学研究、分析测试，并可作为某些新兴工业所需的纯和特纯的功能材料和原料的精细化学品。化学试剂种类繁多，目前世界各国对化学试剂尚无统一的分类方法和分级标准，各国都有自己的国家标准或其他标准（如行业标准、学会标准等）。近年来，国际标准化组织（ISO）已陆续颁布了很多种化学试剂的国际标准，国际纯粹与应用化学联合会（IUPAC）对化学标准物质也已做了规定。

我国化学试剂的产品标准有国家标准（GB）、化学工业部标准（HG）和企业标准（QB）三级。我国编制的化学试剂经营目录，按试剂用途-化学组成将化学试剂分为十大类，如表 1.3 所示。

表 1.3 化学试剂分类

序号	名称	说明
1	无机分析试剂	用于化学分析的无机化学品，如金属、非金属单质、氧化物、酸、碱、盐等
2	有机分析试剂	用于化学分析的有机化学品，如烃、醛、酮、醚及其衍生物
3	特效试剂	在无机分析中测定、分离、富集元素时所专用的一些有机试剂，如沉淀剂、显色剂、螯合剂等
4	基准试剂	主要用于标定标准溶液的浓度。这类试剂的特点是纯度高，杂质少，稳定性好，化学组成恒定
5	标准试剂	用于化学分析、仪器分析时作对比的化学标准品，或用于校准仪器的化学品
6	指示剂和试纸	用于滴定分析中指示滴定终点，或用于检验气体或溶液中某些物质存在的试剂；试纸是用指示剂或试剂溶液处理过的滤纸条
7	仪器分析试剂	用于仪器分析的试剂
8	生化试剂	用于生命科学研究的试剂
9	高纯试剂	用作某些特殊需要的工业材料（如电子工业原材料、单晶、光导纤维）和一些痕量分析用试剂。其纯度一般在 4 个“9”（99.99%）以上，杂质总量控制在 0.01% 以上
10	液晶	液晶是液态晶体的简称，它既具有流动性、表面张力等液体的特征，又具有光学各向异性、双折射等固态晶体的特征

1.4.2 试剂的纯度

化学试剂的规格又称试剂级别，反映试剂的质量。试剂规格一般按试剂的纯度、杂质含量来划分。我国的试剂规格基本上按纯度划分为高纯、光谱纯、基准、分光纯、优级纯、分析纯和化学纯等7种。国家和主管部门颁布质量指标的主要是优级纯、分析纯和化学纯等4种规格(见表1.4)。

表1.4　化学试剂的纯度和适用范围

名称	级别	英文符号	标签颜色	适用范围
优级纯试剂(保证试剂)	一级品	GR(guarante reagent)	绿色	精密分析实验
分析纯试剂	二级品	AR(analytical reagent)	红色	一般分析实验
化学纯试剂	三级品	CP(chemical pure)	蓝色	一般化学实验
实验试剂	四级品	LR(laboratorial reagent)	棕色或其他颜色	一般化学实验辅助试剂

1.4.3 试剂的选用

在分析工作中，应根据分析方法及其灵敏度与选择性、分析对象的含量及对分析结果准确度的要求等具体情况合理选用相应级别的试剂，因为化学试剂的纯度越高，其生产或提纯过程越复杂且价格越高，高纯试剂和基准试剂的价格就要比一般试剂高数倍至数十倍。所以在满足实验要求的前提下，选用试剂的级别应就低不就高，做到既不超级别造成浪费，亦不因随意降低试剂级别而影响分析结果。试剂的选用应考虑以下几点：

(1) 滴定分析中常用的标准溶液，一般应先用分析纯试剂进行初步配制，再用工作基准试剂进行标定。对于某些对分析结果要求不是很高的实验也可以用优级纯或分析纯试剂代替工作基准试剂。如果实验所需标准溶液的量很少，也可用工作基准试剂直接配制标准溶液。滴定分析中所用的其他试剂一般均为分析纯。

(2) 仪器分析实验中，一般选用优级纯、分析纯或专用试剂，测定痕量成分时应选用高纯试剂。

(3) 在仲裁分析中，一般选用优级纯和分析纯试剂。

(4) 很多种试剂就其主体含量而言优级纯和分析纯相同或相近，只是杂质含量不同。如果实验对所用试剂的主体含量要求高，则应选用分析纯试剂。如果所做实验对试剂的杂质含量要求很严格，则应选用优级纯试剂。

(5) 如果现有试剂的纯度不能满足实验的要求，或对试剂的质量不能确定，可对试剂进行适当的检验或进行一次乃至多次提纯后再使用。

本书中的实验，除另有注明外，所用试剂的级别均为分析纯。

1.4.4 试剂的存放

化学试剂如存放保管不当则会发生变质，变质试剂不仅是导致分析误差的主要原因，还会使分析工作失败,甚至引起事故。因此,了解影响化学试剂变质的因素,妥善存放保管化学试剂在实验室中是一项十分重要的工作。

1. 影响化学试剂变质的因素

(1) 空气的影响:空气中的氧易使还原性试剂氧化而破坏。强碱性试剂易吸收二氧化碳而变成碳酸盐;水分可以使某些试剂潮解、结块;纤维、灰尘能使某些试剂还原、变色等。

(2) 温度的影响:试剂变质的速率与温度有关。夏季高温会加快不稳定试剂的分解;冬季寒冷会促使甲醛聚合而沉淀变质。

(3) 光的影响:日光中的紫外线能加速某些试剂的化学反应而使其变质,如银盐、汞盐、溴和碘的钾、钠、铵盐和某些酚类试剂。

(4) 杂质的影响:不稳定试剂的纯净与否对其变质情况的影响不容忽视。例如,纯净的溴化汞实际上不受光的影响,而含有微量溴化亚汞或有机物杂质的溴化汞遇光易变黑。

(5) 储存期的影响:不稳定试剂在长期储存后可能发生歧化聚合、分解或沉淀等变化。

2. 化学试剂的存放

一般化学试剂应存放在通风良好、干净和干燥的地方,应远离火源,并注意防止水分、灰尘和其他物质的污染。

(1) 固体试剂应保存在广口瓶中,液体试剂应保存在细口瓶或滴瓶中,见光易分解的试剂如 $AgNO_3$、$KMnO_4$、过氧化氢、草酸等应保存在棕色瓶中并置于暗处;容易腐蚀玻璃而影响试剂纯度的试剂如氟化物、氢氧化钾等,应保存在塑料瓶中。保存碱的瓶子要用橡胶塞,不能用磨口塞。

(2) 吸水性强的试剂,如无水碳酸钠、苛性碱、过氧化钠等应严格用蜡密封。

(3) 剧毒试剂应设专人保管,经一定程序取用,以免发生意外。

(4) 相互易作用的试剂,如挥发性的酸与氨、氧化剂与还原剂,应分开存放。易燃的试剂如乙醇、乙醚、苯等与易爆炸的试剂如高氯酸、过氧化氢、硝基化合物,应分开存放在阴凉通风的地方。灭火方法相斥的化学试剂不能同室存放。

(5) 特种试剂应使用专门的方法存放,如金属钠应浸在煤油中、白磷应浸在水中保存。

无机及分析化学实验中的常用器皿 1.5

实验过程中，要用到各种器皿，因此了解常用器皿的规格、性能，掌握正确的使用方法和保管方法，对于规范操作、延长器皿的使用寿命和防止意外事故的发生，都非常必要。实验室中最常用的是玻璃器皿，此外也会用到非金属器皿（瓷质、塑料、玛瑙）和金属坩埚。

玻璃是多种硅酸盐、铝硅酸盐、硼酸盐和二氧化硅等物质的复杂混熔体，具有良好的透明度、相当好的化学稳定性（氢氟酸除外）、较强的耐热性、加工方便、价格适中、应用面广等一系列优点。因此，分析化学实验室中大量使用玻璃器皿。一般玻璃器皿和量器类玻璃器皿的化学成分见表 1.5。

实验室中玻璃器皿的材质一般为软质玻璃，具有很好的透明度、一定的机械强度和良好的绝缘性能，但热稳定性、耐腐蚀性比硬质玻璃（$SiO_2$79.1%，$B_2O_3$12.5%）差。

表 1.5　一般玻璃器皿和量器类玻璃器皿的化学成分

化学成分（质量分数）/%	SiO_2	Al_2O_3	B_2O_3	Na_2O	CaO	ZnO
一般玻璃器皿	74.0	4.5	4.5	12.0	3.3	1.7
量器类玻璃器皿	73.0	5.0	4.5	13.2	3.8	0.5

常用玻璃器皿的主要规格、用途及使用说明列于表 1.6 中。

表 1.6　常用玻璃器皿的主要规格、用途及使用说明

名称	主要规格（容量/mL）	主要用途	使用说明
烧杯	10、15、25、50、100、250、400、500、1000、2000	配制溶液、溶样、进行反应、加热、蒸发等	不能干烧、加热时应受热均匀、液量一般不超过容积的 2/3
锥形瓶	5、10、25、50、100、150、250、500、1000	加热、处理样品、滴定	磨口瓶加热时要打开瓶塞，其余同烧杯使用说明
碘量瓶	50、100、250、500、1000	碘量法及生成挥发物质的定量分析	磨口瓶加热时要打开瓶塞，其余同烧杯使用说明
容量瓶	5、10、25、50、100、150、250、500、1000、2000 A 级、B 级；无色、棕色	准确配制一定体积的溶液	不能烘烤、加热；长期不用时应在瓶塞与瓶口间夹上纸条
量筒、量杯	5、10、25、50、100、250、500、1000、2000 量出式	粗略量取一定体积的溶液	不可加热、不可盛热溶液、不可在其中配制溶液
滴定管	10、25、50 量出式；A 级、B 级；无色、棕色；酸式、碱式、通用型	滴定	不能加热、不能长期存放溶液、碱式滴定管不能盛氧化性物质溶液

续表

名称	主要规格(容量/mL)	主要用途	使用说明
移液管	1、2、5、10、20、25、50、100 量出式;A 级、B 级	准确移取一定体积的溶液	不能加热
吸量管	1、2、5、10、25 A 级、B 级	准确移取不同体积的溶液	不能加热
称量瓶	高形:10、20、25、40、60 外径(mm):25、30、30、35、40;瓶高(mm):40、50、60、70、70 低形:5、10、15、30、45、80 外径(mm):25、35、40、50、60、70;瓶高(mm):25、25、25、30、30、35	高形用于称量样品、基准物 低形用于在烘箱中干燥样品、基准物	磨口应配套、不可盖紧塞烘烤
表面皿	直径(mm):45、65、70、90、100、125、150	可作烧杯的盖、称量、鉴定	不能直接用火加热
漏斗	上口直径(mm):45、55、60、70、80、100、120 短径、长径、直渠、弯渠	过滤沉淀、加液器	不能直接用火烘烤
细口瓶 广口瓶 下口瓶	125、250、500、1000、2000、3000、10000、20000 无色、棕色	细口瓶、下口瓶用于存放液体试剂;广口瓶用于存放固体试剂	不能加热、不可在瓶内配制放热量较大的溶液、磨口塞应配套、存放碱液时应用橡胶塞
滴瓶	30、60、125 无色、棕色	存放需要滴加的试剂	同上
试管	10、15、20、25、50、100	少量试剂的反应容器	所盛溶液一般不超过试管容积的1/3、直火加热时管口勿对人
离心试管	5、10、15、20、25、50	定性鉴定、离心分离	不可直火加热
比色管	10、25、50、100 具塞、不具塞	比色分析	不可直火加热、不能用去污粉刷洗
吸滤瓶	50、100、250、500、1000	抽滤时盛接滤液	不能加热
干燥器	上口直径(mm):160、210、240、300 无色、棕色	保持物质的干燥状态	磨口部分涂适量凡士林、放入热物体后要开盖放走热空气

瓷质器皿:陶瓷材料在性能上有其独特的优越性能,在热和机械性能等方面有着耐高温、隔热、高硬度、耐磨耗等特性,对酸、碱的稳定性均优于玻璃,而且价格低廉,因此应用十分广泛。表面涂有釉的瓷质器皿吸水性极低,易于恒重,常用于重量分析中的称量器皿。瓷质器皿和玻璃相似,主要成分仍然是硅酸盐,所以不能用氢氟酸在瓷质器皿中分解处理样品,不适于熔融分解碱金属的碳酸盐、氢氧化物、过氧化物及焦硫酸盐等。常用瓷质器皿列

于表 1.7 中。

表 1.7　常用瓷质器皿

名称	规格	主要用途
瓷坩埚	容量/mL:20、25、30、50	灼烧沉淀、灼烧失重测定、高温处理样品
蒸发皿	容量/mL:30、60、100、250	灼烧分子筛等、蒸发溶液
瓷管	内径/mm:22、25 长/mm:610、760	高温管式炉中,燃烧法测定 C、H、S 等元素
瓷舟	长/mm:30、50	燃烧法测定 C、H、S 时盛样品
布氏漏斗	直径/mm:51、67、85、106	用于减压过滤,与抽滤瓶配套使用
瓷研钵	直径/mm:60、100、150、200	研磨固体试剂和样品

塑料器皿:塑料是高分子材料的一类,具有绝缘、耐化学腐蚀、不易传热、强度较好、耐撞击等特点。实验室常见的塑料器皿是聚乙烯材料。聚乙烯是热塑性塑料,短时间内可使用到 100 ℃,耐一般的酸、碱的腐蚀,但能被氧化性酸如浓硝酸、硫酸等缓慢腐蚀,室温下不溶于一般的有机溶剂,但与脂肪烃、芳香烃、卤代烃等长时间接触溶胀。低相对密度($d=0.92$)的聚乙烯熔点为 108 ℃,其加热温度不能超过 70 ℃;高相对密度($d=0.95$)的聚乙烯熔点为 135 ℃,加热不能超过 100 ℃。

玛瑙是天然石英的一种,属贵重矿物,主要成分是二氧化硅,还含有少量铝、铁、钙、镁、锰的氧化物。玛瑙的特点是硬度大、性质稳定,与大多数试剂不发生作用,一般很少带入杂质,用玛瑙制作的研钵是研磨各种高纯物质的极好器皿。在一些精度要求高的分析中,常用它研磨酸性样品。玛瑙研钵不能受热,不能在烘箱中烘烤,不能用力敲击,也不能与氢氟酸接触。玛瑙研钵价格昂贵,使用时要特别小心。玛瑙研钵用后应用水洗净。必要时可用稀盐酸洗涤或放入少许氯化钠研磨,然后用水冲净后自然晾干。

坩埚常用于分析样品的处理及化合物制备,表 1.8 中列出了常用坩埚的材质及性能。

表 1.8　常用坩埚的材质及性能

坩埚材料	最高使用温度/℃	适用试剂	备注
瓷	1200	除氢氟酸、强碱、碳酸钠、过氧化钠、焦硫酸盐外,都可使用	膨胀系数小,耐酸,价廉
刚玉	1600	无水碳酸钠等弱碱性物质	耐高温,质坚,易碎,不耐酸,也不适用于过氧化钠、氢氧化钠等强碱性物质
铂	1200	碱熔融、碳酸钠、碳酸钾、氢氟酸处理样品	质软,易划伤;不适用 Pb、Bi、Sb、Sn、Ag、Hg 的化合物、硫化物、磷和砷的化合物;不适用卤素及能产生卤素的物质;碱金属氧化物、氢氧化物、硝酸盐、亚硝酸盐、氰化物、氧化钡均不适用
银	700	苛性碱及过氧化钠熔融	高温时易氧化,不耐酸,尤其不能接触热硝酸,不能用碳酸钠、含硫物质

续表

坩埚材料	最高使用温度/℃	适用试剂	备注
镍	900	过氧化钠、碳酸钠、碳酸氢钠及碱熔融	价廉,可替代银坩埚使用,不能用于沉淀的灼烧;不适用于酸性溶剂及含硫的碱性硫化物;不适用于 Al、Zn、Pb、Sn、Hg 等金属盐;硼砂亦不适用
铁	1000	过氧化钠等	价廉,可替代镍坩埚使用
石英	1000	焦硫酸钾、硫酸氢钾等	不可接触氢氟酸、苛性碱及碱金属碳酸盐等
聚四氟乙烯	280	各种酸碱	主要替代铂坩埚用于氢氟酸分解样品

1.6 玻璃器皿的洗涤、干燥及常用洗涤剂

玻璃仪器是否洁净,对实验结果的准确性和精密度有直接影响。因此,洗涤玻璃仪器是实验中的一个非常重要的环节。

1.6.1 洗涤方法

常规玻璃器皿如试管、离心管、锥形瓶、烧杯、试剂瓶等形状简单的敞口玻璃器皿,根据沾污的程度分别采用自来水冲洗、洗涤剂浸泡、毛刷刷洗,之后用自来水冲净,再用去离子水淋洗内壁 3 次,以除掉残留的自来水。洗净的器皿应置于洁净处备用。

滴定管、移液管、容量瓶等形状特殊且容量准确的玻璃器皿及具有磨口塞的玻璃器皿(称量瓶、碘量瓶等),均不宜用硬毛刷刷洗。通常采用超声洗涤,即将玻璃器皿放入加有洗涤剂的超声波清洗机中,并使待洗涤的器皿中充满洗涤剂,之后超声 10 min 左右,超声洗涤后的玻璃器皿先用自来水冲洗至无洗涤剂泡沫为止,之后再用去离子水将器皿内部润洗 3 次,并淋洗器皿外部。若器皿沾污程度严重,超声清洗效果欠佳可再用铬酸洗液浸泡内壁 5 ~ 10 min,洗涤经铬酸洗液浸泡过器皿的第一遍自来水应回收至专门的废液桶,之后再依次用自来水和去离子水将器皿内外处理干净。

清洗洁净的玻璃器皿应透明并无肉眼可见的污物,当倒置时,仪器内壁均匀地被水润湿而不挂水珠。

实际工作中还有很多特殊的洗涤方法,但洗涤的基本原则都是根据污物及器皿本身的化学性质和物理性质,有针对性地选用洗涤剂,目的是既可通过化学或物理作用有效地除去污物及干扰离子,而又不至于腐蚀器皿材料。

1.6.2 干燥方法

(1) 晾干:对不急需使用的要求一般干燥的仪器,洗净后尽量控去水分,自然晾干。

(2) 烘干:要求无水的仪器可在烘箱中于 100 ~ 150 ℃ 烘 1 h 左右。注意:干燥厚壁仪器的实心玻璃塞时要缓慢升温,以免炸裂;量器类仪器不能在烘箱中烘干。此外,烘干后的仪器一般应在干燥箱中保存。

(3) 吹干:对急需使用或不适宜烘干的仪器如量器等要求干燥的,在控净水后用乙醇荡洗几次,然后用吹风机按热、冷风顺序吹干。

(4) 烤干:对急需使用的试管,可将管口向下倾斜,用火焰从管底依次向管口烘烤。

注意:干燥仪器不能采用纸或布擦拭的方法,这是因为纸或布的纤维会附着在器壁上而将已洗净的仪器变脏。

1.6.3 常用洗涤剂

1. 铬酸洗液

铬酸洗液是含有饱和 $K_2Cr_2O_7$ 的浓硫酸溶液。称取 5 g 工业级或化学纯的 $K_2Cr_2O_7$，置于 250 mL 烧杯中，溶于 10 mL 热水中，冷却后在搅动下缓慢沿壁加入约 100 mL 工业纯浓硫酸。待冷却后移入磨口试剂瓶中，盖塞保存（因浓硫酸易吸水）。新配制的铬酸洗液呈棕红色液体。

铬酸洗液具有强氧化性和强酸性，适于洗涤无机物和部分有机物，加热至 70 ~ 80 ℃后使用效果最好，但要注意玻璃器皿的材质，避免发生破裂。使用铬酸洗液时应注意以下几点：

① 由于六价铬和三价铬都有毒，大量使用会污染环境，所以凡是能够用其他洗涤剂进行洗涤的仪器，都不要使用铬酸洗液。分析化学实验中洗液只用于容量瓶、移液管、吸量管及滴定管的洗涤。

② 太脏的容器应先用自来水洗一遍，加洗液前要尽量去掉仪器内的水，以免稀释铬酸洗液而降低洗涤效果。过度稀释的洗液可在通风橱中加热蒸掉大部分水分后继续使用。

③ 洗液要循环使用，用后倒回原瓶中并随时盖严，以防吸水。当洗液由棕红色变为 Cr^{3+} 的绿色时，即已失效；当出现 CrO_3 红色晶体时，说明 $K_2Cr_2O_7$ 浓度已减小，洗涤效果亦降低。失效后的铬酸洗液可再加入适量 $K_2Cr_2O_7$ 加热溶解后继续使用，或回收后统一处理，不得随意排放。

④ 铬酸洗液具有强腐蚀性，使用时要避免洒到手上、衣服上、实验台及地上，一旦洒出应立即用水稀释并擦净。此外，仪器中如有氯化物的残留时，应除掉后再加入铬酸洗液，否则会产生有毒的挥发性物质。

2. 合成洗涤剂

主要包括迪康 90、洗衣粉、洗涤灵等，具有高效、低毒特性，一般的玻璃器皿都可以用它们洗涤，可以有效地洗去油污及某些有机物，是洗涤玻璃器皿的最佳选择。

3. 盐酸－乙醇洗液

盐酸和乙醇按 1∶2 的体积比进行混合，是还原性强酸洗液，主要用于洗涤被染色的吸收池（比色皿）、比色管、吸量管等。洗涤时可将器皿浸泡于洗液中一定时间，然后再用水冲洗。

4. 氢氧化钠－乙醇洗液

将 120 g NaOH 溶于 150 mL 水中，再用乙醇（95%）稀释至 1 L。此洗液主要用于洗去油污及某些有机物，用它洗涤精密玻璃量器时，不可长时间浸泡，以免腐蚀玻璃，影响量器精度。

5. 纯酸洗液

用盐酸（1∶1）、硫酸（1∶1）、硝酸（1∶1）或等体积的浓硝酸与浓硫酸配制而成，用于清洗碱性物质沾污、多种金属氧化物及金属离子等无机物沾污。

6. 草酸洗液

将 5 ~ 10 g 草酸溶于 100 mL 水中，再加入少量浓硫酸。主要用于除去 MnO_2 的沾污。

7. 碘-碘化钾洗液

1 g 碘和 2 g KI 溶于 100 mL 水中。用于洗涤 $AgNO_3$ 沾污的器皿和白瓷水槽。

要特别指出的是，所有的洗涤剂在使用后排入下水管道都将不同程度地污染环境，因此，凡能循环使用的洗涤剂均应反复利用，不能循环使用的则应尽量减少用量。

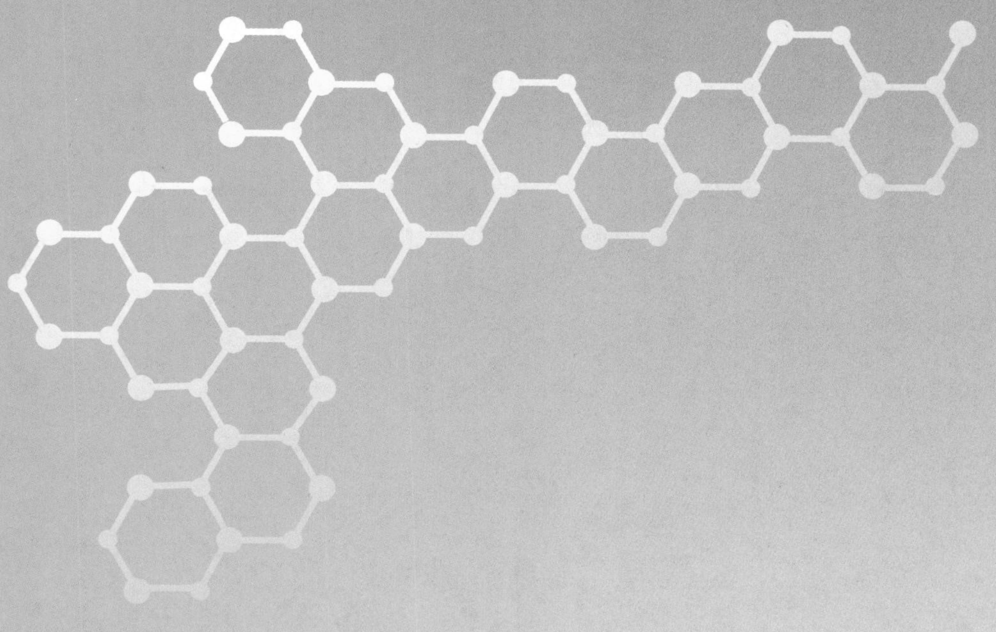

第二部分

元素性质及定性分析实验

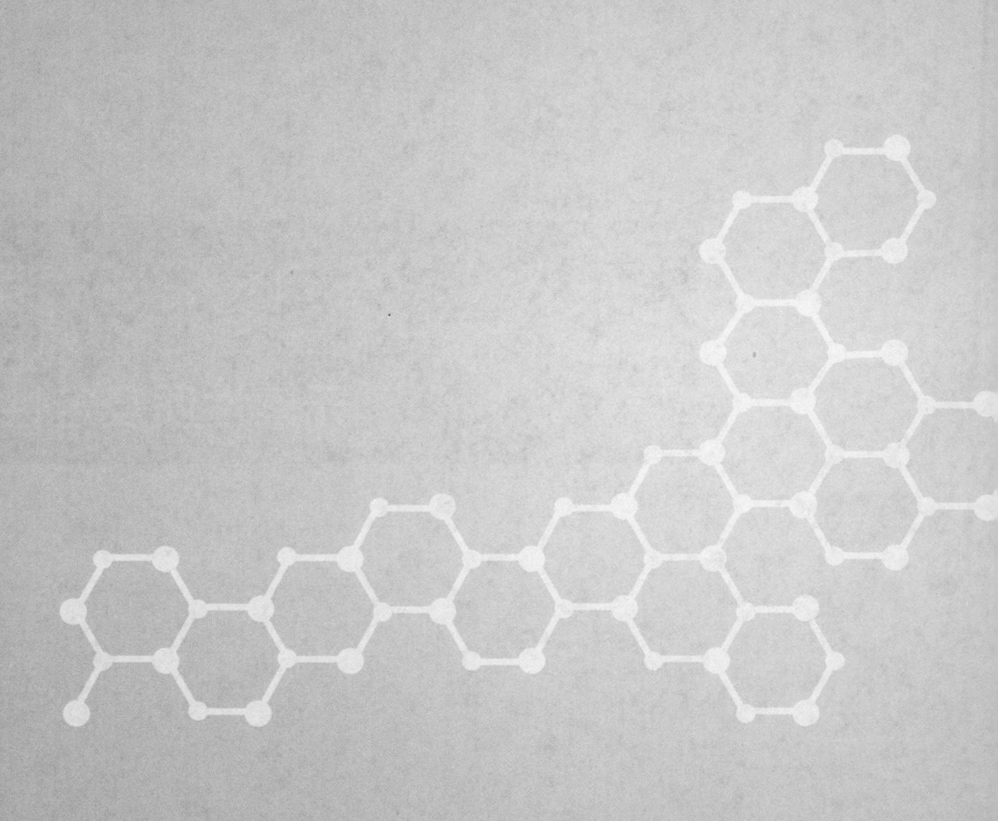

元素性质及定性分析实验的预习及记录要求 2.1

教学实验中涉及元素性质的实验基本都属于验证性实验，其目的一是通过实验，将学生理论课上学到的元素性质直观呈现，加深学生对相关理论知识的认识；二是通过实验培养学生观察、分析、解决问题的能力。为了达到上述目的，实验课前的预习环节至关重要，而且，预习是否充分到位，直接影响着实验的效果、完成的速度。预习环节的具体要求如下：

(1) 元素性质实验　预习时需填写好实验报告中"实验内容"列的试剂用量、"解释"列的实验内容所涉及的离子反应方程式(见图 2.1)。元素反应的结果，即实验现象，与试剂加入量、加入顺序以及反应温度、反应酸碱度等因素息息相关。提前写好离子反应方程式的目的是当实验中观察到的现象与理论预期不同时，可以及时发现问题，并通过现象分析，找到问题所在，最终做出与理论相符的实验现象。

d区常见元素化合物的性质			
实验内容	现象	解释(离子反应方程式)	备注
1. Cu^{2+}、Ag^+、Zn^{2+}、Cd^{2+}与NaOH反应及其氢氧化物性质			
0.1 $mol\cdot L^{-1}$ $CuSO_4$ (2d) + 2 $mol\cdot L^{-1}$NaOH (适量)		$Cu^{2+} + 2OH^- \longrightarrow Cu(OH)_2\downarrow$	
$\downarrow$ + 6 $mol\cdot L^{-1}$NaOH		$Cu(OH)_2 + 2OH^- \longrightarrow Cu(OH)_4^{2-}$	
$\downarrow$ + 2 $mol\cdot L^{-1}$HCl		$Cu(OH)_2 + 2H^+ \longrightarrow Cu^{2+} + 2H_2O$	
0.1 $mol\cdot L^{-1}$ $AgNO_3$ (2d) + 2 $mol\cdot L^{-1}$NaOH (适量)		$2Ag^+ + 2OH^- \longrightarrow Ag_2O\downarrow + H_2O$	
$\downarrow$ + 6 $mol\cdot L^{-1}$NaOH			
$\downarrow$ + 2 $mol\cdot L^{-1}$$HNO_3$		$Ag_2O + 2H^+ \longrightarrow 2Ag^+ + H_2O$	
0.1 $mol\cdot L^{-1}$ $ZnSO_4$ (2d) + 2 $mol\cdot L^{-1}$NaOH (适量)		$Zn^{2+} + 2OH^- \longrightarrow Zn(OH)_2\downarrow$	
$\downarrow$ + 6 $mol\cdot L^{-1}$NaOH		$Zn(OH)_2 + 2OH^- \longrightarrow Zn(OH)_4^{2-}$	
$\downarrow$ + 2 $mol\cdot L^{-1}$$HNO_3$		$Zn(OH)_2 + 2H^+ \longrightarrow Zn^{2+} + 2H_2O$	
0.1 $mol\cdot L^{-1}$ $CdSO_4$ (2d) + 2 $mol\cdot L^{-1}$NaOH (适量)		$Cd^{2+} + 2OH^- \longrightarrow Cd(OH)_2\downarrow$	
$\downarrow$ + 6 $mol\cdot L^{-1}$NaOH			
$\downarrow$ + 2 $mol\cdot L^{-1}$HCl		$Cd(OH)_2 + 2H^+ \longrightarrow Cd^{2+} + 2H_2O$	
2. Cu^{2+}、Ag^+、Zn^{2+}、Cd^{2+}与氨水反应及其氨合物性质			
0.1 $mol\cdot L^{-1}$ $CuSO_4$ (3d) + 0.1 $mol\cdot L^{-1}$ $NH_3\cdot H_2O$ (逐滴适量)		$Cu^{2+} + 2NH_3\cdot H_2O \longrightarrow Cu(OH)_2\downarrow + 2NH_4^+$	
$\downarrow$ + 6 $mol\cdot L^{-1}$$NH_3\cdot H_2O$		$Cu(OH)_2 + 4NH_3\cdot H_2O \longrightarrow Cu(NH_3)_4^{2+} + 2OH^- + 4H_2O$	
$\downarrow$ + 2 $mol\cdot L^{-1}$NaOH			
0.1 $mol\cdot L^{-1}$ $AgNO_3$ (3d) + 0.1 $mol\cdot L^{-1}$ $NH_3\cdot H_2O$ (逐滴适量)		$Ag^+ + NH_3\cdot H_2O \longrightarrow AgOH\downarrow + NH_4^+$	
$\downarrow$ + 6 $mol\cdot L^{-1}$$NH_3\cdot H_2O$		$AgOH + 2NH_3\cdot H_2O \longrightarrow Ag(NH_3)_2^+ + OH^- + 2H_2O$	
$\downarrow$ + 2 $mol\cdot L^{-1}$NaOH			

图 2.1　实验报告预习填写示例

（2）定性分析实验　预习时需根据实验室提供的试剂清单设计好分析方案，并正确画好分析流程图。设计方案的原则：优先选择元素性质实验中做过的反应、优先选择对环境友好的试剂且定性分析的结论需要用元素的特征反应确定。

进入实验室，按照实验报告、设计方案进行实验，其间不得查看教材，并及时记录实验现象于实验报告中"现象"列，记录现象要求简明扼要，现象中的气体、沉淀用符号表示。定性分析实验，可根据现场实验情况调整设计方案。

2.2 元素实验基本仪器

元素实验基本仪器列于表 2.1 中。

表 2.1　元素实验基本仪器

 试管 test tube	 离心管 centrifuge tube	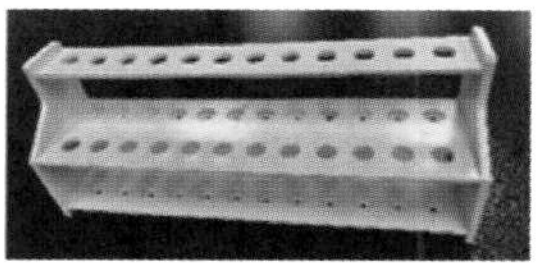 试管架 test tube rack
 滴管 dropper	 玻璃棒 glass rod	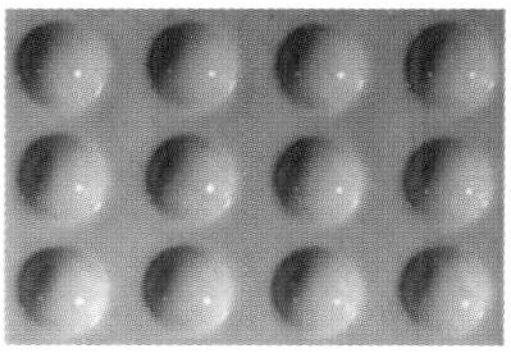 点滴板 spot plate
 滴瓶 dropping bottle	 试剂瓶 reagent bottle	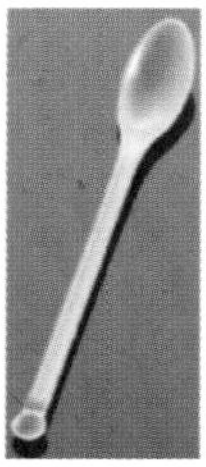 药匙 medicine spoon
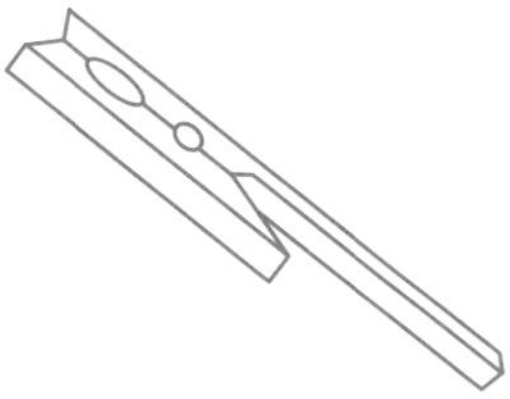 试管夹 test tube holder	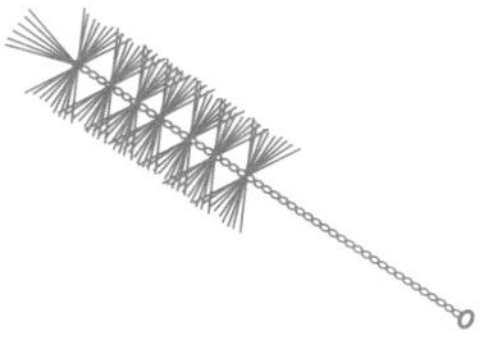 试管刷 test tube brush	 洗瓶 wash bottle

2.3 元素实验基本操作

2.3.1 化学试剂的取用

1. 液体试剂的取用

元素性质及定性分析实验中使用的液体试剂大都存放于滴瓶中，从滴瓶中取液体试剂时，先用手指捏紧滴管上部的胶头，赶走其中的空气，然后松开手指，吸入试液准备加液。此时若发现滴管中的试液自行滴落，应及时更换老化的胶头，或者更换因滴管口折断而变得过粗的滴管，避免试剂洒落。将试液加入试管等接收容器时，应注意不得将滴管伸入接收容器中，切忌接触接收容器的内壁。

此外，元素性质及定性分析实验涉及的试剂种类繁多，且同时有多位实验者进行实验，因此一定要注意避免因插错滴管而造成试剂污染的问题，为此，实验者应在试剂滴瓶摆放处就近加液，不得将试剂滴瓶中的滴管拿至远处使用。若发现滴管插错，应及时报告教师进行处理。

已取出的试剂不能倒回试剂瓶中，试剂的取用量以看到实验现象为准，逐滴加入，不宜过多，试管中液体总量不超过试管容积的 1/2。若需在试管中加入以毫升为单位的试剂量，可通过测试 1 mL 试剂所对应的滴数进行估算后加液。

2. 固体试剂的取用

元素性质及定性分析实验所涉及的固体试剂一般存放于小的广口试剂瓶中，每种试剂专用一个药匙，常用药匙的材质为塑料、不锈钢，药匙的两端分别为大小两个匙，可根据所需用量选择使用。试剂取用完，应及时将相应试剂瓶的瓶盖盖严，注意不要盖错不同试剂的瓶盖。

2.3.2 试管的加热方法

1. 酒精灯——加热用的仪器

玻璃制的酒精灯，使用前先要加酒精，具体做法是：在灯熄灭的情况下，牵出灯芯，借助漏斗将酒精注入，最多加入量为灯壶容积的 2/3（图 2.2）。使用时可用火柴、打火机或点火器点燃（图 2.3），绝不能用另一个燃着的酒精灯去点燃，以免洒落酒精引起火灾事故。熄灭时，用灯罩盖上即可，不要用嘴吹，片刻后，还应将灯罩再打开一次，避免冷却后盖内负压使以后开盖困难。

酒精灯的加热温度通常为 400 ~ 500 ℃，适用于不需要高温加热的实验。

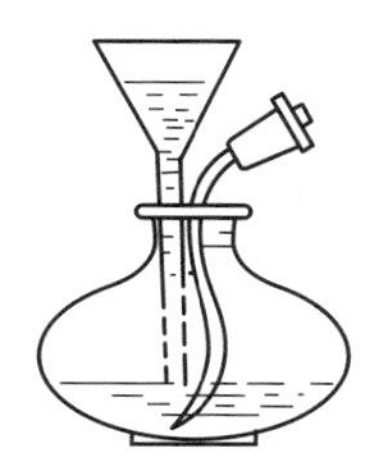

图 2.2　添加酒精

图 2.3　点燃酒精灯

2. 试管中液体的加热

在试管中加热液体时,液体量不应超过试管容积的 1/3,还必须用试管夹夹持试管,管口稍向上倾斜(图 2.4),注意管口不要对着别人和自己,以免溶液沸腾喷出造成烫伤。安全起见,需要用酒精灯加热的操作,在实验室的通风橱内进行为宜。加热时,应先加热液体的中上部,再加热底部,并上下移动,使各部分液体均匀受热。若需要较长时间的加热,可采取移出再移入,交替进行的方法。

3. 试管中固体的加热

在试管中加热固体,用试管夹夹持试管时管口应略向下倾斜,以防止凝结在管口处的水珠倒流到灼热的管底使试管破裂(图 2.5)。

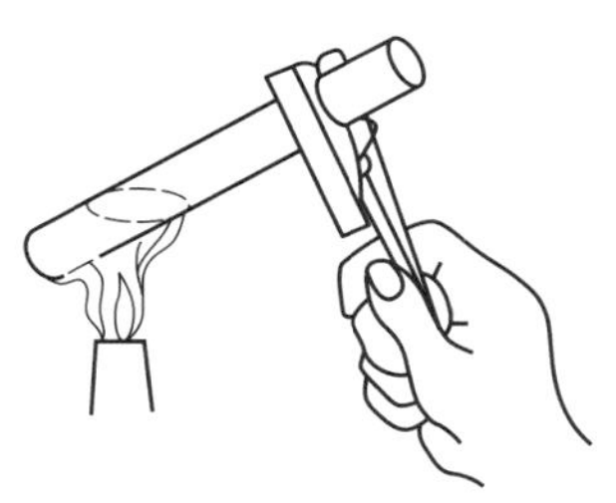

图 2.4　液体加热

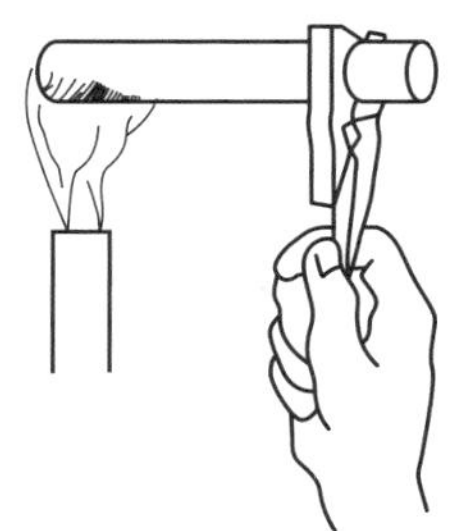

图 2.5　固体加热

4. 水浴加热

当被加热物质要求受热均匀,而温度又不能超过 100 ℃时,可使用水浴加热。离心试管不能直接加热,应在水浴中加热,即将离心试管放入事先装有水的烧杯中进行加热。

2.3.3 沉淀的离心分离

1. 电动离心机的使用方法

少量沉淀与溶液进行分离时,可使用电动离心机,现以 DM0412 低速离心机(图 2.6)为例,简要介绍离心机的使用方法及注意事项:

(1) 主要性能指标　最高转速:4500 r/min(300 ~ 4500 r/min),步长 100 r/min;容量:10 mL×12,15 mL×8;定时:30 s ~ 99 min-HOLD(连续运行);驱动电机:直流无刷电机;噪声:58 dB(A);安全性能:门锁、超速、状态诊断系统。

图 2.6　DM0412 低速离心机

（2）操作面板（图 2.7）　操作面板按键说明见表 2.2。

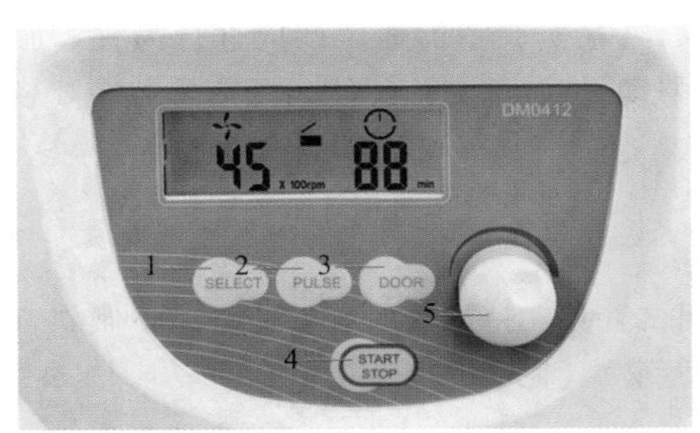

图 2.7　DM0412 低速离心机操作面板示意图

表 2.2　DM0412 低速离心机操作面板按键说明

序号	图示	名称	功能
1	SELECT	位选键	按下该键，可以选中需要输入的参数
2	PULSE	点动键	当上盖锁紧时，按下此键并保持住，则离心机升速运行至设定转速；松开该键，则离心机停止
3	DOOR	门锁开关键	当转速为零时，按下该键，门锁打开；转速不为零时，该按键无效
4	START STOP	开始/停止键	当转速为零时，按下该键，离心机开始运行；离心机运行过程中，按下该键，离心机开始停止
5	○	参数输入键	顺时针旋转，参数增加；逆时针旋转，参数减小；按下该键，可以选择速度挡或加速度挡

显示屏如图 2.8 所示，显示此时转速设定为 4500 r/min、上盖门锁为开启状态、设定的运行时间为 88 min。转速上方的速度图标旋转时，表示离心机正在运行，其转动越快，表示转速越高。时间上方的时间图标将整个运行时间分成 10 等分，显示已运行时间占总时间的比例。当时间显示 HD 时，表示连续运行模式。

速度显示区　　门锁状态　时间显示区

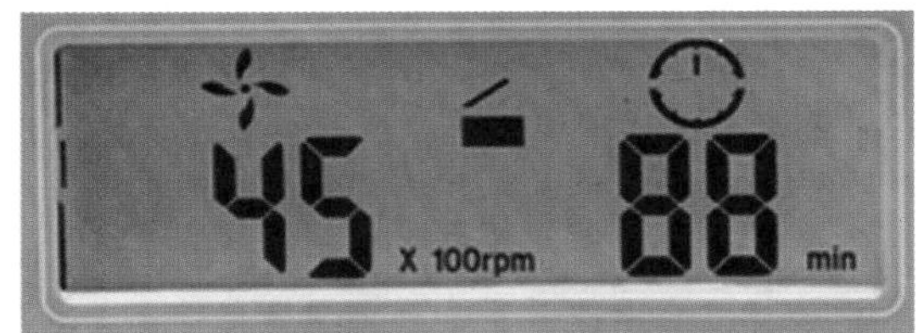

图 2.8　DM0412 低速离心机显示屏示意图

(3) 设置离心机运行参数　轻按位选键(SELECT),可以选择需要输入的参数对象。使该参数图标闪烁,进入参数输入状态,此时旋转参数输入键(离心机面板上的旋钮)进行设定,顺时针旋转,参数增加,逆时针旋转则参数减小。转速、加速度的最小步长为 100 r/min,时间的最小步长为 1 s。参数输入键具有快速输入功能,快速旋转可以加快参数的变化。此外增加、减小参数具有循环功能,顺时针旋转,数值从小→大→最大→最小循环;逆时针旋转,数值从大→小→最小→最大循环。

离心时间和转速,由沉淀的性质来决定。结晶形的紧密沉淀以转速 1000 r/min 离心 1 ~ 2 min 即可。无定形的疏松沉淀沉降较慢,转速可提高至 2000 r/min,离心 3 ~ 4 min,若超过上述时间后仍未能使固相与液相分开,则继续旋转也无效,需采取加热或加入电解质等措施使沉淀凝聚后再进行离心分离。

(4) 沉淀的离心分离　将盛有适量(不超过离心管容积的 1/2 为宜)待分离混合物的离心管放入离心机转子(图 2.9)的一个套管中,离心管口稍高出套管,注意要采用目测平衡方法,在对称位置上放有重量相近的离心管,以保持平衡,否则易损坏离心机的轴。如果只有一支离心管的沉淀需要进行分离,则应在对称位置上放一支盛有等量水的离心管,避免在转动时发生震动。

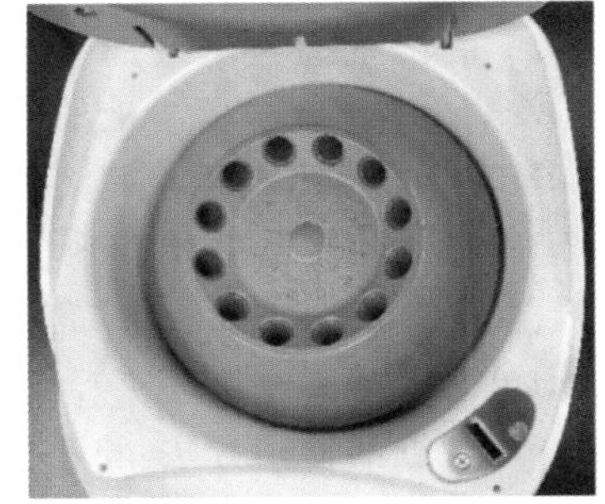

图 2.9　离心机转子

为了提高离心机使用效率,一次离心操作,常常会放入多个实验者的离心管,因此在注意平衡的同时,还需要记住各自离心管所放位置的编号(转子上的套管均有编号)。

放置好离心管后,将离心机上盖门快速向下按压,锁好上盖门,按开始/停止(START/STOP)键,转子开始旋转,当转速达到设定值后开始计时,时间显示剩余运行时间。当运行时间达到设定时间或按开始/停止(START/STOP)键,离心机开始停转,转子停止旋转后,离心机鸣叫,提醒运行结束,同时自动打开上盖门锁,此时可将离心管取出。程序将自动储存运行的设定参数,再次开机时程序将自动调出上一次运行的设定参数。

此外,DM0412 低速离心机还有一个短时运行操作,该功能通常用于去掉附着在离心管内壁上的样品,也能满足短时离心的应用要求。具体操作为:放置好离心管,锁好上盖门,按住点动(PULSE)键并保持,转速上升至设定转速,当松开点动(PULSE)键,离心机即可减速停转。

与离心机配套使用的是离心管,在实验中也常用小试管代替。

(5) 离心机使用中的注意事项

① 当离心机运行时不要移动离心机,也不要倚靠离心机。为安全起见,当离心机运行时,人员与离心机保持 30 cm 的距离;

② 放入离心管前，要检查离心套管的清洁，务必取走离心套管中的异物（如离心管碎片等）、倒掉套内的液体；

③ 在运行过程中出现奇怪噪声等情况时，应马上停机；

④ 此离心机是非防爆型，不能用于易燃、易爆样品的分离。

2. 离心后沉淀的分离

若沉淀的相对密度较大或结晶的颗粒较大，离心沉降后可用倾析法，直接将上层清液倒出，否则需用滴管把清液与沉淀分开。具体方法是：先用手指捏紧滴管上的橡胶头，排出空气，然后将滴管轻轻插入清液，慢慢放松橡胶头，溶液即慢慢进入滴管中，随试管中溶液的减少，将滴管逐渐下移至绝大部分溶液吸入滴管内为止。滴管尖端接近沉淀时要特别小心，勿使其触及沉淀。

3. 沉淀的洗涤

如果要将沉淀溶解后再做鉴定，必须在溶解之前，将沉淀洗涤干净，以便除去沉淀里的溶液和吸附的杂质。常用的洗涤剂是纯水，加洗涤剂后，用搅拌棒充分搅拌，离心分离，清液用滴管吸出，反复洗涤 2 ~ 3 次。

2.3.4 试纸的使用

1. 用试纸检验溶液的酸碱性

常用 pH 试纸检验溶液的酸碱性。pH 试纸分为两类：一类是广范 pH 试纸，其变色范围为 pH 1 ~ 14，可粗略地检验溶液的 pH，读取的数值只有整数位；另一类是精密 pH 试纸，可比较精确地检验溶液的 pH，精密 pH 试纸的种类很多，如有 0.5 ~ 5.0、3.8 ~ 5.4、5.5 ~ 9.0 等，可以根据不同的需要选用。广范 pH 试纸的变化为 1 个 pH 单位，而精密 pH 试纸的变化小于 1 个 pH 单位，读取的数据应至小数点后一位。

pH 试纸的使用方法：将小块试纸放在干燥洁净的点滴板上，再用玻璃棒蘸取待测溶液，滴在试纸上，观察试纸的颜色变化，将试纸呈现的颜色与标准色板颜色对比，就可知道溶液的 pH。注意：不能将试纸投入溶液中进行检测。此外，有时由于待测溶液浓度过大，试纸颜色变化不明显，应适当稀释后再进行检验。

2. 用试纸检验气体

pH 试纸或石蕊试纸也常用于检验反应所产生气体的酸碱性。实验中常用于检验气体的试纸还有：碘化钾-淀粉试纸，此试纸是用碘化钾-淀粉溶液浸泡的滤纸晾干后制成的，可检验 Cl_2，当 Cl_2 遇到试纸，就会将 I^- 氧化为 I_2，I_2 立即与试纸上的淀粉作用，使试纸变蓝；醋酸铅试纸，可检验 H_2S 气体，H_2S 气体遇到试纸后，生成黑色 PbS 沉淀使试纸呈黑褐色。

试纸检验气体的具体操作为：用去离子水润湿试纸后黏附在干净玻璃棒的前端，然后将试纸放在试管口的上方（不能接触试管），观察试纸颜色的变化。若逸出的气体较少，可小心地将试纸伸入试管中，但切勿使试纸接触管壁和溶液。

常见元素及化合物的基本性质实验 2.4

实验1 p区常见金属化合物的性质

目的

1. 掌握铝、锡、铅、锑、铋氢氧化物的酸碱性及其硫化物的性质。
2. 掌握铝、锡、铅、锑、铋不同价态的氧化还原性。
3. 掌握铅盐的难溶性。
4. 掌握 Al^{3+}、Sn^{2+}、Bi^{3+}、Pb^{2+} 的鉴定反应。

原理

1. 铝、锡、铅、锑、铋氢氧化物的酸碱性

碱性增强 ↓								
	$Al(OH)_3$（白色）	两性	$Sn(OH)_2$（白色）	两性	$Sn(OH)_4$（白色）	两性 酸性为主	$Sb(OH)_3$（白色）	两性
			$Pb(OH)_2$（白色）	两性偏碱	$Pb(OH)_4$（棕色）	两性偏酸	$Bi(OH)_3$（白色）	弱碱性

2. 锡、铅、锑、铋不同价态的氧化还原性

物质	氧化还原性递变规律		反应举例
Sn(Ⅱ)和Pb(Ⅳ)	还原性减弱 → Sn(Ⅱ) 强还原性，在碱性介质中还原性更强 $E^{\ominus}(Sn^{4+}/Sn^{2+})=0.15\ V$ $E^{\ominus}(Sn(OH)_6^{2-}/Sn(OH)_4^{2-})=-0.93\ V$ Sn(Ⅳ) → 氧化性增强	Pb(Ⅱ) $E^{\ominus}(PbO_2/Pb^{2+})=1.46\ V$ Pb(Ⅳ) 在酸性介质中有强氧化性	① Sn(Ⅱ)的还原性 $2HgCl_2+Sn^{2+}+4Cl^-\rightarrow Hg_2Cl_2\downarrow$（白色）$+SnCl_6^{2-}$ $Hg_2Cl_2+Sn^{2+}$（过量）$+4Cl^-\rightarrow 2Hg\downarrow$（黑色）$+SnCl_6^{2-}$ ——Sn^{2+}和Hg^{2+}的鉴定反应 $2Bi^{3+}+3Sn(OH)_4^{2-}+6OH^-\rightarrow 2Bi\downarrow$（黑色）$+3Sn(OH)_6^{2-}$ ——Bi^{3+}的鉴定反应 ② Pb(Ⅳ)的氧化性 PbO_2+4HCl（浓）$\rightarrow PbCl_2+Cl_2\uparrow+2H_2O$

续表

物质	氧化还原性递变规律		反应举例
Sb(Ⅲ) Bi(Ⅲ)和 Bi(Ⅴ)	还原性减弱 → Sb(Ⅲ) 还原性、氧化性均较弱 $E^{\ominus}(Sb^{3+}/Sb)=0.212$ V $E^{\ominus}(SbO_4^{3-}/SbO_2^-)=-0.59$ V Sb(Ⅴ) 在酸性介质中有氧化性，但不强 氧化性增强 →	Bi(Ⅲ) 具有氧化性和还原性，在碱性介质中可被强氧化剂氧化 $E^{\ominus}(Bi^{3+}/Bi)=0.320$ V $E^{\ominus}(NaBiO_3/Bi^{3+})=1.8$ V Bi(Ⅴ) 在酸性介质中有强氧化性	① Sb(Ⅲ)的氧化还原性 $2Sb^{3+}+3Sn \rightarrow 2Sb\downarrow$(黑色)$3Sn^{2+}$ $Sb(OH)_4^-+2Ag(NH_3)_2^++2OH^- \rightarrow Sb(OH)_6^-+2Ag\downarrow$(黑色)$+4NH_3$ ——Sb^{3+}的鉴定反应 ② Bi(Ⅴ)的氧化性 $5NaBiO_3+2Mn^{2+}+14H^+ \rightarrow 2MnO_4^-$(紫红色)$+5Bi^{3+}+5Na^++7H_2O$ ——Mn^{2+}的鉴定反应

3. 铅盐的溶解性

物质	$Pb(NO_3)_2$	$Pb(Ac)_2$	$PbCl_2\downarrow$	$PbI_2\downarrow$	$PbCrO_4\downarrow$	$PbSO_4\downarrow$	$PbCO_3\downarrow$
颜色			白色	黄色	黄色	白色	白色
溶解性	易溶于水	易溶于水	溶于热水、浓 HCl、NH_4Ac 溶液	易溶于浓 KI 溶液	易溶于稀 HNO_3、浓 HCl 溶液、浓 NaOH 溶液	易溶于 NH_4Ac 和热、浓硫酸	易溶于稀酸

4. 锡、铅、锑、铋的硫化物性质

硫化物		Sb_2S_3	Sb_2S_5	Bi_2S_3	SnS	SnS_2	PbS
颜色		橙红	橙红	黑色	棕色	黄色	黑色
试剂	Na_2S	Na_3SbS_3	Na_3SbS_4	—	—	Na_2SnS_3	—
	Na_2S_2	Na_3SbS_4	Na_3SbS_4+S	—	Na_2SnS_3	Na_2SnS_3+S	—
	HCl	$SbCl_3+H_2S$	$SbCl_3+H_2S+S$	$BiCl_3+H_2S$	$H_2[SnCl_4]+H_2S$	$H_2[SnCl_6]+H_2S$	$H_2[PbCl_4]+H_2S$
	NaOH	$Na_3SbO_3+Na_3SbS_3$	$Na_3SbO_3S+Na_3SbS_4$	—	—	—	—

注意：Al^{3+}与 Na_2S 反应，其产物为 $Al(OH)_3$。

试剂

酸溶液：HCl 溶液（2 mol·L^{-1}、6 mol·L^{-1}、浓）、HNO_3（2 mol·L^{-1}、6 mol·L^{-1}）、HAc（6 mol·L^{-1}）、浓 H_2SO_4

碱溶液：NaOH 溶液（2 mol·L^{-1}、6 mol·L^{-1}、40%）、$NH_3·H_2O$（6 mol·L^{-1}）

盐溶液：0.1 mol·L^{-1} 的 $AlCl_3$、$BiCl_3$、K_2CrO_4、K_2SO_4、$MnSO_4$、$Pb(NO_3)_2$、$SbCl_3$、$SnCl_2$、$SnCl_4$ 溶液；0.5 mol·L^{-1} 的 $NaNO_3$、Na_2S 溶液；饱和 NH_4Ac 溶液，0.1% 铝试剂

固体：$SnCl_2·2H_2O$、锡片、PbO_2、$NaBiO_3$、铝屑

实验内容

1. 铝、锡、铅、锑、铋氢氧化物的性质

取 2 支试管各加入 2 滴 0.1 mol·L^{-1} $AlCl_3$ 溶液，逐滴加入 2 mol·L^{-1} NaOH 溶液，得到 $Al(OH)_3$ 沉淀，观察沉淀颜色。再分别试验沉淀在 2 mol·L^{-1} HCl 溶液和 2 mol·L^{-1} NaOH 溶液中的溶解情况。写出离子反应方程式。

分别用 0.1 mol·L^{-1} $SnCl_4$ 溶液、$SnCl_2$ 溶液、$Pb(NO_3)_2$ 溶液、$SbCl_3$ 溶液和 $BiCl_3$ 溶液替代 $AlCl_3$ 溶液，重复上述操作，记录相关现象并写出离子反应方程式。

说明：如果在 2 mol·L^{-1} NaOH 溶液中不溶，可用 6 mol·L^{-1} NaOH 溶液进行试验；试验 $Pb(OH)_2$ 在酸中的溶解性应选用 2 mol·L^{-1} HNO_3 溶液。

2. Sn^{2+}、Sb^{3+}和 Bi^{3+}的水溶性

取 1 支试管，加入少量 $SnCl_2$ 固体和 5 滴去离子水，观察现象，再向试管中加入 10 滴浓 HCl 溶液，加热，观察发生的变化，写出离子反应方程式。

取 2 支试管，分别加入 3 滴 0.1 mol·L^{-1} $SbCl_3$ 溶液和 3 滴 0.1 mol·L^{-1} $BiCl_3$ 溶液，分别加入 10 滴去离子水，观察现象，再向试管中滴加 6 mol·L^{-1} HCl 溶液，观察发生的变化，写出离子反应方程式。

3. 铝、锡、铅、锑、铋的氧化还原性

（1）金属 Al 的还原性　在试管中加入 5 滴 0.5 mol·L^{-1} $NaNO_3$ 溶液和 5 滴 40% NaOH 溶液，再加入少量铝屑，用湿润的 pH 试纸在管口检验产生的 NH_3 气体，写出离子反应方程式。

（2）金属 Sn 的还原性、Sb^{3+}的氧化性　在光亮的锡片上滴加 1 滴 0.1 mol·L^{-1} $SbCl_3$ 溶液，观察现象，写出离子反应方程式。

（3）Sn^{2+}的还原性、Bi^{3+}的氧化性　取 5 滴 0.1 mol·L^{-1} $SnCl_2$ 溶液，加入 2 滴 0.1 mol·L^{-1} $BiCl_3$ 溶液，观察现象，再加入过量的 2 mol·L^{-1} NaOH 溶液，观察现象，写出离子反应方程式。

（4）PbO_2 的氧化性　在试管中加入 1 滴 0.1 mol·L^{-1} $MnSO_4$ 溶液和 10 滴 6 mol·L^{-1}

HNO_3 溶液，再加入少量 PbO_2 固体并加热，观察溶液颜色的变化，写出离子反应方程式。

（5）$NaBiO_3$ 的氧化性　在试管中加入 1 滴 0.1 mol·L^{-1} $MnSO_4$ 溶液和 10 滴 6 mol·L^{-1} HNO_3 溶液，再加入少量 $NaBiO_3$ 固体，观察现象并写出离子反应方程式。

4. 铝、锡、铅、锑、铋的硫化物性质

（1）取 2 支试管，各加入 5 滴 0.1 mol·L^{-1} $AlCl_3$ 溶液，再分别逐滴加入 0.5 mol·L^{-1} Na_2S 溶液，观察沉淀颜色。离心分离，弃去溶液后用去离子水洗涤沉淀 1～2 次，然后分别试验沉淀与浓 HCl 溶液和 0.5 mol·L^{-1} Na_2S 溶液作用的情况。写出离子反应方程式。

分别用 0.1 mol·L^{-1} $SnCl_4$ 溶液、$SnCl_2$ 溶液和 $SbCl_3$ 溶液替代 $AlCl_3$ 溶液，重复上述操作，记录相关现象并写出离子反应方程式。

（2）取 2 支试管各加入 5 滴 0.1 mol·L^{-1} $Pb(NO_3)_2$ 溶液，再分别逐滴加入 0.5 mol·L^{-1} Na_2S 溶液，观察沉淀颜色。离心分离，弃去溶液后再用去离子水洗涤沉淀 1～2 次，然后分别试验沉淀与 6 mol·L^{-1} HNO_3 溶液及 0.5 mol·L^{-1} Na_2S 溶液作用的情况。用 0.1 mol·L^{-1} $BiCl_3$ 溶液替代 $Pb(NO_3)_2$ 溶液重复实验。写出离子反应方程式。

5. 铅的难溶化合物

（1）$PbCl_2$　于试管中加入 5 滴 0.1 mol·L^{-1} $Pb(NO_3)_2$ 溶液，再滴入 2 mol·L^{-1} HCl 溶液，观察生成沉淀的颜色。微热试管，观察沉淀是否溶解。静置冷却后，观察沉淀是否又出现。离心分离，弃去溶液，加入浓 HCl 溶液，观察沉淀是否溶解。写出实验过程中所涉及的离子反应方程式。

（2）$PbSO_4$　取 3 支试管，分别加入 1 滴 0.1 mol·L^{-1} $Pb(NO_3)_2$ 溶液，再各加入 3 滴 0.1 mol·L^{-1} K_2SO_4 溶液，观察生成沉淀的颜色。离心分离，弃去溶液，分别试验沉淀与浓 H_2SO_4 溶液、6 mol·L^{-1} NaOH 溶液及饱和 NH_4Ac 溶液的作用。写出离子反应方程式。

说明：沉淀与浓 H_2SO_4 溶液的反应需要加热后观察现象。

（3）$PbCrO_4$　在试管中加入 3 滴 0.1 mol·L^{-1} $Pb(NO_3)_2$ 溶液和 3 滴 0.1 mol·L^{-1} K_2CrO_4 溶液，生成黄色沉淀，试验沉淀是否溶于 6 mol·L^{-1} HNO_3 溶液及饱和 NH_4Ac 溶液。写出离子反应方程式。

（4）Pb^{2+}的鉴定反应　在试管中加入 3 滴 0.1 mol·L^{-1} $Pb(NO_3)_2$ 溶液和 3 滴 0.1 mol·L^{-1} K_2CrO_4 溶液，生成黄色沉淀，表示有 Pb^{2+}。离心分离，弃去溶液，在沉淀上滴加 6 mol·L^{-1} NaOH 溶液至沉淀刚好溶解。再加 6 mol·L^{-1} HAc 溶液酸化，重又析出黄色沉淀，确证为 Pb^{2+}。写出离子反应方程式。

6. Al^{3+}的鉴定反应

取 2 滴 0.1 mol·L^{-1} $AlCl_3$ 溶液，加入 3 滴 6 mol·L^{-1} HAc 溶液，再滴加 0.1% 铝试剂，微热，继续滴加 6 mol·L^{-1} $NH_3·H_2O$ 溶液至有氨味，产生鲜红色絮状沉淀，证明 Al^{3+}存在。

说明

p 区常见金属 As、Sb、Bi、Pb 及其化合物都是有毒物质。其中 As_2O_3（砒霜）和 AsH_3（胂）

及其他可溶性砷化物、铅的可溶性化合物均是剧毒物质。此外,本实验中涉及的 Cr 及其化合物亦是有毒物质。因此,实验用到这些物质时取用量要少,切勿与伤口接触。实验后,废液应倒入指定的回收容器中统一处理,并一定要洗手。若不慎中毒,应立即就医治疗。有效的砷的解毒剂是新配制的氧化镁与硫酸铁溶液强烈摇动后形成的氢氧化铁悬浮液,也可用乙二硫醇解毒。铅化合物中毒一般是静脉注射 10% $Na_2S_2O_3$ 溶液或 KI 等物解毒。

危险化学品安全信息

表 2.3　本实验中涉及的危险化学品安全信息

危险化学品	安全信息	
HCl 盐酸(氯化氢) hydrogen chloride CAS:7647-01-0	危险品标识: T:有毒性物质 危险类别码: R34:会导致灼伤 R37:刺激呼吸道	安全说明: S26:万一接触眼睛,立即使用大量清水冲洗并送医诊治 S45:出现意外或者感到不适,立刻到医生那里寻求帮助(最好带去产品容器标签)
HNO_3 硝酸 nitrate acid CAS:7697-37-2	危险品标识: C:腐蚀性物质 O:氧化性物质 危险类别码: R8:遇到易燃物会导致起火 R35:会导致严重灼伤	安全说明: S23:不要吸入蒸气 S26:万一接触眼睛,立即使用大量清水冲洗并送医诊治 S36:穿戴合适的防护服装 S45:出现意外或者感到不适,立刻到医生那里寻求帮助(最好带去产品容器标签)
$SbCl_3$ 三氯化锑 antimony chloride CAS:10025-91-9	危险品标识: C:腐蚀性物质 危险类别码: R34:会导致灼伤	安全说明: S26:万一接触眼睛,立即使用大量清水冲洗并送医诊治
H_2SO_4 硫酸 sulfuric acid CAS:7664-93-9	危险品标识: C:腐蚀性物质 危险类别码: R35:会导致严重灼伤	安全说明: S26:万一接触眼睛,立即使用大量清水冲洗并送医诊治 S30:千万不可将水加入此产品 S45:出现意外或者感到不适,立刻到医生那里寻求帮助(最好带去产品容器标签)

续表

危险化学品	安全信息	
$C_2H_4O_2$ 乙酸(醋酸、冰乙酸) acetic acid CAS:64-19-7	危险品标识: C:腐蚀性物质 Xi:刺激性物质 危险类别码: R10:易燃 R35:会导致严重灼伤	安全说明: S23:不要吸入蒸气 S26:万一接触眼睛,立即使用大量清水冲洗并送医诊治 S45:出现意外或者感到不适,立刻到医生那里寻求帮助(最好带去产品容器标签)
NaOH 氢氧化钠(苛性钠/烧碱) sodium hydroxide CAS:1310-73-2	危险品标识: C:腐蚀性物质 危险类别码: R35:会导致严重灼伤	安全说明: S24/25:防止皮肤和眼睛接触 S37/39:使用合适的手套和防护眼镜或者面罩 S45:出现意外或者感到不适,立刻到医生那里寻求帮助(最好带去产品容器标签)
$NH_3 \cdot H_2O$ 氨水(氢氧化铵) ammonium hydroxide CAS:1336-21-6	危险品标识: C:腐蚀性物质 N:环境危险物质 危险类别码: R34:会导致灼伤 R50:对水生生物极毒	安全说明: S26:万一接触眼睛,立即使用大量清水冲洗并送医诊治 S36/37/39:穿戴合适的防护服、手套并使用防护眼镜或者面罩 S45:出现意外或者感到不适,立刻到医生那里寻求帮助(最好带去产品容器标签) S61:避免排放到环境中。参考专门的说明/安全数据表
Na_2S 硫化钠 sodium sulfide CAS:1313-82-2	危险品标识: C:腐蚀性物质 N:环境危险物质 危险类别码: R31:与酸接触释放出有毒气体 R34:会导致灼伤 R50:对水生生物极毒	安全说明: S26:万一接触眼睛,立即使用大量清水冲洗并送医诊治 S45:出现意外或者感到不适,立刻到医生那里寻求帮助(最好带去产品容器标签) S61:避免排放到环境中。参考专门的说明/安全数据表

续表

危险化学品	安全信息	
$Pb(NO_3)_2$ 硝酸铅 lead nitrate CAS:10099-74-8	危险品标识: O:氧化性物质 N:环境危险物质 T+:极高毒性物质 危险类别码: R8:遇到易燃物会导致起火 R20/22:吸入和不慎吞咽有害 R33:有累积作用的危险 R50/53:对水生生物极毒,可能导致对水生环境长期不良影响 R61:可能对未出生的婴儿导致伤害 R62:有削弱生殖能力的危险	安全说明: S17:远离可燃物质 S45:出现意外或者感到不适,立刻到医生那里寻求帮助(最好带去产品容器标签) S53:避免暴露——使用前先阅读专门的说明 S60:本物质残余物和容器必须作为危险废物处理 S61:避免排放到环境中。参考专门的说明/安全数据表
$NaNO_3$ 硝酸钠 sodium nitrate CAS:7631-99-4	危险品标识: O:氧化性物质 Xn:有害物质 危险类别码: R8:遇到易燃物会导致起火 R22:吞咽有害 R36/37/38:对眼睛、呼吸道和皮肤有刺激作用	安全说明: S17:远离可燃物质 S26:万一接触眼睛,立即使用大量清水冲洗并送医诊治 S37/39:使用合适的手套和防护眼镜或者面罩
$AlCl_3$ 氯化铝(三氯化铝) aluminium trichloride CAS:7446-70-0	危险品标识: C:腐蚀性物质 危险类别码: R34:会导致灼伤	安全说明: S45:出现意外或者感到不适,立刻到医生那里寻求帮助(最好带去产品容器标签)
$SnCl_4 \cdot 5H_2O$ 四氯化锡(四氯化锡五水合物) stannic chloride pentahydrate CAS:10026-06-9	危险品标识: C:腐蚀性物质 危险类别码: R34:会导致灼伤 R52/53:对水生生物有害,可能导致对水生环境长期不良影响	安全说明: S26:万一接触眼睛,立即使用大量清水冲洗并送医诊治 S45:出现意外或者感到不适,立刻到医生那里寻求帮助(最好带去产品容器标签) S61:避免排放到环境中。参考专门的说明/安全数据表

续表

危险化学品	安全信息	
K_2CrO_4 铬酸钾 potassium chromate CAS:7789-00-6	危险品标识: O:氧化性物质 N:环境危险物质 T:有毒物质 危险类别码: R8:遇到易燃物会导致起火 R22:吞咽有害 R36/37/38:对眼睛、呼吸道和皮肤有刺激作用 R43:皮肤接触会产生过敏反应 R46:可能引起遗传基因损害 R49:吸入会致癌 R50/53:对水生生物极毒,可能导致对水生环境长期不良影响	安全说明: S45:出现意外或者感到不适,立刻到医生那里寻求帮助(最好带去产品容器标签) S53:避免暴露——使用前先阅读专门的说明 S60:本物质残余物和容器必须作为危险废物处理 S61:避免排放到环境中。参考专门的说明/安全数据表
PbO_2 二氧化铅 lead dioxide CAS:1309-60-0	危险品标识: O:氧化性物质 N:环境危险物质 T:有毒物质 危险类别码: R8:遇到易燃物会导致起火 R20/22:吸入和不慎吞咽有害 R33:有累积作用的危险 R50/53:对水生生物极毒,可能导致对水生环境长期不良影响 R61:可能对未出生的婴儿导致伤害 R62:有削弱生殖能力的危险	安全说明: S45:出现意外或者感到不适,立刻到医生那里寻求帮助(最好带去产品容器标签) S53:避免暴露——使用前先阅读专门的说明 S60:本物质残余物和容器必须作为危险废物处理 S61:避免排放到环境中。参考专门的说明/安全数据表

注:根据危险化学品目录2018版确定本实验中所涉及的危险化学品。

实验2 p区常见非金属化合物的性质

目的

1. 了解氮、硫含氧酸及其盐的主要性质。
2. 了解磷酸盐的主要性质。
3. 掌握过氧化氢、硫化氢和硫化物的主要性质。
4. 掌握 CO_3^{2-}、PO_4^{3-}、Cl^-、I^-的鉴定方法。

原理

1. 氮、硫和氯的部分含氧酸及其盐的性质

物质	氧化值	主要性质	反应举例
次氯酸盐	+1	有强氧化性	$ClO^-+HCl(浓)+H^+\rightarrow Cl_2\uparrow+H_2O$
氯酸盐	+5	在酸性介质中有强氧化性	$ClO_3^-+6I^-+6H^+\rightarrow Cl^-+3I_2+3H_2O$
亚硫酸及其盐	+4	① 亚硫酸热稳定性差,易分解 ② 既有氧化性又有还原性,但以还原性为主	$2MnO_4^-+5SO_3^{2-}+6H^+\rightarrow 2Mn^{2+}+5SO_4^{2-}+3H_2O$ $SO_3^{2-}+2H_2S+2H^+\rightarrow 3S\downarrow+3H_2O$
硫代硫酸及其盐	+2	① 硫代硫酸极不稳定,易分解 ② 具有还原性,为中强还原剂,与强氧化剂如 Cl_2、Br_2 等作用被氧化为硫酸盐;与较弱氧化剂如 I_2 等作用被氧化为连四硫酸盐 ③ 硫代硫酸根有很强的配位能力,与许多金属离子形成配位化合物	$S_2O_3^{2-}+2H^+\rightarrow S\downarrow+SO_2\uparrow+H_2O$ $S_2O_3^{2-}+4Cl_2+5H_2O\rightarrow 2SO_4^{2-}+8Cl^-+10H^+$ $2S_2O_3^{2-}+I_2\rightarrow S_4O_6^{2-}+2I^-$ $Ag_2S_2O_3+3S_2O_3^{2-}\rightarrow 2Ag(S_2O_3)_2^{3-}$
过二硫酸及其盐	+6	① 过二硫酸盐的热稳定性差,受热易分解 ② 具有强氧化性	$2Mn^{2+}+5S_2O_8^{2-}+8H_2O\rightarrow 2MnO_4^-+10SO_4^{2-}+16H^+$
亚硝酸及其盐	+3	① 亚硝酸极不稳定,易分解 ② 既有氧化性又有还原性,但以氧化性为主。亚硝酸盐溶液只有在酸性介质中才显示氧化性	$2NO_2^-+2I^-+4H^+\rightarrow 2NO\uparrow+I_2+2H_2O$ $2MnO_4^-+5NO_2^-+6H^+\rightarrow 2Mn^{2+}+5NO_3^-+3H_2O$

2. 过氧化氢、硫化氢、硫化物的性质

物质	主要性质	反应举例
过氧化氢	① 弱酸性	pH≈6　$H_2O_2 \rightarrow H^+ + HO_2^-$
	② 易分解为 H_2O 和 O_2	$2H_2O_2 \rightarrow 2H_2O + O_2$
	③ 既有氧化性，又有还原性，但以氧化性为主	$PbS + 4H_2O_2 \rightarrow PbSO_4 \downarrow + 4H_2O$ $Ag_2O + H_2O_2 \rightarrow 2Ag \downarrow + O_2 \uparrow + H_2O$
硫化氢	有毒，有强还原性	$2H_2S + SO_3^{2-} + 2H^+ \rightarrow 3S \downarrow + 3H_2O$
硫化物	除碱金属（包括 NH_4^+）的硫化物外，大多数硫化物都难溶于水，并具有特征颜色。根据其在酸中的溶解情况，将硫化物分为四类： ① 可溶于稀盐酸的硫化物 ② 难溶于稀盐酸，能溶于浓盐酸的硫化物 ③ 难溶于浓盐酸，能溶于硝酸的硫化物 ④ 难溶于硝酸，只溶于王水的硫化物	ZnS（白色）、MnS（肉色）、FeS（黑色）等 CdS（黄色）、PbS（黑色）等 CuS（黑色）、Ag_2S（黑色）等 HgS（黑色）等

试剂

酸溶液：HCl（1 mol·L^{-1}、6 mol·L^{-1}、浓）、HNO_3（6 mol·L^{-1}、浓）、H_2SO_4（2 mol·L^{-1}）

碱溶液：NaOH（2 mol·L^{-1}、40%）、$NH_3 \cdot H_2O$（6 mol·L^{-1}）

盐溶液：0.1 mol·L^{-1} 的 $AgNO_3$、$CaCl_2$、$CdSO_4$、$CuSO_4$、KI、$KMnO_4$、$MnSO_4$、NaH_2PO_4、Na_2HPO_4、$NaNO_2$、Na_3PO_4、Na_2S、$Na_2S_2O_3$、$Pb(NO_3)_2$、$ZnSO_4$ 溶液；饱和的 $KClO_3$、$(NH_4)_2MoO_4$ 溶液

溶液：3% H_2O_2 溶液、无水乙醇、Cl_2 水、品红溶液、I_2 水

固体：Na_2SO_3、$K_2S_2O_8$、硫粉

广范 pH 试纸、$Pb(Ac)_2$ 试纸、淀粉-KI 试纸

实验内容

1. 过氧化氢及过氧化物

（1）H_2O_2 的酸碱性及 Na_2O_2 的制备　取 10 滴 3% H_2O_2 溶液，测定其 pH，然后加入 5 滴 40% NaOH 溶液和 10 滴无水乙醇，并混合均匀，观察生成固体 $Na_2O_2 \cdot 8H_2O$ 的颜色，写出离子反应方程式。

（2）H_2O_2 的氧化还原性

① 取 5 滴 0.1 mol·L^{-1} $Pb(NO_3)_2$ 溶液和 5 滴 0.1 mol·L^{-1} Na_2S 溶液，逐滴加入 3% H_2O_2 溶液，观察现象，写出离子反应方程式。

② 取 5 滴 0.1mol·L^{-1} $AgNO_3$ 溶液，加入 5 滴 2 mol·L^{-1} NaOH 溶液后逐滴加入 3%

H_2O_2 溶液，观察现象，写出离子反应方程式。

③ 取 5 滴 3% H_2O_2 溶液，加入 1 滴 0.1 mol·L^{-1} $MnSO_4$ 溶液，然后加入 1 滴 2 mol·L^{-1} NaOH 溶液，再迅速加入 1～2 滴 2 mol·L^{-1} H_2SO_4 溶液，观察现象，写出离子反应方程式。

2. 硫化氢

（1）H_2S 的鉴定　在试管中加入 5 滴 0.1 mol·L^{-1} Na_2S 溶液和 5 滴 6 mol·L^{-1} HCl 溶液，用湿润的 $Pb(Ac)_2$ 试纸检验逸出的气体，并写出离子反应方程式。

（2）H_2S 的还原性　取 5 滴 0.1 mol·L^{-1} Na_2S 溶液和少量 Na_2SO_3 固体，逐滴加入 2 mol·L^{-1} H_2SO_4 溶液，观察现象，写出离子反应方程式。

3. 难溶硫化物的生成与溶解性

取 3 支试管，分别加入 3 滴浓度均为 0.1 mol·L^{-1}的 $ZnSO_4$ 溶液、$CdSO_4$ 溶液和 $CuSO_4$ 溶液，再各加入 5 滴 0.1 mol·L^{-1} Na_2S 溶液，离心分离，弃去清液后将沉淀洗涤 1～2 次，试验硫化物在 6 mol·L^{-1} HCl 溶液中的溶解性，若不溶解，需再做一份硫化物，离心分离，沉淀经洗涤后，加入 6 mol·L^{-1} HNO_3 溶液，并加热，观察现象，写出离子反应方程式。

说明：Na_2S 溶液需要新配制，时间长了，溶液中会存在多硫化物，导致观察到的现象与理论不符。

4. 氯、硫、氮的含氧酸及其盐的性质

（1）次氯酸盐和氯酸盐的氧化性

① NaClO 的氧化性：取 1 mL Cl_2 水，滴加 2 mol·L^{-1} NaOH 溶液至溶液呈碱性后分装于 3 支试管中。在第一支试管中加入数滴 6 mol·L^{-1} HCl 溶液，观察现象，并用淀粉-KI 试纸检验 Cl_2；在第二支试管中加入数滴 0.1 mol·L^{-1} KI 溶液和 2 mol·L^{-1} H_2SO_4 溶液，观察现象，并检验 I_2 的产生；在第三支试管中加入数滴品红溶液，观察溶液颜色变化。写出上述各反应的离子反应方程式。

② 氯酸盐的氧化性：取 10 滴饱和 $KClO_3$ 溶液，加入 3 滴浓 HCl 溶液，检验产生的 Cl_2，并写出离子反应方程式。

（2）亚硫酸及其盐的氧化还原性　取少量 Na_2SO_3 固体，加入 10 滴 2 mol·L^{-1} H_2SO_4 溶液，滴加 0.1 mol·L^{-1} $KMnO_4$ 溶液，观察现象，写出离子反应方程式。

（3）硫代硫酸及其盐的性质

① $S_2O_3^{2-}$ 的还原性：取 5 滴 0.1 mol·L^{-1} $Na_2S_2O_3$ 溶液，逐滴加入 I_2 水，观察现象，写出离子反应方程式。

② $S_2O_3^{2-}$ 的歧化反应和 $S_2O_3^{2-}$ 的鉴定：取 5 滴 0.1 mol·L^{-1} $Na_2S_2O_3$ 溶液，逐滴加入 1 mol·L^{-1} HCl 溶液，生成白色或淡黄色沉淀，此反应可用于鉴定 $S_2O_3^{2-}$ 的存在，写出离子反应方程式。

取 5 滴 0.1 mol·L^{-1} $AgNO_3$ 溶液，加入 3 滴 0.1 mol·L^{-1} $Na_2S_2O_3$ 溶液，放置后观察现象，并写出离子反应方程式。

③ $S_2O_3^{2-}$ 的配位性：取 5 滴 0.1 mol·L^{-1} $AgNO_3$ 溶液，加入过量的 0.1 mol·L^{-1} $Na_2S_2O_3$

溶液，观察现象，并写出离子反应方程式。

（4） 过二硫酸的氧化性　取 1 滴 0.1 mol · L^{-1} $MnSO_4$ 溶液，再加入 10 滴 2 mol · L^{-1} H_2SO_4 溶液、1 滴 0.1 mol · L^{-1} $AgNO_3$ 溶液（作催化剂）和少量 $K_2S_2O_8$ 固体，微热，观察现象。此反应可作为 Mn^{2+} 的鉴定反应，写出离子反应方程式。

（5） 硝酸的氧化性　取少量硫粉，加入 1 mL 浓 HNO_3 溶液，加热一段时间后，检验硫的氧化产物是否为 SO_4^{2-}。

（6） 亚硝酸及其盐的氧化还原性

① 取 2 滴 0.1 mol · L^{-1} $NaNO_2$ 溶液和 1 滴 0.1 mol · L^{-1} KI 溶液，再加入 1 滴 2 mol · L^{-1} H_2SO_4 溶液，观察现象并写出离子反应方程式。

② 取 2 滴 0.1 mol · L^{-1} $NaNO_2$ 溶液和 1 滴 0.1 mol · L^{-1} $KMnO_4$ 溶液，然后加入 1 滴 2 mol · L^{-1} H_2SO_4 溶液，观察现象并写出离子反应方程式。

5. 磷酸盐的性质

（1） 水溶液的酸碱性　在点滴板的三个圆穴中各放入 1 小条 pH 试纸，之后分别加入 2 滴 0.1 mol · L^{-1} Na_3PO_4、Na_2HPO_4 和 NaH_2PO_4 溶液，测定其 pH。

（2） 银磷酸盐的水溶解性　取 3 支试管，各加入 10 滴 0.1 mol · L^{-1} Na_3PO_4、Na_2HPO_4 和 NaH_2PO_4 溶液，再分别加入 10 滴 0.1 mol · L^{-1} $AgNO_3$ 溶液，观察现象，并测定各试管中溶液的 pH。写出离子反应方程式。

（3） 钙磷酸盐的水溶解性　取 3 支试管各加入 5 滴 0.1 mol · L^{-1} Na_3PO_4、Na_2HPO_4 和 NaH_2PO_4 溶液，再分别加入 5 滴 0.1 mol · L^{-1} $CaCl_2$ 溶液，观察现象，在没有沉淀生成的试管中加入少量 6 mol · L^{-1} $NH_3 \cdot H_2O$ 溶液，观察现象。在上述 3 支试管中，滴加 1 mol · L^{-1} HCl 溶液，观察现象。写出离子反应方程式。

（4） PO_4^{3-} 的鉴定反应　在试管中加入 2 滴 0.1 mol · L^{-1} Na_3PO_4 溶液、5 滴浓 HNO_3 溶液及 10 滴饱和 $(NH_4)_2MoO_4$ 溶液，微热（40 ~ 50 ℃），观察现象，写出离子反应方程式。

危险化学品安全信息

表 2.4　本实验中涉及的危险化学品安全信息

危险化学品	安全信息	
Na_2S 硫化钠 sodium sulfide CAS:1313-82-2	危险品标识： N:环境危险物质 C:腐蚀性物质 危险类别码： R31:与酸接触释放出有毒气体 R34:会导致灼伤 R50:对水生生物极毒	安全说明： S26:万一接触眼睛，立即使用大量清水冲洗并送医诊治 S45:出现意外或者感到不适，立刻到医生那里寻求帮助（最好带去产品容器标签） S61:避免排放到环境中。参考专门的说明/安全数据表

续表

危险化学品	安全信息	
C_2H_5OH 无水乙醇(酒精) ethyl alcohol CAS:64-17-5	危险品标识: F:易燃物质 危险类别码: R11:非常易燃	安全说明: S7:保持容器紧密封闭 S16:远离火源
$KMnO_4$ 高锰酸钾(灰锰氧) potassium permanganate CAS:7722-64-7	危险品标识: O:氧化性物质 N:环境危险物质 Xn:有害物质 危险类别码: R8:遇到易燃物会导致起火 R22:吞咽有害 R50/53:对水生生物极毒,可能导致对水生环境长期不良影响	安全说明: S60:本物质残余物和容器必须作为危险废物处理 S61:避免排放到环境中。参考专门的说明/安全数据表
$AgNO_3$ 硝酸银 silver nitrate CAS:7761-88-8	危险品标识: O:氧化性物质 N:环境危险物质 C:腐蚀性物质 危险类别码: R8:遇到易燃物会导致起火 R34:会导致灼伤 R50/53:对水生生物极毒,可能导致对水生环境长期不良影响	安全说明: S26:万一接触眼睛,立即使用大量清水冲洗并送医诊治 S45:出现意外或者感到不适,立刻到医生那里寻求帮助(最好带去产品容器标签) S60:本物质残余物和容器必须作为危险废物处理 S61:避免排放到环境中。参考专门的说明/安全数据表

续表

危险化学品	安全信息	
$KClO_3$ 氯酸钾 potassium chlorate CAS:3811-04-9	危险品标识: O:氧化性物质 N:环境危险物质 Xn:有害物质 危险类别码: R9:与易燃物混合会爆炸 R20/22:吸入和不慎吞咽有害 R51/53:对水生生物有毒,可能导致对水生环境长期不良影响	安全说明: S13:远离食品、饮料和动物饲料 S16:远离火源 S27:立刻除去所有污染衣物 S61:避免排放到环境中。参考专门的说明/安全数据表
$CdSO_4$ 硫酸镉 cadmium sulfate CAS:10124-36-4	危险品标识: N:环境危险物质 T+:极高毒性物质 危险类别码: R25:吞咽有毒 R26:吸入极毒 R45:可能致癌 R46:可能引起遗传基因损害 R50/53:对水生生物极毒,可能导致对水生环境长期不良影响 R60:可能降低生殖能力 R61:可能对未出生的婴儿导致伤害	安全说明: S45:出现意外或者感到不适,立刻到医生那里寻求帮助(最好带去产品容器标签) S53:避免暴露——使用前先阅读专门的说明 S60:本物质残余物和容器必须作为危险废物处理 S61:避免排放到环境中。参考专门的说明/安全数据表
$K_2S_2O_8$ 过硫酸钾 potassium persulfate CAS:7727-21-1	危险品标识: O:氧化性物质 Xn:有害物质	安全说明: S22:不要吸入粉尘 S24:避免接触皮肤

续表

危险化学品	安全信息	
$K_2S_2O_8$ 过硫酸钾 potassium persulfate CAS:7727-21-1	危险类别码: R8:遇到易燃物会导致起火 R20:吞咽有害 R36/37/38:对眼睛、呼吸道和皮肤有刺激作用 R42/43:吸入和皮肤接触会导致过敏	S26:万一接触眼睛,立即使用大量清水冲洗并送医诊治 S37:使用合适的防护手套
$NaNO_2$ 亚硝酸钠 sodium nitrite CAS:7632-00-0	危险品标识: O:氧化性物质 N:环境危险物质 T:有毒性物质 危险类别码: R8:遇到易燃物会导致起火 R25:吞咽有毒 R50:对水生生物极毒	安全说明: S45:出现意外或者感到不适,立刻到医生那里寻求帮助(最好带去产品容器标签) S61:避免排放到环境中。参考专门的说明/安全数据表

注:1. 根据危险化学品目录 2018 版确定本实验中所涉及的危险化学品。

2. 本实验中所涉及的危险化学品:HCl、HNO_3、H_2SO_4、NaOH、$NH_3 \cdot H_2O$、$Pb(NO_3)_2$ 的安全信息请查阅实验 1 后的表 2.3。

实验3　d区元素化合物的性质

目的

1. 掌握 Cu^{2+}、Ag^{+}、Zn^{2+}、Cd^{2+} 与 NaOH 和 $NH_3 \cdot H_2O$ 的反应。
2. 掌握上述离子的重要配合物及其性质。
3. 掌握 Cu(Ⅰ)和 Cu(Ⅱ)的相互转化条件。
4. 掌握 Cr、Mn、Fe、Co、Ni 氢氧化物的酸碱性和氧化还原性。
5. 掌握 Cr、Mn 重要氧化态间的转化反应及其条件。
6. 掌握 Fe、Co、Ni 的主要配位化合物的性质。

原理

1. Cu^{2+}、Ag^{+}、Zn^{2+}、Cd^{2+}与 NaOH、$NH_3 \cdot H_2O$ 和 KI 的反应

离子		Cu^{2+}	Ag^{+}	Zn^{2+}	Cd^{2+}
试剂	适量 NaOH	$Cu(OH)_2\downarrow$（浅蓝色）	$Ag_2O\downarrow$（暗棕色）	$Zn(OH)_2\downarrow$（白色）	$Cd(OH)_2\downarrow$（白色）
	过量 NaOH	$Cu(OH)_4^{2-}$（需浓碱）（亮蓝色）	不变	$Zn(OH)_4^{2-}$（无色）	不变
	适量 $NH_3 \cdot H_2O$	$Cu(OH)_2\downarrow$（浅蓝色）	$Ag_2O\downarrow$（暗棕色）	$Zn(OH)_2\downarrow$（白色）	$Cd(OH)_2\downarrow$（白色）
	过量 $NH_3 \cdot H_2O$	$Cu(NH_3)_4^{2+}$（深蓝色）	$Ag(NH_3)_2^{+}$（无色）	$Zn(NH_3)_4^{2+}$（无色）	$Cd(NH_3)_4^{2+}$（无色）
	适量 KI	$CuI\downarrow$（白色）$+I_2$	$AgI\downarrow$（黄色）	—	—
	饱和 KI	CuI_2^-	AgI_2^-	—	—

2. Cu（Ⅰ）与 Cu（Ⅱ）的相互转化

（1）在水溶液中 Cu^{+}不稳定，易歧化成 Cu^{2+}和 Cu。当有配位剂、沉淀剂存在时，Cu^{+}的稳定性会提高，Cu^{+}存在于难溶的化合物（如 Cu_2O、Cu_2S、CuCl 等）或难解离的配合物［如 $Cu(CN)_2^-$ 等］中。

（2）若使 Cu（Ⅱ）转变成 Cu（Ⅰ），除加入还原剂外，还应使 Cu（Ⅰ）生成难溶物或难解离配合物。例如，在热的浓盐酸中，用 Cu 粉还原 $CuCl_2$ 可得到 $CuCl_2^-$，用水稀释就得到难溶性的 CuCl：

$$Cu^{2+}+Cu+4Cl^- \xrightarrow{\triangle} 2CuCl_2^-$$

$$CuCl_2^- \xrightarrow{稀释} CuCl\downarrow +Cl^-$$

3. 铬的重要化合物性质

氧化值	+3	+6
氧化物	Cr_2O_3（绿色）	CrO_3（橙红色）
氧化物的水合物	$Cr(OH)_3$（灰绿色）	H_2CrO_4（黄色）
	两性氢氧化物	强酸性
	$Cr(OH)_4^-$ 热稳定性差，加热完全水解，生成水合氧化铬沉淀	在溶液中 CrO_4^{2-} 和 $Cr_2O_7^{2-}$ 存在平衡，碱性溶液中以 CrO_4^{2-} 为主，酸性溶液中以 $Cr_2O_7^{2-}$ 为主： $2CrO_4^{2-}+2H^+ \rightarrow Cr_2O_7^{2-}+H_2O$

续表

氧化物的水合物	$2Cr(OH)_4^- + (x-3)H_2O \rightarrow Cr_2O_3 \cdot xH_2O + 2OH^-$ 在碱性介质中，$Cr(OH)_4^-$ 易被氧化成 CrO_4^{2-}，而 CrO_4^{2-} 一般不显氧化性： $2Cr(OH)_4^- + 3H_2O_2 + 2OH^- \rightarrow 2CrO_4^{2-} + 8H_2O$	$Cr_2O_7^{2-}$ 有强氧化性，能将乙醇氧化成乙酸，本身颜色由橙变绿，可用于检查人呼出的气体和血液中是否含有酒精： $2Cr_2O_7^{2-} + 3C_2H_5OH + 16H^+ \rightarrow 4Cr^{3+} + 11H_2O + 3CH_3COOH$

4. 锰的重要化合物性质

氧化值	+2	+4	+6	+7
氧化物	MnO（绿色）	MnO_2（棕色）		Mn_2O_7 （黑绿色油状液体）
氧化物的水合物	$Mn(OH)_2$ （浅粉红或肉色）	$MnO(OH)_2$ （棕黑色）	H_2MnO_4（绿色）	$HMnO_4$（紫红色）
酸碱性	碱性	两性	酸性	强酸性
氧化还原稳定性	不稳定，碱性介质中 $Mn(OH)_2$ 易被空气中的氧最终氧化成 $MnO(OH)_2$： $2Mn(OH)_2 + O_2 \rightarrow 2MnO(OH)_2$	稳定，在酸性介质中有强氧化性，还原产物为 Mn^{2+}；碱性介质中有还原性，可被氧化剂氧化成 MnO_4^{2-}	不稳定，易发生歧化反应	不稳定，易分解为 MnO_2 和氧气

5. 铁系元素的氢氧化物

（1）氧化值为+2 的氢氧化物的还原性

$M(OH)_2$	空气	中强氧化剂 （如 H_2O_2）	强氧化剂 （如 Cl_2、Br_2）	反应举例
$Fe(OH)_2$ （白色）	$Fe(OH)_3$ 反应迅速	$Fe(OH)_3$	$Fe(OH)_3$	$4Fe(OH)_2 + O_2 + 2H_2O \rightarrow 4Fe(OH)_3$
$Co(OH)_2$ （粉红色）	$CoO(OH)$ 反应缓慢	$Co(OH)_3$	$Co(OH)_3$	$2Co(OH)_2 + H_2O_2 \rightarrow 2Co(OH)_3\downarrow$
$Ni(OH)_2$ （绿色）	—	—	$NiO(OH)$	$2Ni(OH)_2 + Cl_2 + 2OH^- \rightarrow 2NiO(OH)\downarrow + 2Cl^- + 2H_2O$

还原性依 $Fe(OH)_2$、$Co(OH)_2$、$Ni(OH)_2$ 的顺序递减。

（2）氧化值为+3 的氢氧化物的氧化性

$M(OH)_3$	H_2SO_4	浓 HCl	反应举例
$Fe(OH)_3$(红棕色)	Fe^{3+}	Fe^{3+}	$Fe(OH)_3+3H^+ \rightarrow Fe^{3+}+3H_2O$
$Co(OH)_3$(褐色)	$Co^{2+}+O_2$	$CoCl_4^{2-}+Cl_2$	$2Co(OH)_3+2H^+ \rightarrow 2Co^{2+}+O_2\uparrow+4H_2O$ $2Co(OH)_3+6H^++10Cl^- \rightarrow 2CoCl_4^{2-}+Cl_2\uparrow+6H_2O$
$NiO(OH)$(黑色)	$Ni^{2+}+O_2$	$NiCl_4^{2-}+Cl_2$	$4NiO(OH)+8H^+ \rightarrow 4Ni^{2+}+O_2\uparrow+6H_2O$ $2NiO(OH)+6H^++10Cl^- \rightarrow 2NiCl_4^{2-}+Cl_2\uparrow+4H_2O$

酸性溶液中均具有氧化性,氧化性依 $Fe(OH)_3$、$Co(OH)_3$、$NiO(OH)$的顺序递增。

试剂

酸溶液:HNO_3(2 $mol\cdot L^{-1}$、6 $mol\cdot L^{-1}$)、HCl(2 $mol\cdot L^{-1}$、浓)、HAc(2 $mol\cdot L^{-1}$)、H_2SO_4(2 $mol\cdot L^{-1}$、浓)

碱溶液:NaOH(2 $mol\cdot L^{-1}$、6 $mol\cdot L^{-1}$)、$NH_3\cdot H_2O$(0.1 $mol\cdot L^{-1}$、6 $mol\cdot L^{-1}$)

盐溶液:0.1 $mol\cdot L^{-1}$的 $AgNO_3$、$CdSO_4$、$CoCl_2$、$Cr_2(SO_4)_3$、$CuSO_4$、$FeCl_3$、K_2CrO_4、$K_2Cr_2O_7$、$K_3[Fe(CN)_6]$、$K_4[Fe(CN)_6]$、$MnSO_4$、NaS、Na_2SO_3、$NiSO_4$、$ZnSO_4$ 的溶液;1 $mol\cdot L^{-1}$的 $CuCl_2$、NH_4Cl、NH_4CNS 的溶液;Na_2CO_3(0.5 $mol\cdot L^{-1}$);$KMnO_4$(0.01 $mol\cdot L^{-1}$);KI(0.1 $mol\cdot L^{-1}$、1 $mol\cdot L^{-1}$、饱和);饱和 KCl 溶液、NH_4Cl 溶液

溶液:3% H_2O_2 溶液、无水乙醇、CCl_4、Cl_2 水

固体:铜屑、MnO_2、$(NH_4)_2Fe(SO_4)_2\cdot 6H_2O$、$NH_4F$

广范 pH 试纸、淀粉-KI 试纸

实验内容

1. Cu^{2+}、Ag^+、Zn^{2+}、Cd^{2+}与 NaOH 反应及其氢氧化物的性质

取 2 支试管,分别加入 5 滴 0.1 $mol\cdot L^{-1}$ $CuSO_4$ 溶液,然后分别滴加适量的 2 $mol\cdot L^{-1}$ NaOH 溶液,观察现象,记录沉淀颜色。2 支试管分别加入 6 $mol\cdot L^{-1}$ NaOH 溶液和 2 $mol\cdot L^{-1}$ HNO_3 溶液,观察现象,写出离子反应方程式。

用 0.1 $mol\cdot L^{-1}$的 $AgNO_3$、$ZnSO_4$、$CdSO_4$ 溶液替代 $CuSO_4$ 溶液,依照上述方法进行实验,记录现象,写出离子反应方程式。

2. Cu^{2+}、Ag^+、Zn^{2+}、Cd^{2+}与氨水反应及氨合物性质

取 4 支试管分别加入 0.1 $mol\cdot L^{-1}$ $CuSO_4$、$AgNO_3$、$ZnSO_4$、$CdSO_4$ 溶液各 3 滴,然后逐滴加入适量的 0.1 $mol\cdot L^{-1}$ $NH_3\cdot H_2O$ 溶液,记录生成沉淀的颜色。向 4 支试管中加入过量的 6 $mol\cdot L^{-1}$ $NH_3\cdot H_2O$ 溶液,观察试管中沉淀的变化。再加入 2 $mol\cdot L^{-1}$ NaOH 溶液,观察是否有沉淀生成。写出各反应的离子反应方程式。

3. Cu^{2+}、Ag^+、Zn^{2+}、Cd^{2+}与 KI 的反应

取 4 支试管分别加入 0.1 $mol\cdot L^{-1}$ $CuSO_4$、$AgNO_3$、$ZnSO_4$、$CdSO_4$ 溶液各 2 滴,然后逐滴

加入适量的 0.1 $mol\cdot L^{-1}$ KI 溶液，观察是否有沉淀生成及沉淀的颜色。将沉淀离心分离后取出清液，检验是否有 I_2 生成，再于沉淀中加入饱和 KI 溶液，观察现象，写出各反应的离子反应方程式。

说明：观察沉淀颜色，需要离心分离后，避免溶液颜色的干扰；用 CCl_4 萃取清液，以检验是否有 I_2 生成，注意 CCl_4 为危害化学品，应控制好用量。

4. 氯化亚铜的制备

取 10 滴 1 $mol\cdot L^{-1}$ $CuCl_2$ 溶液，加入 5 ~7 滴浓 HCl 溶液和适量铜屑，加热溶液至近无色或浅黄色，冷却后，用去离子水稀释清液，观察有无白色沉淀生成，写出离子反应方程式。

5. 铬的化合物性质

（1） $Cr(OH)_3$ 的酸碱性　取 2 支试管，各加入 2 滴 0.1 $mol\cdot L^{-1}$ $Cr_2(SO_4)_3$ 溶液及适量的 2 $mol\cdot L^{-1}$ NaOH 溶液，观察沉淀的颜色。于一支试管的沉淀中继续滴加过量的 2 $mol\cdot L^{-1}$ NaOH 溶液，待沉淀溶解后将溶液加热煮沸，观察现象；于另一支试管的沉淀中加入 2 $mol\cdot L^{-1}$ HCl 溶液，观察现象。写出各反应的离子反应方程式。

（2） Cr(Ⅲ)水溶性　用广范 pH 试纸测定 0.1 $mol\cdot L^{-1}$ $Cr_2(SO_4)_3$ 溶液的 pH。取 1 支试管，加入 2 滴 0.1 $mol\cdot L^{-1}$ $Cr_2(SO_4)_3$ 溶液，然后滴加 0.5 $mol\cdot L^{-1}$ Na_2CO_3 溶液至沉淀生成。离心分离，用去离子水洗涤沉淀 2 ~ 3 次，通过实验证明沉淀为 $Cr(OH)_3$ 而不是 $Cr_2(CO_3)_3$。写出离子反应方程式。

说明：验证沉淀的组成，需要提前设计方案。

（3） 溶液中 CrO_4^{2-} 与 $Cr_2O_7^{2-}$ 之间的相互转化　用广范 pH 试纸测定 0.1 $mol\cdot L^{-1}$ $K_2Cr_2O_7$ 溶液的 pH。取 1 支试管，加入 2 滴 0.1 $mol\cdot L^{-1}$ $K_2Cr_2O_7$ 溶液及 2 滴 0.1 $mol\cdot L^{-1}$ $AgNO_3$ 溶液，观察现象并测定溶液的 pH。根据溶液 pH 的变化，推测生成的沉淀为 $Ag_2Cr_2O_7$ 还是 Ag_2CrO_4。试验沉淀是否溶于 6 $mol\cdot L^{-1}$ HNO_3 溶液。写出离子反应方程式。

（4） Cr(Ⅲ)的还原性和 Cr(Ⅵ)的氧化性

① 取 3 滴 0.1 $mol\cdot L^{-1}$ $Cr_2(SO_4)_3$ 溶液，加入 10 滴 3% H_2O_2 溶液，继续加入过量的 6 $mol\cdot L^{-1}$ NaOH 溶液，观察现象，再用 6 $mol\cdot L^{-1}$ HNO_3 溶液酸化，观察现象，写出各反应的离子反应方程式。

说明：H_2O_2 在碱性介质中易分解，酸化后，可补充 H_2O_2。

② 取 2 滴 0.1 $mol\cdot L^{-1}$ $Cr_2(SO_4)_3$ 溶液，加入 5 滴 2 $mol\cdot L^{-1}$ H_2SO_4 溶液和适量 0.01 $mol\cdot L^{-1}$ $KMnO_4$ 溶液，微热，观察颜色变化。写出离子反应方程式。

说明：$KMnO_4$ 溶液的加入量直接影响观察到的现象，所以需少量多次加入进行试验。

③ 取 5 滴 0.1 $mol\cdot L^{-1}$ K_2CrO_4 溶液，加入 10 滴饱和 KCl 溶液，微热，用淀粉-KI 试纸检验是否有 Cl_2 产生。继续加入几滴浓 H_2SO_4 溶液，再检验是否有 Cl_2 产生。写出离子反应方程式。

说明：提前将淀粉-KI 试纸润湿后盖于试管口，再加热，便于检验 Cl_2。

④ 取 5 滴 0.1 $mol\cdot L^{-1}$ $K_2Cr_2O_7$ 溶液，加入 5 滴 2 $mol\cdot L^{-1}$ H_2SO_4 溶液，再滴加几滴无水乙醇，振荡、微热，观察溶液颜色的变化，写出离子反应方程式。

6. **锰的化合物性质**

（1） $Mn(OH)_2$ 的性质　取 3 支试管，各加入 2 滴 0.1 mol · L^{-1} $MnSO_4$ 溶液及 3 滴 2 mol · L^{-1} NaOH 溶液，观察沉淀的颜色，并迅速于 3 支试管中分别加入 2 mol · L^{-1} H_2SO_4 溶液、饱和 NH_4Cl 溶液、过量 2 mol · L^{-1} NaOH 溶液，观察现象，写出离子反应方程式。

（2） Mn(Ⅱ)的还原性

① 取 2 滴 0.1 mol · L^{-1} $MnSO_4$ 溶液，加入 3 滴 2 mol · L^{-1} NaOH 溶液，放置在空气中，观察生成沉淀的颜色变化。写出离子反应方程式。

② 取 2 滴 0.1 mol · L^{-1} $MnSO_4$ 溶液，滴加 0.01 mol · L^{-1} $KMnO_4$ 溶液，观察现象，写出离子反应方程式。

（3） Mn(Ⅳ)的氧化还原性

① 取少量固体 MnO_2，加入几滴饱和 KCl 溶液，微热，用淀粉-KI 试纸检验是否有 Cl_2 产生。继续加入几滴浓 H_2SO_4 溶液，再检验是否有 Cl_2 产生。写出离子反应方程式。

② 取少量固体 MnO_2，加入 10 滴 2 mol · L^{-1} NaOH 溶液和 5 滴 0.01 mol · L^{-1} $KMnO_4$ 溶液，加热，观察溶液颜色，并保留溶液供下面的实验使用。写出离子反应方程式。

（4） Mn(Ⅵ)的氧化还原性　将(3)②实验中得到的溶液经离心分离后，清液分装在两支试管中。在一支试管中加入 0.1 mol · L^{-1} Na_2SO_3 溶液和 6 mol · L^{-1} H_2SO_4 溶液；在另一支试管中加入 Cl_2 水，观察现象。写出离子反应方程式。

说明：a. H_2SO_4 溶液的加入必须在 Na_2SO_3 溶液之后，否则锰酸根会发生歧化反应；b. 清液量要少一点，与 Cl_2 水的反应才易于观察到现象，同时 Cl_2 水的量也要多加一些。

（5） Mn(Ⅶ)的氧化性　试验 0.01 mol · L^{-1} $KMnO_4$ 溶液与 0.1 mol · L^{-1} Na_2SO_3 溶液在酸性、中性和碱性介质中的反应，观察现象，并写出各反应的离子反应方程式。

7. **铁、钴、镍氢氧化物的性质**

（1） Fe(Ⅱ)、Fe(Ⅲ)氢氧化物的性质

① $Fe(OH)_2$ 的性质：在一支试管中加入 10 滴去离子水和 2 滴 2 mol · L^{-1} H_2SO_4 溶液，煮沸以赶尽溶于其中的氧气，然后在试管中加入少量的$(NH_4)_2Fe(SO_4)_2 \cdot 6H_2O$ 晶体，并将溶液分成三份。另取一支试管加入 10 滴 6 mol · L^{-1} NaOH 溶液，煮沸赶尽氧气，冷却后，将溶液分成三份。用一支滴管吸取 NaOH 溶液插入硫酸亚铁溶液的底部慢慢放出，观察现象，制备出的三份沉淀，一份放置在空气中，另两份分别加入 2 mol · L^{-1} HCl 溶液和 2 mol · L^{-1} NaOH 溶液，观察现象，写出各反应的离子反应方程式。

② $Fe(OH)_3$ 的性质：在 2 支试管中各加入 2 滴 0.1 mol · L^{-1} $FeCl_3$ 溶液和 2 滴 6 mol · L^{-1} NaOH 溶液，观察沉淀颜色，在一份沉淀中加入 2 mol · L^{-1} HCl 溶液；另一份沉淀中加入过量的 6 mol · L^{-1} NaOH 溶液。观察现象，写出各反应的离子反应方程式。

（2） Co(Ⅱ)、Co(Ⅲ)氢氧化物的性质

① $Co(OH)_2$ 的性质：取 5 滴 0.1 mol · L^{-1} $CoCl_2$ 溶液，滴加适量的 2 mol · L^{-1} NaOH 溶液，观察沉淀颜色，将生成的沉淀分为三份，一份放置在空气中观察沉淀的颜色变化，另两份分别加入 2 mol · L^{-1} HCl 溶液和 2 mol · L^{-1} NaOH 溶液，观察现象，写出各反应的离子反应

方程式。

② $Co(OH)_3$ 的性质:取 5 滴 0.1 mol·L^{-1} $CoCl_2$ 溶液,加入几滴氯水,再滴加 2 mol·L^{-1} NaOH 溶液,观察沉淀颜色。离心分离,弃去溶液,在沉淀上滴加 5 滴浓 HCl 溶液,检验是否有氯气生成。写出离子反应方程式。

(3) Ni(Ⅱ)、Ni(Ⅲ)氢氧化物的性质

① $Ni(OH)_2$ 的性质:取 5 滴 0.1 mol·L^{-1} $NiSO_4$ 溶液,滴加适量的 2 mol·L^{-1} NaOH 溶液,观察沉淀颜色,将生成的沉淀分为三份,一份放置在空气中观察沉淀的颜色变化,另两份分别加入 2 mol·L^{-1} HCl 溶液和 2 mol·L^{-1} NaOH 溶液,观察现象,写出各反应的离子反应方程式。

② NiO(OH)的性质:取 5 滴 0.1 mol·L^{-1} $NiSO_4$ 溶液,加入几滴氯水,再滴加 2 mol·L^{-1} NaOH 溶液,观察沉淀颜色。离心分离,弃去溶液,在沉淀上滴加 5 滴浓 HCl 溶液,检验是否有氯气生成。写出离子反应方程式。

8. 铁、钴、镍的配位性

(1) 取 2 滴 0.1 mol·L^{-1} $K_3[Fe(CN)_6]$溶液,滴加 2 mol·L^{-1} NaOH 溶液,观察是否有沉淀生成。

(2) 取 3 滴 0.1 mol·L^{-1} $FeCl_3$ 溶液,加入 2 滴 1 mol·L^{-1} NH_4CNS 溶液,再加入少量固体 NH_4F,摇匀,观察溶液颜色的变化。写出离子反应方程式。

(3) 取 3 滴 0.1 mol·L^{-1} $CoCl_2$ 溶液,加入过量 2 mol·L^{-1} $NH_3·H_2O$ 溶液,观察现象,再加入 1 mol·L^{-1} NH_4Cl 溶液,观察现象,继续加入 2 滴 3% H_2O_2 溶液,观察溶液颜色的变化。写出各反应的离子反应方程式。

9. 铁盐的氧化还原性

(1) 取 2 滴 0.1 mol·L^{-1} $FeCl_3$ 溶液,加入 2 滴 1 mol·L^{-1} KI 溶液,观察现象,检验氧化产物。写出离子反应方程式。

(2) 取 2 滴 0.1 mol·L^{-1} $FeCl_3$ 溶液,加入少量固体 NH_4F 及 2 滴 1 mol·L^{-1} KI 溶液,观察现象,与上一个实验进行比较并说明原因。

(3) 取 2 滴 0.1 mol·L^{-1} $FeCl_3$ 溶液,加入 2 滴 2 mol·L^{-1} H_2SO_4 溶液,再滴加 0.1 mol·L^{-1} $K_2Cr_2O_7$ 溶液,观察现象,写出离子反应方程式。

10. Cr^{3+}、Cu^{2+}、Ag^+的鉴定方法

(1) Cr^{3+}的鉴定　取 2 滴 0.1 mol·L^{-1} $Cr_2(SO_4)_3$ 溶液,加入过量的 2 mol·L^{-1} NaOH 溶液及 10 滴 3% H_2O_2 溶液,微热,加入 3 滴 2 mol·L^{-1} HAc 溶液,再加入 2 滴 0.1 mol·L^{-1} $AgNO_3$ 溶液,观察沉淀的颜色。

(2) Cu^{2+}的鉴定　在点滴板上滴 1 滴 0.1 mol·L^{-1} $CuSO_4$ 溶液,再加 1 滴 2 mol·L^{-1} HAc 溶液和 1 滴0.1 mol·L^{-1} $K_4[Fe(CN)_6]$溶液,观察现象。

(3) Ag^+的鉴定　取 2 滴 0.1 mol·L^{-1} $AgNO_3$ 溶液,滴加 2 mol·L^{-1} HCl 溶液至沉淀完全。离心分离,弃去清液,沉淀用纯水洗涤 2~3 次,在沉淀中加入过量的 6 mol·L^{-1} NH_3·

H_2O 溶液，待沉淀溶解后，再滴加 2 mol · L^{-1} HCl 溶液，观察现象，写出离子反应方程式。

说明

铬的化合物均有毒，其中 Cr(Ⅵ)的毒性最大，不仅对消化道和皮肤有强烈的刺激性，而且有致癌作用；Cr(Ⅲ)的毒性次之，能导致蛋白质凝聚，Cr(Ⅱ)和金属 Cr 的毒性较小。因此，实验时取用量要少，实验后应倒入指定的废液回收容器统一处理。

危险化学品安全信息

表 2.5　本实验中涉及的危险化学品安全信息

危险化学品	安全信息	
$K_2Cr_2O_7$ 重铬酸钾(红矾钾) potassium dichromate CAS:7778-50-9	危险化学品标识： O：氧化性物质 N：环境危险物质 T+：极高毒性物质 危险类别码： R8：遇到易燃物会导致起火 R21：与皮肤接触有害 R25：吞咽有毒 R26：吸入极毒 R34：会导致灼伤 R42/43：吸入和皮肤接触会导致过敏 R45：可能致癌 R46：可能引起遗传基因损害 R50/53：对水生生物极毒，可能导致对水生环境长期不良影响	安全说明： S45：出现意外或者感到不适，立刻到医生那里寻求帮助(最好带去产品容器标签) S53：避免暴露——使用前先阅读专门的说明 S60：本物质残余物和容器必须作为危险废物处理 S61：避免排放到环境中。参考专门的说明/安全数据表
NH_4F 氟化铵 ammonium fluroride CAS:12125-01-8	危险化学品标识： T：有毒物质 危险类别码： R23/24/25：吸入、皮肤接触和不慎吞咽有毒	安全说明： S1/2：保持密封，保存在远离儿童的地点 S26：万一接触眼睛，立即使用大量清水冲洗并送医诊治 S45：出现意外或者感到不适，立刻到医生那里寻求帮助(最好带去产品容器标签)

续表

危险化学品	安全信息	
K_2CrO_4 铬酸钾 potassium chromate CAS:7789-00-6	危险化学品标识: O:氧化性物质 N:环境危险物质 T:有毒物质 危险类别码: R8:遇到易燃物会导致起火 R22:吞咽有害 R36/37/38:对眼睛、呼吸道和皮肤有刺激作用 R43:皮肤接触会产生过敏反应 R46:可能引起遗传基因损害 R49:吸入会致癌 R50/53:对水生生物极毒,可能导致对水生环境长期不良影响	安全说明: S45:出现意外或者感到不适,立刻到医生那里寻求帮助(最好带去产品容器标签) S53:避免暴露——使用前先阅读专门的说明 S60:本物质残余物和容器必须作为危险废物处理 S61:避免排放到环境中。参考专门的说明/安全数据表
CCl_4 四氯化碳 carbon tetrachloride CAS:56-23-5	危险化学品标识: N:环境危险物质 T:有毒物质 危险类别码: R23/24/25:吸入、皮肤接触和不慎吞咽有毒 R40:有限证据表明器致癌作用 R52/53:对水生生物有害,可能导致对水生环境长期不良影响	安全说明: S23:不要吸入蒸气 S36/37:穿戴合适的防护服和手套 S45:出现意外或者感到不适,立刻到医生那里寻求帮助(最好带去产品容器标签) S59:回收时参考生产商和供应商提供的信息 S61:避免排放到环境中。参考专门的说明/安全数据表

注:1. 根据危险化学品目录2018版确定本实验中所涉及的危险化学品。

2. 本实验中所涉及的危险化学品:HCl、HNO_3、H_2SO_4、HAc、NaOH、$NH_3\cdot H_2O$、$Pb(NO_3)_2$ 的安全信息请查阅实验1后的表2.3。

3. 本实验中所涉及的危险化学品:$AgNO_3$、$CdSO_4$、NaS、$KMnO_4$、无水乙醇的安全信息请查阅实验2后的表2.4。

2.5 定性分析的基础知识

定性分析的任务是确定样品由哪些元素、离子或化合物组成，但是不测定其含量。在定性分析中主要利用离子的鉴定反应，确定样品中存在的离子种类，进而确定样品的化学组成。鉴定反应通常都具有一些独特的性质，一般为反应速率快且外观现象比较明显的反应，如溶液颜色改变的反应、沉淀的生成和溶解反应及生成气体的反应等，鉴定反应通常还都具有灵敏度高和选择性好的特点。定性分析中常遇到的样品都不是单一组分的，因此必须先对混合物进行分离而后再鉴定，下面将从几个方面对离子的分离与鉴定的基本知识和方法进行介绍。

2.5.1 离子分离与鉴定的原则和方案拟定

1. 分别分析和系统分析

在已知组成的混合溶液中，若某一离子有特征反应，或其他离子的存在并不干扰此离子的鉴定，就可以取混合溶液直接鉴定该离子，这种分析方法称为分别分析。但是，特征反应和离子间完全无干扰的情况并不多。一般情况下，需要根据共存离子的特点，设计一个合理的分离方案，按一定的顺序进行分离后，再依次检出各个离子，这种分析方法称为系统分析。

2. 空白试验和对照试验

鉴定反应一般采用灵敏度较高的反应，但太灵敏的反应也可能造成离子的“过度检出”，即样品中并不存在某种离子，而由于所用试剂中含有微量的此种离子而被误认为样品中含有此种离子。这种错误就需要通过空白试验来纠正，空白试验就是用纯水代替试液，在相同条件下进行试验。此外，对照试验也经常被采用，对照试验是用已知含该离子的溶液代替试液，在相同条件下进行试验。对照试验可以检查试剂是否失效或鉴定反应条件是否正确。

空白试验和对照试验不仅可以在定性分析中辅助离子鉴定，而且在定量分析中也常用到，其基本原理是一致的。

3. 已知离子混合溶液的分析

拟定分析方案的原则是：

(1) 在混合离子溶液中，如果某个离子在鉴定时不受其他离子的干扰，则可直接取试液进行该离子的分别分析，而不需要进行系统分析。若干扰离子可通过简单方法消除时，也应尽量创造条件进行分别分析。

(2) 如果溶液中离子间的干扰无法用简单方法排除，则需要根据具体情况确定合理的分离方案进行系统分析。

4. 未知样品的分析

实际工作中常常会遇到未知样品的分析，分析工作的难度就更大。对未知样品的分析，一般先进行初步试验，用以确定可能存在的离子和不可能存在的离子。然后根据可能存在的离子，设计出最佳的分析方案，经分析后确定最终的分析结果，这样做可以简化分析工作。

一般未知样品可按下列步骤进行初步试验：

(1) 根据样品的物理性质和试液的酸碱性来判断　如果样品是固体，可观察样品是否是均一的，大致有多少种晶体，结合各种晶体的结晶形状、光泽，固体化合物的特征颜色等初步判断样品的组成。常见无机化合物的颜色列于表 2.6 中。

表 2.6　常见无机化合物的颜色

颜色	化合物
黑色	CuO、FeO、Ni_2O_3、MnO_2、FeS、CoS、NiS、CuS、Ag_2S、HgS、PbS、Bi_2S_3 等
棕褐色	Co_2O_3、SnS、Ag_2O、Bi_2O_3、PbO_2 等
蓝色	铜的水合物盐、钴的碱式盐和无水盐等
绿色	镍盐、亚铁盐、铬盐、亚铬酸盐、锰酸盐、某些铜盐等
黄色	铬酸盐、HgO、CdS、SnS_2、As_2S_3、PbI_2 等
红色	Fe_2O_3、Cu_2O、HgO、Pb_3O_4 等
粉红色	锰盐、水合钴盐等
紫色	高锰酸盐、高铁酸盐、一些铬盐等

根据样品的溶解性也可以对样品的组成进行初步判断。首先看样品是否溶于水，若溶于水，则根据试液的 pH、试液的颜色等就可做出初步判断。易溶于水的盐主要有钠盐、钾盐、硝酸盐、除 $AgNO_2$ 外的亚硝酸盐、乙酸盐、部分硫酸盐(除钡、锶、铅外)、部分氯化物、溴化物、碘化物(除银、铅、汞、亚铜外)等，如果试液呈强酸性，则易被酸分解的离子如 S^{2-}、$S_2O_3^{2-}$、SO_3^{2-}、NO_2、CO_3^{2-} 就不可能存在。如果样品难溶于水，则依次用稀盐酸、浓盐酸、稀硝酸、浓硝酸和王水处理，根据其溶解情况可做出粗略判断。

(2) 根据化学性质鉴别　根据样品与常用试剂，如 HCl、H_2SO_4、$NaOH$、$NH_3 \cdot H_2O$、$(NH_4)_2CO_3$、$(NH_4)_2S$、H_2S、$BaCl_2$、$AgNO_3$ 等试剂的反应情况可判断出哪些离子可能存在，哪些离子不可能存在。

对于阴离子的检测，还经常借助是否发生氧化还原反应来判断试液中“氧化性离子”或“还原性离子”是否存在。

试液中一般不大可能同时存在很多种离子，经过上述初步试验后留下来需要进一步验证的离子就不会太多了，这时再根据具体情况，设计出合理的分析方案，进行最终的确证。

2.5.2 分离方法

溶液中离子分离的方法主要有以下几种：

1. 沉淀分离法

借助形成沉淀与溶液分离的方法。

在混合离子的溶液中，加入适当的沉淀剂，它能与待检离子或者干扰离子形成沉淀物，再经过离心分离，就可以使待检离子与干扰离子分离开。沉淀剂一般可使某些离子同时产生沉淀，在分析化学上也称为“组试剂”。如果通过一次沉淀过程，仍不能使干扰离子分离，则应进一步选加其他试剂使溶液再次沉淀或使部分沉淀发生溶解，这样进行下去直至最终将待检离子与干扰离子分离开。离子鉴定反应是在溶液中进行的，如果待检离子形成了沉淀，一般需要使其溶解后再加以鉴定。

沉淀分离法的关键是要求被沉淀的离子能沉淀完全，而其余离子不会产生沉淀，这就要求选择好沉淀剂的种类、浓度及用量，还要掌握好沉淀反应进行的条件。为使某离子沉淀完全，一般应加入稍许过量的沉淀剂，但沉淀剂过多会造成不被沉淀的离子浓度降低，从而降低该离子鉴定反应的灵敏度。检验沉淀是否完全的方法是离心后再在清液中加入 1 滴沉淀剂，观察是否还有沉淀生成。若不再产生沉淀，表示已经沉淀完全；若仍有新沉淀产生，则说明沉淀剂不够或原沉淀反应未进行完全，应视具体情况加以调整，使反应最终达到要求。

阳离子常用的沉淀剂有 HCl、H_2SO_4、H_2S、$NaOH$、$NH_3 \cdot H_2O$、$(NH_4)_2CO_3$ 以及 $(NH_4)_2S$ 等；阴离子常用的沉淀剂有 $BaCl_2$、$AgNO_3$ 等。

2. 挥发分离法

挥发分离法是指某些离子与特定试剂反应，生成易挥发的生成物而与其他离子分离开的方法。例如，CO_3^{2-}、S^{2-} 与酸反应生成 CO_2、H_2S 等气体从溶液中逸出，从而与其他离子分离。

3. 萃取分离法

萃取分离法是利用物质在互不相溶的两种溶剂中的溶解度不同，使物质从一种溶剂中转移至另一种溶剂中，从而达到分离的方法。例如，Br_2、I_2 易溶于 CCl_4 而难溶于水，这样可在含有 Br_2、I_2 的溶液中加入 CCl_4 振荡后，使它们大部分转移至 CCl_4 层，再经分液即可实现它们与原溶液的分离。物质在两种不同溶剂中的溶解度差别越大，萃取分离的效果就越好。在操作上应采用“少量多次”的原则，这样比总萃取液量不变而一次萃取的效果好。

2.5.3 鉴定反应的灵敏度和选择性

1. 反应的灵敏度

在离子鉴定反应中，所需待鉴定离子量的多少反映了鉴定反应的灵敏程度，显然，所需离子的量越少，灵敏度就越高。

反应的灵敏度通常用“检出限量”和“最低浓度”来表示。检出限量（绝对量）是指某种反应在一定条件下，可以检出某种离子的最小含量，通常用微克（$1\ \mu g = 1 \times 10^{-6}\ g$）来表示；最低浓度（相对量）是指在一定条件下，被检出离子能发生肯定结果反应的最低浓度，通常用 $1:G$ 或 10^{-6}表示，这里 G 是指含有 1 g 被检出离子的溶剂的克数，由于溶液很稀，因此 G 可当作溶液的克数或溶液的毫升数。例如，用 K_2CrO_4 溶液鉴定 Pb^{2+} 的反应，当溶液中含有二十万分之一的 Pb^{2+} 时，取 0.05 mL（约 1 滴）溶液，可以观察到黄色 $PbCrO_4$ 沉淀析出，则这个鉴定反应的检出限量为 0.25 μg、最低浓度为 1 : 200000 或 5×10^{-6}。通常要求鉴定反应的检出限量应小于 50 μg、最低浓度应低于 1 : 10000 或 100×10^{-6}。

反应的灵敏度主要取决于反应物质的本性，但在定性分析中常通过改变反应条件来提高鉴定反应的灵敏度。例如，在水溶液中加入乙醇可降低无机物的溶解度，使沉淀更易析出以提高沉淀反应的灵敏度；加入与水不相溶的有机溶剂萃取某种有色的无机物，使其浓度增大，颜色加深，更易于观察，也提高了该反应的灵敏度。

如果用某种鉴定反应没有鉴定出该种离子的存在，实际上是表示该离子的含量在检出限量或最低浓度以下。

2. 反应的选择性

所谓反应的选择性是对与加入的试剂发生反应的离子种类多少而言的。在混合离子的体系中，与加入的某鉴定试剂发生反应的离子种类越少，这一鉴定反应的选择性就越高。如果鉴定试剂只与被检出离子发生反应产生特殊现象，而其他离子的存在对此毫无影响，这种选择性最高的反应就称为该离子的特效反应，所用试剂称为特效试剂或专属试剂。例如，在阳离子中，只有 NH_4^+ 与碱温热时有氨气逸出：

$$NH_4^+ + OH^- \longrightarrow NH_3\uparrow + H_2O$$

这一反应就是 NH_4^+ 的特效反应。

显然，我们希望每种离子都有特效反应，这不仅可以大大简化分析操作步骤，还可以提高鉴定反应的准确性。但实际上特效反应并不多，只能尽量选用选择性好的反应作为鉴定反应，并在进行鉴定之前做一些必要的工作，以消除其他离子对待检离子的干扰，提高离子鉴定反应的选择性。

3. 提高反应选择性的常用方法

（1）控制溶液的酸度　许多沉淀物的生成都与溶液的酸度紧密相关，因此控制溶液的酸度对沉淀反应非常重要。例如，用 K_2CrO_4 溶液鉴定 Ba^{2+} 时，如果溶液中含有 Sr^{2+} 将会干扰 Ba^{2+} 的鉴定，这时可以调整溶液的酸度，使反应在中性或弱酸性条件下进行，酸度的增大降低了 CrO_4^{2-} 的浓度，就不会产生 $SrCrO_4$ 沉淀，而因为 $BaCrO_4$ 的溶度积较 $SrCrO_4$ 小，故仍可生成沉淀，从而消除了 Sr^{2+} 的干扰，达到了提高 Ba^{2+} 鉴定反应选择性的目的。

（2）加入掩蔽剂　利用"掩蔽剂"——配位剂，使干扰离子与配位剂形成稳定的配合物，配合物的颜色应该是无色或较浅的，不会影响待检离子与鉴定试剂反应的现象，此外，配位剂应该不与待检离子发生作用。离子掩蔽不仅在定性分析中应用，在定量分析中也常被用到。

（3）加入有机溶剂等其他试剂　加入有机溶剂来萃取反应的产物可以使反应现象更明显，从而提高某些反应的选择性。此外，从混合离子的实际情况出发，设法找到一些简单科学的方法来消除干扰离子。例如，一些还原性干扰离子可通过在溶液中加入浓硝酸，使其被氧化而消除干扰。

（4）预先分离　对于存在的干扰离子，如果不能找到以上较为简便的方法消除，那就只能通过分离的方法，使干扰离子与待检离子分离开。

2.5.4 鉴定反应进行的条件

鉴定反应和其他化学反应一样，需要在一定的条件下才能进行。如果不满足其反应条件，反应可能根本不发生，或者达不到预期的效果，以致做出错误的判断。因此，进行鉴定反应时，必须掌握好主要反应的条件，包括反应介质的酸碱性、反应离子的浓度、反应温度以及催化剂、溶剂等。

1. 介质的酸碱性

为使鉴定反应顺利进行，必须控制反应介质的酸碱性，这是由反应产物的特性以及鉴定试剂、待检离子的性质所决定的。例如，用 K_2CrO_4 溶液鉴定 Pb^{2+} 的反应，不能在碱性介质或强酸性介质中进行，因为 $PbCrO_4$ 沉淀能溶于 NaOH 和 HNO_3。

2. 反应离子的浓度

为使鉴定反应的现象明显，要求溶液中待检离子和鉴定试剂必须达到一定的浓度。对于沉淀反应，不仅要求溶液中反应离子的浓度积要超过该沉淀物的溶度积，而且要求反应要析出足够量的沉淀以便于观察，这对溶解度大的沉淀物就更为重要了。例如，只有当溶液中 Pb^{2+} 的浓度足够大时，加入稀 HCl 溶液才会有白色 $PbCl_2$ 沉淀生成。

虽然对大多数鉴定反应来讲，反应离子的浓度总是适当大一些为好，但个别反应却相反，离子浓度大时反而观察不到鉴定反应现象。例如，用 $NaBiO_3$ 等强氧化剂鉴定 Mn^{2+} 的反应，如果 Mn^{2+} 的浓度过大，它会进一步将反应产物还原，这就影响了对紫红色溶液现象的观察。

3. 反应的温度和催化剂

反应温度对某些鉴定反应有较大的影响。例如，$PbCl_2$ 的溶解度随温度升高而迅速增大；再如，有些鉴定反应，特别是某些氧化还原反应，常温下反应速率较慢，必须加热才能进行；有些反应甚至还需要加入催化剂，如用 $(NH_4)_2S_2O_8$ 鉴定 Mn^{2+} 的反应，就需要加入 Ag^+ 作催化剂并加热，才能得到紫红色的 MnO_4^- 溶液，否则 $S_2O_8^{2-}$ 只能将 Mn^{2+} 氧化成 $MnO(OH)_2$，生成棕色沉淀。

4. 溶剂

为了提高鉴定反应的灵敏度，增加生成物的稳定性，某些鉴定反应要求在一定的有机溶剂中进行。例如，用 H_2O_2 鉴定 Cr(Ⅵ)的反应，生成的深蓝色过氧化铬不稳定，易分解为 Cr^{3+} 使蓝色消失，为了使 $CrO(O_2)_2$ 稳定存在，就需要加入乙醚或戊醇萃取，并使反应在低温下进行，才能得到较好的效果。

定性分析实验 2.6

2.6.1 常见阴离子分离与鉴定的原理和方法

许多非金属元素都可以形成简单的或复杂的阴离子，如 S^{2-}、Cl^-、NO_3^- 和 PO_4^{3-} 等；许多金属元素也可以复杂阴离子的形式存在，如 VO_3^-、CrO_4^{2-}、$Al(OH)_4^-$ 等，因此阴离子的总数很多。这里主要介绍 Cl^-、Br^-、I^-、S^{2-}、SO_3^{2-}、$S_2O_3^{2-}$、SO_4^{2-}、NO_3^-、NO_2^-、PO_4^{3-}、CO_3^{2-} 等十几种常见阴离子的分离与鉴定的一般方法。

很多阴离子只在碱性溶液中存在或共存，一旦溶液被酸化，它们就会分解或相互间发生反应。酸性条件下易分解的有 NO_2^-、SO_3^{2-}、$S_2O_3^{2-}$、S^{2-}、CO_3^{2-}；酸性条件下氧化性离子 NO_3^-、NO_2^-、SO_3^{2-} 可与还原性离子 I^-、S^{2-}、$S_2O_3^{2-}$ 发生氧化还原反应。另外，NO_2^-、S^{2-}、SO_3^{2-} 易被空气氧化成 NO_3^-、S 和 SO_4^{2-} 等，分析不当易造成错误。

由于阴离子间的相互干扰较少，实际上许多离子共存的机会也不多，因此大多数阴离子分析一般都采用分别分析的方法，只有少数相互有干扰的离子才需要采用系统分析法，如 S^{2-}、SO_3^{2-}、$S_2O_3^{2-}$；Cl^-、Br^-、I^- 等。为了了解溶液中离子存在情况，预先确定有哪些离子存在，有必要对阴离子进行系统分组，分组方法各有不同，这里介绍其中一种，如表 2.7 所示。

表 2.7 常见阴离子的分组

组别	构成各组的阴离子	组试剂	特性
第Ⅰ组（挥发组）	S^{2-}、SO_3^{2-}、$S_2O_3^{2-}$、NO_2^-、CO_3^{2-} 等离子	HCl	在酸性介质中形成挥发性酸或易分解的酸
第Ⅱ组（钙、钡盐组）	SO_4^{2-}、PO_4^{3-}、SiO_3^{2-}、AsO_4^{3-} 等离子	$BaCl_2$（中性或弱碱性介质）	钙盐、钡盐难溶于水
第Ⅲ组（银盐组）	Cl^-、Br^-、I^- 等离子	$AgNO_3$、HNO_3	银盐难溶于水和稀硝酸
第Ⅳ组（易溶组）	NO_3^-、ClO_3^-、CH_3COO^- 等离子	无组试剂	银盐、钙盐、钡盐等均易溶于水

实验4 常见阴离子的分离与鉴定

目的

1. 掌握一些常见阴离子的性质和鉴定反应。
2. 掌握常见阴离子分离与鉴定的原理和方法。

混合阴离子分离与鉴定举例

例 1　SO_4^{2-}、NO_3^-、Cl^-、CO_3^{2-} 混合液的定性分析

分析：由于这 4 种离子在鉴定时互相无干扰，所以均可采用分别分析法。

分析方案：

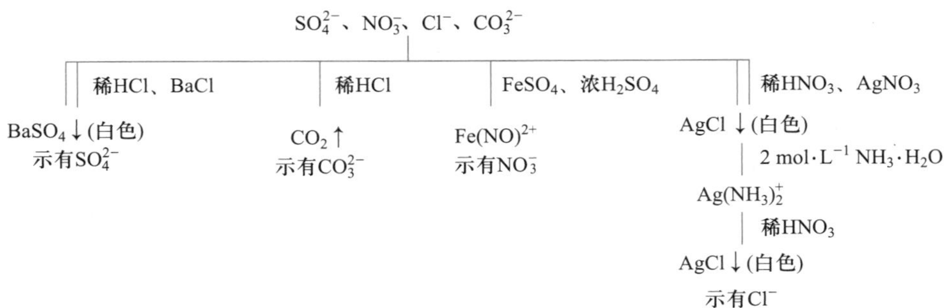

图中‖—代表沉淀、|—代表溶液

例 2　S^{2-}、SO_3^{2-}、$S_2O_3^{2-}$ 混合液的定性分析

分析：SO_3^{2-}、$S_2O_3^{2-}$ 对 S^{2-}的鉴定无干扰，S^{2-} 可采用分别分析法。如果采用加酸分解法鉴定 SO_3^{2-}、$S_2O_3^{2-}$，二者相互干扰，否则二者将不互相干扰而只受 S^{2-} 的干扰，因此分析 SO_3^{2-}、$S_2O_3^{2-}$ 时应将 S^{2-}除去。可选用 $PbCO_3$ 或 $CdCO_3$ 作沉淀剂，它们与 S^{2-} 反应生成相应的硫化物沉淀，而 SO_3^{2-}、$S_2O_3^{2-}$ 不与沉淀剂发生反应，仍留在原溶液中。

分析方案：

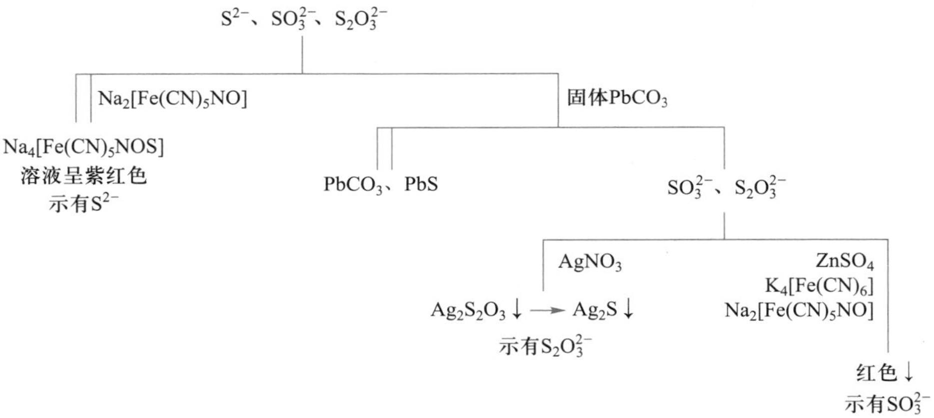

实验内容

1. 已知阴离子混合液的分离与鉴定

按例题的格式，设计出合理的分离鉴定方案，分离鉴定下列浓度均为 0.1 mol · L^{-1}的三

组阴离子：

（1） SO_4^{2-}、PO_4^{3-}、I^-、CO_3^{2-}；

（2） S^{2-}、SO_3^{2-}、$S_2O_3^{2-}$、CO_3^{2-}；

（3） Cl^-、Br^-、I^-。

2. 未知阴离子混合液的分析

某混合离子试液可能含有 Cl^-、Br^-、I^-、S^{2-}、SO_3^{2-}、$S_2O_3^{2-}$、SO_4^{2-}、NO_3^-、NO_2^-、PO_4^{3-}、CO_3^{2-}，按下列步骤进行分析，确定试液中含有哪些离子。

（1） 初步试验

① 用 pH 试纸测试未知试液的酸碱性：如果溶液呈酸性，可初步判断出哪些离子不可能存在；如果试液呈碱性或中性，可取试液数滴，用 3 $mol \cdot L^{-1}$ H_2SO_4 溶液酸化并用水浴加热。若无气体产生，表示 CO_3^{2-}、NO_2^-、S^{2-}、SO_3^{2-}、$S_2O_3^{2-}$ 等离子不存在；如果有气体产生，则可根据气体的颜色、臭味和性质初步判断哪些阴离子可能存在。

② 钡盐组阴离子的检验：离心试管中加入几滴未知液，加入 1 ~ 2 滴 1 $mol \cdot L^{-1}$ $BaCl_2$ 溶液，观察有无沉淀产生。如果有白色沉淀生成，可能有 SO_4^{2-}、SO_3^{2-}、PO_4^{3-}、CO_3^{2-} 等离子（$S_2O_3^{2-}$ 的浓度大时才会产生 BaS_2O_3 沉淀）。离心分离，在沉淀中加入数滴 6 $mol \cdot L^{-1}$ HCl 溶液，根据沉淀的溶解情况，可进一步判断出哪些离子可能存在。

③ 银盐组阴离子的检验：取几滴未知液，滴加 0.1 $mol \cdot L^{-1}$ $AgNO_3$ 溶液。如果立即生成黑色沉淀，表示有 S^{2-} 存在；如果生成白色沉淀，又迅速变黄变棕变黑，则表示有 $S_2O_3^{2-}$。Cl^-、Br^-、I^-、CO_3^{2-}、PO_4^{3-} 都与 Ag^+ 形成浅色沉淀，如有黑色沉淀，则它们有可能被掩盖。离心分离，在沉淀中加入 6 $mol \cdot L^{-1}$ HNO_3 溶液，必要时加热，若沉淀不溶或只发生部分溶解，则表示 Cl^-、Br^-、I^- 可能存在。

④ 氧化性阴离子检验：取几滴未知液，用 3 $mol \cdot L^{-1}$ H_2SO_4 溶液酸化，加入 5 ~ 6 滴 CCl_4，再加入几滴 0.1 $mol \cdot L^{-1}$ KI 溶液。振荡后，CCl_4 层呈紫色，说明有 NO_2^- 存在（若溶液中有 SO_3^{2-} 等离子，酸化后 NO_2^- 先与它们反应而不一定氧化 I^-，CCl_4 层无紫色不能说明无 NO_2^-）。

⑤ 还原性阴离子检验：取几滴未知液，用 3 $mol \cdot L^{-1}$ H_2SO_4 溶液酸化，然后加入 1 ~ 2 滴 0.01 $mol \cdot L^{-1}$ $KMnO_4$ 溶液。若 $KMnO_4$ 溶液的紫红色褪去，表示可能存在 SO_3^{2-}、$S_2O_3^{2-}$、S^{2-}、Br^-、I^-、NO_2^- 等还原性离子。如果有还原性离子反应，则用淀粉-碘溶液进一步检验是否存在强还原性离子。如果能使淀粉-碘溶液的蓝色褪去表示可能存在 S^{2-}、SO_3^{2-}、$S_2O_3^{2-}$ 等离子。

根据① ~ ⑤实验结果，判断有哪些离子可能存在，并将结果填入实验记录表中。

（2） 确证性试验　根据初步试验结果，对可能存在的阴离子进行确证性试验。

实验记录表格：

阴离子	pH 试验	稀 H_2SO_4 试验	$BaCl_2$ 试验	$AgNO_3$ 试验	氧化性离子试验	还原性离子试验		综合分析
						$KMnO_4$	淀粉-碘	
Cl^-								

续表

阴离子	pH 试验	稀 H_2SO_4 试验	$BaCl_2$ 试验	$AgNO_3$ 试验	氧化性 离子试验	还原性离子试验		综合 分析
						$KMnO_4$	淀粉-碘	
Br^-								
I^-								
S^{2-}								
SO_3^{2-}								
$S_2O_3^{2-}$								
SO_4^{2-}								
NO_3^-								
NO_2^-								
PO_4^{3-}								
CO_3^{2-}								

2.6.2 常见阳离子分离与鉴定的原理、方法和分组

金属元素较多，因而由它们形成的阳离子数目也较多。最常见的阳离子有二十余种。在阳离子的鉴定反应中，相互干扰的情况较多，很少能采用分别分析法，大都需要采用系统分析法。

完整且经典的阳离子分组法是硫化氢分组法，主要是根据阳离子硫化物溶解度的不同将阳离子分为五组（见表 2.8）。此方法的优点是系统性强，分离方法比较严密；不足之处是组试剂 H_2S、$(NH_4)_2S$ 有臭味并有毒，分析步骤也比较繁杂。在分析已知混合阳离子体系时，如果能用别的方法分离干扰离子，则最好不用或少用硫化氢分组法。另外一种常用的阳离子分组法是两酸（HCl、H_2SO_4）两碱（NaOH、$NH_3 \cdot H_2O$）分组法，主要是利用阳离子氯化物和硫酸盐是否沉淀、阳离子氢氧化物沉淀与溶解以及阳离子能否生成氨配合物等特性为分组的基础，也将阳离子分为五组（见表 2.9）。

表 2.8 常见阳离子的硫化氢分组法

分组根据	硫化物不溶于水			硫化物溶于水	
	稀酸中形成硫化物沉淀		稀酸中不形成硫化物沉淀	碳酸盐不溶	碳酸盐易溶
	氯化物不溶	氯化物易溶			
离子	Ag^+、Hg_2^{2+}、Pb^{2+}	Cu^{2+}、Cd^{2+}、Hg^{2+}、Bi^{3+}、Sn^{2+}、Sn^{4+}、Sb(Ⅲ，Ⅴ)、(Pb^{2+})	Fe^{3+}、Fe^{2+}、Al^{3+}、Cr^{3+}、Mn^{2+}、Zn^{2+}、Co^{2+}、Ni^{2+}	Ca^{2+}、Sr^{2+}、Ba^{2+}	K^+、Na^+、Mg^{2+}、NH_4^+

续表

分组根据	硫化物不溶于水			硫化物溶于水	
	稀酸中形成硫化物沉淀		稀酸中不形成硫化物沉淀	碳酸盐不溶	碳酸盐易溶
	氯化物不溶	氯化物易溶			
组别	Ⅰ(盐酸组)	Ⅱ(硫化氢组)	Ⅲ(硫化铵组)	Ⅳ(碳酸铵组)	Ⅴ(可溶组)
组试剂	适量稀 HCl	$0.3\ mol\cdot L^{-1}$ HCl 条件下通 H_2S	(NH_4Cl+$NH_3\cdot H_2O$)条件下通 H_2S	(NH_4Cl+$NH_3\cdot H_2O$)$(NH_4)_2CO_3$	—

表 2.9　常见阳离子的两酸两碱分组法

分组根据	氯化物难溶	硫酸盐难溶	氢氧化物难溶于水和氨水	氢氧化物难溶于水和过量 NaOH	易溶于水
离子	Ag^+、Hg_2^{2+}、Pb^{2+}	Ca^{2+}、Sr^{2+}、Ba^{2+}、(Pb^{2+})	Fe^{3+}、Hg^{2+}、Bi^{3+}、Mn^{2+}、Al^{3+}、Cr^{3+}、Sn^{2+}、Sn^{4+}、Sb(Ⅲ,Ⅴ)	Cu^{2+}、Cd^{2+}、Co^{2+}、Ni^{2+}、Mg^{2+}	K^+、Na^+、Zn^{2+}、NH_4^+
组别	Ⅰ(盐酸组)	Ⅱ(硫酸组)	Ⅲ(氨组)	Ⅳ(氢氧化钠组)	Ⅴ(可溶组)
组试剂	HCl	H_2SO_4	$NH_3\cdot H_2O$	NaOH	—

绝大多数金属的氯化物易溶于水,只有 AgCl、Hg_2Cl_2、$PbCl_2$ 难溶。其中 AgCl 可溶于 $NH_3\cdot H_2O$;$PbCl_2$ 的溶解度较大,并易溶于热水,在 Pb^{2+}浓度大时才析出沉淀。

绝大多数硫酸盐也易溶于水,只有 Ca^{2+}、Sr^{2+}、Ba^{2+}、Pb^{2+}、Hg_2^{2+} 的硫酸盐难溶于水。其中 $CaSO_4$ 的溶解度较大,只有当 Ca^{2+}浓度大时才析出沉淀;$PbSO_4$ 可溶于 NH_4Ac。

能形成两性氢氧化物的金属离子有 Al^{3+}、Cr^{3+}、Zn^{2+}、Pb^{2+}、Sb^{3+}、Sn^{2+}、Sn^{4+}、Cu^{2+}。在这些离子的溶液中加入适量的 NaOH 时,会生成相应的氢氧化物沉淀,加入过量 NaOH 后它们又会溶解成多羟基配离子,其中 $Cu(OH)_2$ 的酸性较弱,需要加入浓的 NaOH 溶液并加热才能溶解。其他的金属离子,除 Ag^+、Hg^{2+}、Hg_2^{2+} 加入 NaOH 后生成氧化物沉淀外,均生成相应的氢氧化物沉淀,应注意 $Fe(OH)_2$ 和 $Mn(OH)_2$ 的还原性很强,在空气中极易被氧化成 $Fe(OH)_3$ 和 $MnO(OH)_2$。

在 Ag^+、Cu^{2+}、Cd^{2+}、Zn^{2+}、Co^{2+}、Ni^{2+}溶液中加入适量的 $NH_3\cdot H_2O$ 时,将形成相应的碱式盐或氢氧化物(Ag^+形成氧化物)沉淀,它们全都溶于过量 $NH_3\cdot H_2O$,生成相应的氨配离子,其中 $Co(NH_3)_6^{2+}$ 易被空气氧化成 $Co(NH_3)_6^{3+}$。其他的金属离子,除 $HgCl_2$ 生成 $HgNH_2Cl$、Hg_2Cl_2 生成 $HgNH_2Cl$+Hg 外,绝大多数在加入氨水时生成相应的氢氧化物沉淀,并且不会溶于过量 $NH_3\cdot H_2O$。

许多过渡元素的水合离子具有特征颜色,熟悉离子及某些化合物的颜色也会对离子的分析鉴定起良好的辅助作用。

实验5 阳离子第Ⅰ组——Ag^+、Pb^{2+}、Hg_2^{2+}的定性分析

目的

1. 掌握本组离子的分析特性及分离条件。
2. 掌握本组离子的鉴定反应。
3. 掌握沉淀、分离、洗涤等定性分析基本操作。

原理

1. 第Ⅰ组阳离子的重要性质

第Ⅰ组阳离子氯化物性质和盐类溶解性质见表2.10和表2.11。

表2.10 第Ⅰ组阳离子氯化物性质

氯化物	$AgCl$	Hg_2Cl_2	$PbCl_2$
热水	—	—	溶解
$NH_3 \cdot H_2O$	$Ag(NH_3)_2^+$	$HgNH_2Cl$(白)↓+Hg(黑)↓	$Pb(OH)Cl$(白)↓

表2.11 第Ⅰ组阳离子盐类溶解性质

阳离子	Ag^+	Pb^{2+}	Hg_2^{2+}
Cl^-	白色↓;部分溶于12 $mol \cdot L^{-1}$ HCl溶液;溶于含某些配体溶液中(形成配合物)	白色↓;溶于热水;溶于12 $mol \cdot L^{-1}$ HCl溶液;溶于含某些配体溶液中(形成配合物)	白色↓;溶于热王水
OH^-	棕色↓;溶于酸;溶于含某些配体溶液中(形成配合物)	白色↓;溶于酸;溶于含某些配体溶液中(形成配合物)	黑色↓;不稳定,易分解
SO_4^{2-}	白色↓;微溶于水(~0.01 $mol \cdot L^{-1}$);溶于含某些配体溶液中(形成配合物)	白色↓;溶于含某些配体溶液中(形成配合物)	白色↓;溶于酸;微溶于水(~0.01 $mol \cdot L^{-1}$)
CrO_4^{2-}	暗红色↓;溶于含某些配体溶液中(形成配合物);溶于热的6 $mol \cdot L^{-1}$ HNO_3溶液	黄色↓;溶于含某些配体溶液中(形成配合物)	橙色↓;溶于热的6 $mol \cdot L^{-1}$ HNO_3溶液
CO_3^{2-}、PO_4^{3-}	白色↓;溶于酸;溶于含某些配体溶液中(形成配合物)	白色↓;溶于酸;溶于含某些配体溶液中(形成配合物)	白色↓;溶于含某些配体溶液中(形成配合物)
S^{2-}	黑色↓;溶于热的6 $mol \cdot L^{-1}$ HNO_3溶液	黑色↓;溶于热的6 $mol \cdot L^{-1}$ HNO_3溶液	黑色↓;不稳定,易分解
配位化合物	NH_3、$S_2O_3^{2-}$	OH^-	—

注:表中溶于酸是指溶于6 $mol \cdot L^{-1}$ HCl溶液或其他非沉淀、非氧化性酸。

2. 第Ⅰ组阳离子的定性分析流程图

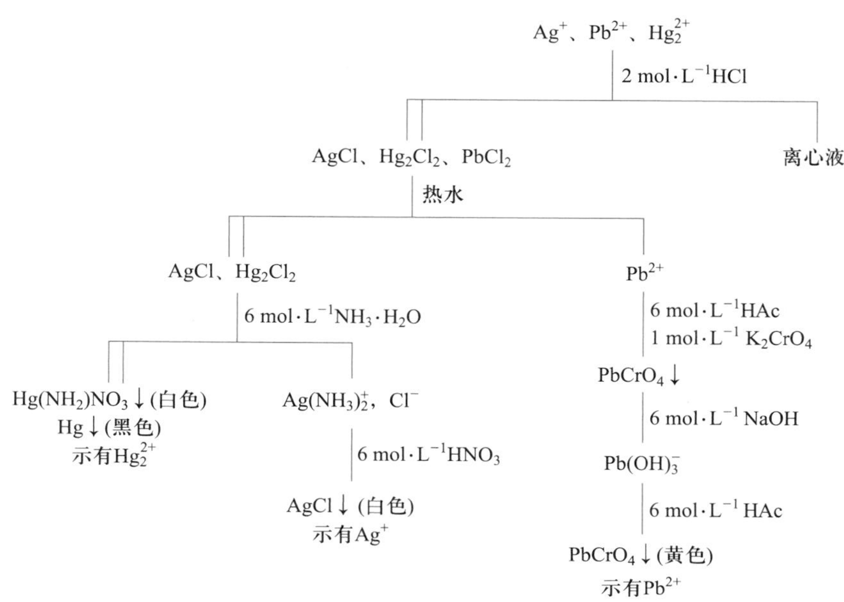

实验内容

混合液:浓度均为 0.1 $mol\cdot L^{-1}$的 $AgNO_3$、$Hg_2(NO_3)_2$、$Pb(NO_3)_2$ 溶液,按体积比 1∶1∶1 混合均匀。

(1) 本组离子的氯化物沉淀　取混合液 10 滴,加入 10 滴 2 $mol\cdot L^{-1}$ HCl 溶液,充分搅拌,离心沉降,加 1 滴 2 $mol\cdot L^{-1}$ HCl 溶液检验沉淀是否完全。离心分离,检验离心液中有无 Pb^{2+}。沉淀用 2 mL H_2O 和 2 滴 2 $mol\cdot L^{-1}$ HCl 溶液分 2 次洗涤。

(2) Pb^{2+}的分离和鉴定　向所得的氯化物沉淀中加入 4 mL 水,加热至溶液近沸腾。为了阻止 $PbCl_2$ 在温度降低时析出,应趁热离心分离,并迅速取出离心液放于另一支离心试管中。向离心液中加入 2 滴 6 $mol\cdot L^{-1}$ HAc 溶液和 2 滴 1 $mol\cdot L^{-1}$ K_2CrO_4 溶液,如生成黄色 $PbCrO_4$ 沉淀,再滴加 6 $mol\cdot L^{-1}$ NaOH 溶液,黄色沉淀溶解,用 6 $mol\cdot L^{-1}$ HAc 溶液酸化,又生成黄色沉淀,示有 Pb^{2+}存在。将分离掉铅的沉淀用热水洗涤 3 次,每次用 2 mL 水,离心分离,弃去洗液。

(3) Hg_2^{2+} 的鉴定及 Ag^+的分离　向沉淀中加入 10 滴 6 $mol\cdot L^{-1}$ $NH_3\cdot H_2O$ 溶液,搅拌,若沉淀由白色转变为黑色,表示有 Hg_2^{2+} 存在。离心分离。吸出离心液放于另一支试管中,按实验内容(4)操作。

(4) Ag^+的鉴定　向离心液中滴加 6 $mol\cdot L^{-1}$ HNO_3 溶液,若有白色 AgCl 沉淀出现,则示有 Ag^+存在。

实验6　阳离子第Ⅱ组——Cu^{2+}、Cd^{2+}、Hg^{2+}、(Pb^{2+})、Bi^{3+}、Sn^{2+}、Sn^{4+}、Sb^{3+}的定性分析

目的

1. 掌握本组离子的分析特性及分离条件。
2. 掌握本组离子的鉴定反应。

原理

1. 第Ⅱ组阳离子的重要性质

第Ⅱ组部分阳离子盐类溶解性质见表2.12。

表2.12　第Ⅱ组部分阳离子盐类溶解性质

阳离子	Cu^{2+}	Bi^{3+}	Cd^{2+}	Hg^{2+}	Sn^{2+}、Sn^{4+}	Sb^{3+}
Cl^-	S	白色↓;A	S	S	白色↓;C、A	白色↓;C、A
OH^-	蓝色↓;C、A	白色↓;A	白色↓;C、A	黄色↓;A	白色↓;C、A	白色↓;C、A
SO_4^{2-}	S	白色↓;A	S	S	白色↓;C、A	白色↓;C、A
CrO_4^{2-}	棕色↓;C、A	黄色↓;A	白色↓;C、A	红色↓;S^-	S	黄色↓;C、A
CO_3^{2-}、PO_4^{3-}	蓝色↓;C、A	白色↓;A	白色↓;C、A	红色↓;A	白色↓;C、A	白色↓;C、A
S^{2-}	黑色↓;O	黑褐色↓;O	黄色↓;A、O	黑色↓;O^+、B	棕色↓;土 黄色↓,C、A、B	橙红色↓; C、A、B
配合物	NH_3	Cl^-	NH_3、Cl^-	Cl^-、S^{2-}	OH^-	OH^-

注:S:溶于水(>0.1 $mol\cdot L^{-1}$);O:溶于热的6 $mol\cdot L^{-1}$ HNO_3溶液;S^-:微溶于水(~0.01 $mol\cdot L^{-1}$);O^+:溶于热王水;A:溶于6 $mol\cdot L^{-1}$ HCl溶液或其他非沉淀、非氧化性酸;B:溶于含有S^{2-}的热6 $mol\cdot L^{-1}$ NaOH溶液;C:溶于含某些配体溶液中(形成配合物)。

2. 第Ⅱ组阳离子的定性分析方案

(1) 分析方案设计依据　第Ⅱ组阳离子氯化物易溶于水,根据此性质使它们与第Ⅰ组阳离子分开。本组阳离子的硫化物难溶于水,也难溶于稀HCl,根据这个共性,在0.3 $mol\cdot L^{-1}$ HCl溶液中,用H_2S或硫代乙酰胺与之作用,使它们生成硫化物沉淀而与第Ⅲ、Ⅳ组分开。

第Ⅱ、Ⅲ组阳离子硫化物的溶解度差别很大,因此各种硫化物沉淀完全所需S^{2-}浓度是不同的,而S^{2-}浓度可以用调节溶液pH进行控制,因此通过调节溶液pH,可以使第Ⅱ组硫化物沉淀完全,而第Ⅲ组阳离子不产生沉淀。实验证明,用硫化物分离第Ⅱ组和第Ⅲ组最合适

的 H^+浓度为 0.3 mol · L^{-1}(pH = 0.5)。

定性分析时，首先调节溶液 pH = 0.5，加入硫代乙酰胺，加热以促进硫代乙酰胺充分水解产生 H_2S，并防止形成胶体溶液，反应完全后要充分冷却，保证溶解度较大的 CdS、PbS 等沉淀完全。

本组硫化物中 SnS_2、Sb_2S_3 能溶于 NaOH 溶液中，依此可使 SnS_2、Sb_2S_3 与其他硫化物分离。将所得 $Sn(OH)_6^{2-}$、$Sb(OH)_4^-$ 的混合液酸化，又会析出相应的硫化物沉淀，将硫化物溶于过量的 HCl 溶液中生成 $SnCl_6^{2-}$、$SbCl_6^{3-}$，然后分别进行锡和锑的鉴定。

在 CuS、Bi_2S_3、CdS、PbS、HgS 沉淀中，除 HgS 外它们都可溶于热 HNO_3 中。因此将硫化物沉淀加入 HNO_3 后的溶液用过量 $NH_3 \cdot H_2O$ 处理，Cu^{2+}、Cd^{2+}可形成配位化合物，Bi^{3+}、Pb^{2+}则形成碱式盐沉淀，可相互分离。

Cd^{2+}的存在不干扰 Cu^{2+}的鉴定，但鉴定 Cd^{2+}的时候必须先将 Cu^{2+}除去。利用在较强酸性条件下，Cu^{2+}与 H_2S 可产生 CnS 沉淀而 Cd^{2+}不产生沉淀，分离出 CuS；离心液中的 Cd^{2+}可用溶液 pH 增加后出现黄色 CdS 沉淀来鉴定。

少量铅的碱式盐可加 HCl 溶液使之生成 $PbCl_2$ 沉淀，而铋的碱式盐溶于 HCl 溶液，从而使铅和铋分离，进行鉴定。

不溶于 HNO_3 的 HgS 沉淀，可用王水溶解后进行鉴定。

硫代乙酰胺(CH_3CSNH_2，TAA)的性质及作用：白色鳞片状结晶；易溶于水和乙醇；常温下水解很慢，加热时水解速率加快；在酸性、碱性溶液中，特别是在碱性溶液中水解进行更快。由水解产物可看出，在酸性溶液中硫代乙酰胺可以代替 H_2S 气体；在氨性溶液中可代替$(NH_4)_2S$。

硫代乙酰胺具有还原性，可被某些氧化剂氧化为 SO_4^{2-}，因此在加入硫代乙酰胺前，应先除去氧化性物质。另外，在第Ⅲ组阳离子沉淀后的溶液中尚存有相当数量的硫代乙酰胺，为了防止它被氧化为 SO_4^{2-}，造成第Ⅳ组某些阳离子过早沉淀而丢失，故进行完第Ⅲ组阳离子分离后的溶液应立即进行第Ⅳ组阳离子的分析，或蒸发至刚好干涸，以便保存。

(2) 第Ⅱ组阳离子定性分析流程图(见下页)

实验内容

混合液：取 Cu^{2+}、Cd^{2+}、Bi^{3+}、Pb^{2+}、Hg^{2+}、Sn^{4+}、Sb^{3+}的 0.1 mol · L^{-1}硝酸盐或氯化物溶液各 1 mL，配成混合液。

1. 本组阳离子的硫化物沉淀

(1) 溶液酸度的调节　取 20 滴混合液，用 pH 试纸测定溶液的 pH，滴加 6 mol · L^{-1} $NH_3 \cdot H_2O$ 溶液并充分搅拌，至红色石蕊试纸变蓝，溶液呈弱碱性。然后，用 2 mol · L^{-1} HCl 溶液调节至蓝色石蕊试纸变红，而刚果红试纸不变蓝，加溶液体积 1/6 的 2 mol · L^{-1} HCl 溶液，所得溶液的 H^+浓度约为 0.3 mol · L^{-1}。

(2) 硫化物沉淀的生成　在溶液中加入 25 滴 CH_3CSNH_2，搅拌，放入沸水浴中加热约 10 min，离心沉降，检验沉淀是否完全。用冷水充分冷却，离心分离，弃去离心液。沉淀用 10 滴 1 mol · L^{-1} NH_4Cl 溶液及 10 滴 H_2O 分 2 次洗涤，待用。

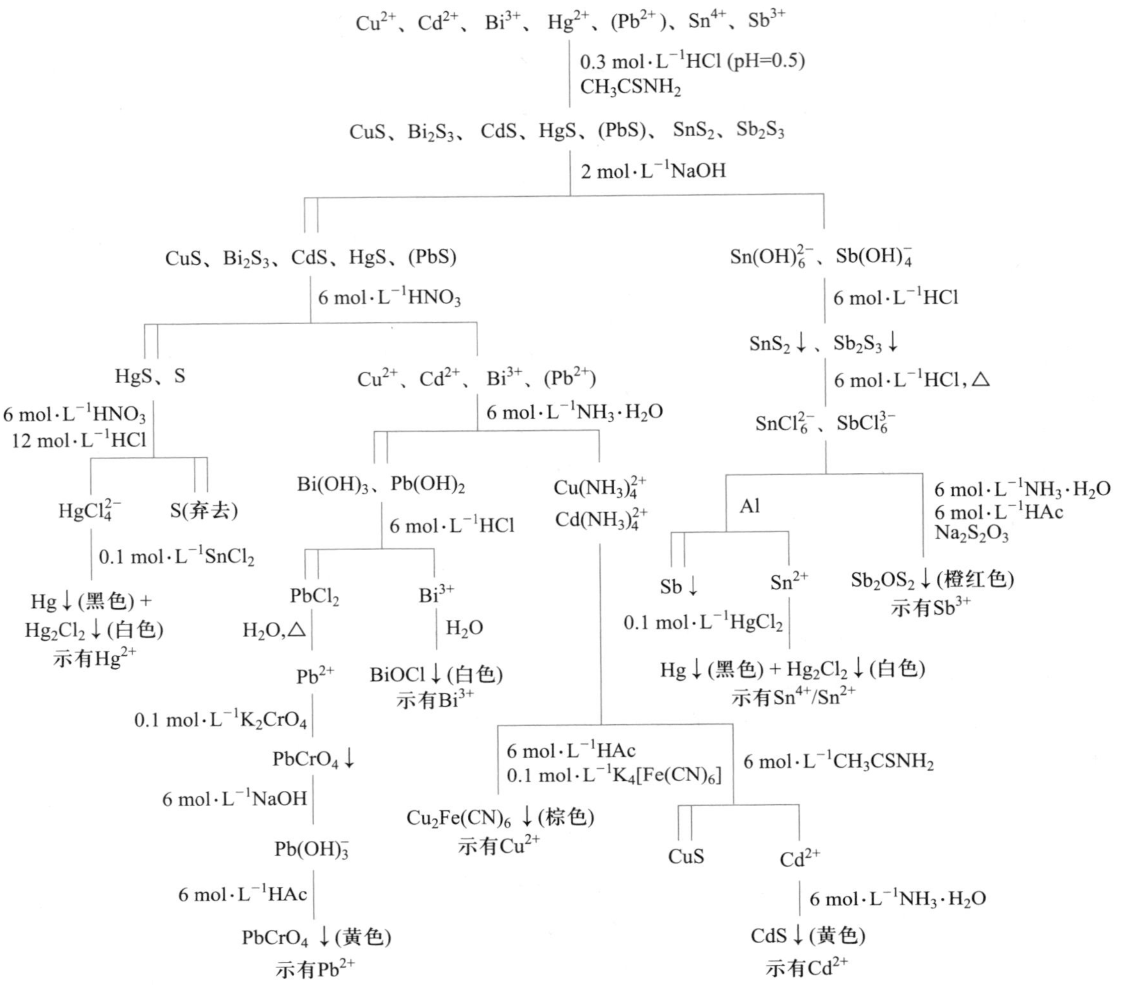

2. Cu^{2+}、Cd^{2+}、Bi^{3+}、Pb^{2+}、Hg^{2+}与Sn^{4+}、Sb^{3+}的分离

在沉淀中加入 2 $mol\cdot L^{-1}$ NaOH 溶液，在水浴中加热 2～3 min，边加热边搅拌以加速溶解，离心分离。离心液置于另一支试管中，进行Sn^{4+}、Sb^{3+}的鉴定，按实验内容 8 操作。将沉淀用 20 滴 H_2O 和 10 滴 2 $mol\cdot L^{-1}$ NaOH 溶液清洗一次，再每次用 10 滴 H_2O 洗涤沉淀 3 次。

3. Hg^{2+}的分离与鉴定

在沉淀中加入 20 滴 6 $mol\cdot L^{-1}$ HNO_3 溶液，放入沸水浴中加热，搅拌，部分硫化物溶解并有 S 析出，再继续加热 4 min，离心分离，离心液中含有Cu^{2+}、Cd^{2+}、Bi^{3+}、Pb^{2+}，将离心液置于另一支试管中，按实验内容 4 操作。沉淀为 HgS 及 S，用 20 mL H_2O 分 2 次洗涤沉淀。在沉淀中加入 10 滴 12 $mol\cdot L^{-1}$ HCl 溶液和 10 滴 6 $mol\cdot L^{-1}$ HNO_3 溶液，在水浴中加热使 HgS 溶解，剩余的不溶物主要是 S，离心分离。将溶液转入 50 mL 烧杯中，慢慢煮沸约 1 min，以除去过量的 HNO_3，然后加入 1 mL H_2O。在溶液中滴加 0.1 $mol\cdot L^{-1}$ $SnCl_2$ 溶液，生成由白变为灰黑色沉淀[Hg(黑色)+Hg_2Cl_2(白色)]示有Hg^{2+}。

4. Cu^{2+}、Cd^{2+}与 Bi^{3+}、Pb^{2+}的分离

在含有 Cu^{2+}、Cd^{2+}、Bi^{3+}、Pb^{2+}的离心液（实验内容 3 所得）中加入 6 mol·L^{-1} $NH_3\cdot H_2O$ 溶液，直至溶液呈碱性后再过量 5 滴，离心分离。离心液为 $Cu(NH_3)_4^{2+}$ 和 $Cd(NH_3)_4^{2+}$，按实验内容 6 操作。沉淀为 $Bi(OH)_3$ 和 $Pb(OH)_2$，沉淀用 10 滴 2 mol·L^{-1} $NH_3\cdot H_2O$ 溶液洗涤一次，离心分离，弃去洗涤液。

5. Bi^{3+}、Pb^{2+}的分离与鉴定

在沉淀中加入 5 滴 6 mol·L^{-1} HCl 溶液及 5 滴 H_2O，搅拌使 $Bi(OH)_3$ 溶解，离心分离。取 1 滴离心液加入 20 mL H_2O 中，不要搅拌，等待片刻，则有白色 BiOCl 沉淀出现，示有 Bi^{3+}。沉淀为 $PbCl_2$，加 10 滴水及 5 滴 6 mol·L^{-1} HCl 溶液洗涤沉淀，然后进行铅的鉴定。在沉淀中加入去离子水并加热，搅拌，待沉淀溶解后加入 0.1 mol·L^{-1} K_2CrO_4 溶液，出现 $PbCrO_4$ 黄色沉淀，再加入 6 mol·L^{-1} NaOH 溶液，待沉淀溶解后加入 6 mol·L^{-1} HAc 溶液，再次出现黄色沉淀，示有 Pb^{2+}。

6. Cu^{2+}的鉴定

取 5 滴含有 $Cu(NH_3)_4^{2+}$ 和 $Cd(NH_3)_4^{2+}$ 的离心液（实验内容 4 所得），滴加 6 mol·L^{-1} HAc 溶液至弱酸性，加入 1 滴 0.1 mol·L^{-1} $K_4[Fe(CN)_6]$溶液，产生棕色沉淀，示有 Cu^{2+}。

7. Cd^{2+}与 Cu^{2+}的分离及 Cd^{2+}的鉴定

取 10 滴含有 $Cu(NH_3)_4^{2+}$ 和 $Cd(NH_3)_4^{2+}$ 的离心液（实验内容 4 所得），加 6 mol·L^{-1} HCl 溶液使离心液的酸度约为 2 mol·L^{-1}，加入 10 滴 CH_3CSNH_2，搅拌，放入沸水浴中加热5 min，至 CuS 沉淀完全后，离心分离，弃去沉淀。在离心液中加入少量 6 mol·L^{-1} $NH_3\cdot H_2O$ 溶液或 0.5 mol·L^{-1} NaAc 溶液，出现黄色 CdS 沉淀，示有 Cd^{2+}。

8. Sn^{4+}、Sb^{3+}的鉴定

在含有 Sn^{4+}、Sb^{3+}的离心液（实验内容 2 所得）中滴加 6 mol·L^{-1} HCl 溶液至 pH≈0.5（用精密 pH 试纸测定），析出硫化物沉淀，离心分离，弃去溶液。在沉淀中加入 20 滴 6 mol·L^{-1} HCl 溶液，搅拌，并转移到 50 mL 小烧杯中，煮沸约 1 min，以促进硫化物溶解并赶走 H_2S，此时溶液中还剩有少量黑色 HgS 残渣（因部分 HgS 生成 HgS_2^{2-} 而溶解，加酸后又析出 HgS），再加入 10 滴 6 mol·L^{-1} HCl 溶液，离心分离，弃去沉淀，离心液分成两份，分别进行 Sn^{4+}、Sb^{3+}的鉴定。

（1）Sn^{4+}的鉴定　取一份离心液，在其中放入一根 Al 丝，在水浴中稍加热，以促进 Al 将 Sn^{4+}还原为 Sn^{2+}、Sb^{3+}还原为 Sb，反应 2 min 后，取走 Al 丝，离心分离，弃去金属 Sb 及 Al 中的杂质，立即在所得的清液中加入 1 滴 0.1 mol·L^{-1} $HgCl_2$ 溶液，生成白色或灰色沉淀，示有 Sn^{4+}。

（2）Sb^{3+}的鉴定　另取一份离心液，滴加 6 mol·L^{-1} $NH_3\cdot H_2O$ 溶液及 6 mol·L^{-1} HAc 溶液至离心液 pH≈6，再过量 5 滴 6 mol·L^{-1} HAc 溶液，加入约 0.4 g $Na_2S_2O_3$ 固体，于沸水浴中加热几分钟，出现橙红色 Sb_2OS_2 沉淀，示有 Sb^{3+}。

实验7 阳离子第Ⅲ组——Fe^{3+}、Fe^{2+}、Al^{3+}、Cr^{3+}、Mn^{2+}、Zn^{2+}、Co^{2+}、Ni^{2+}的定性分析

目的

1. 掌握本组离子的分析特性及分离条件。
2. 掌握本组离子的鉴定反应。

原理

1. 第Ⅲ组阳离子的重要性质

第Ⅲ组阳离子盐类溶解性质见表2.13。

表2.13 第Ⅲ组阳离子盐类溶解性质

阳离子	Fe^{3+}	Fe^{2+}	Co^{2+}	Ni^{2+}	Cr^{3+}	Mn^{2+}	Zn^{2+}	Al^{3+}
离子颜色	黄色	浅绿色	粉红色	苹果绿色	紫色	浅粉色	无色	无色
Cl^-	S	S	S	S	S	S	S	S
OH^-	红棕色↓;A	白色↓;A	棕褐色↓;A	绿色↓;A	绿色↓;A、C	白色↓;A	白色↓;C、A	白色↓;C、A
SO_4^{2-}	S	S	S	S	S	S	S	S
CO_3^{2-}、PO_4^{3-}	棕褐色↓;A	绿色↓;A	紫色↓;A、C	绿色↓;A、C	绿色↓;A	白色↓;A	白色↓;C、A	白色↓;C、A
S^{2-}	黑色↓;D	黑色↓;A	黑色↓;A^+、O^+	黑色↓;A^+、O^+	绿色↓;D	粉红色↓;A	白色↓;A	白色↓;D
配合物	—	—	NH_3	NH_3	OH^-	—	NH_3、OH^-	OH^-

注:S:溶于水(>0.1 mol·L^{-1});A^+:溶于12 mol·L^{-1} HCl溶液;A:溶于6 mol·L^{-1} HCl溶液或其他非沉淀、非氧化性酸;O^+:溶于热王水;C:溶于含某些配体溶液中(形成配合物);D:不稳定,易分解。

2. 第Ⅲ组阳离子的定性分析方案

(1) 分析方案设计依据　本组离子氯化物都溶于水,在pH=0.5(0.3 mol·L^{-1} HCl)溶液中不与H_2S产生沉淀,根据此性质可将本组离子与第Ⅰ、Ⅱ组分开。当pH=9($NH_3·H_2O-NH_4Cl$溶液)时与硫代乙酰胺作用生成Fe_2S_3、FeS、MnS、ZnS、CoS、NiS硫化物及$Al(OH)_3$、$Cr(OH)_3$氢氧化物,而第Ⅴ组中的Mg^{2+}在氨性缓冲溶液中不产生$Mg(OH)_2$沉淀,其他Ca^{2+}、Sr^{2+}、Ba^{2+}、K^+、Na^+、NH_4^+的氢氧化物都是易溶的,从而使本组与第Ⅳ、Ⅴ组分开。在pH=9时,Zn^{2+}、Co^{2+}、Ni^{2+}易形成胶体硫化物,若在溶液中加入较多量的NH_4^+,并加热,可以减小生成胶体溶液的倾向,所以沉淀本组(第Ⅲ组)离子的条件是:在过量NH_4Cl存在下,在$NH_3·H_2O-$

NH_4Cl 缓冲溶液中加入硫代乙酰胺，沸水浴中加热，直至沉淀完全。

所得本组沉淀用 6 mol · L^{-1} HCl 溶液处理，CoS、NiS 不溶，从而使钴、镍与其他离子分开。CoS、NiS 可溶于王水，再利用 Co^{2+}、Ni^{2+} 与特定试剂的反应进行鉴定，鉴定时 Co^{2+}、Ni^{2+} 彼此不干扰，因而没有必要把它们分开。

含本组其他阳离子的盐酸溶液，加入 NaOH 使溶液呈碱性，并用 H_2O_2 处理，使 $Cr^{3+} \to CrO_4^{2-}$、$Fe(OH)_2 \to Fe(OH)_3$、$Mn(OH)_2 \to MnO_2$。因此，处理后沉淀中包含 $Fe(OH)_3$、MnO_2，离心液中包含 CrO_4^{2-}、$Al(OH)_4^-$、$Zn(OH)_4^{2-}$。

沉淀用 H_2SO_4 溶液处理，$Fe(OH)_3$ 溶解，而 MnO_2 不溶，依此将两者分离。MnO_2 可在酸性介质中用 H_2O_2 还原为 Mn^{2+} 而溶解，利用 Mn^{2+} 的还原性进行锰的鉴定。

含 CrO_4^{2-}、$Al(OH)_4^-$、$Zn(OH)_4^{2-}$ 的离心液用 HAc 酸化，然后再用 $NH_3 \cdot H_2O$ 碱化，此时，Al 以 $Al(OH)_3$ 沉淀下来，而 Zn 由于形成 $Zn(OH)_4^{2-}$ 与 CrO_4^{2-} 留在溶液中。再用 HAc 溶液溶解 $Al(OH)_3$ 沉淀，进行鉴定。向 $Zn(NH_3)_4^{2+}$ 与 CrO_4^{2-} 的溶液中加入 $BaCl_2$ 溶液，铬可生成黄色 $BaCrO_4$ 沉淀而与锌分离，两者可用特定试剂进行鉴定。

Fe^{3+}、Fe^{2+} 的鉴定因不受本组其他离子的干扰，可直接取混合液用特定试剂进行鉴定。

（2）第Ⅲ组阳离子定性分析流程图

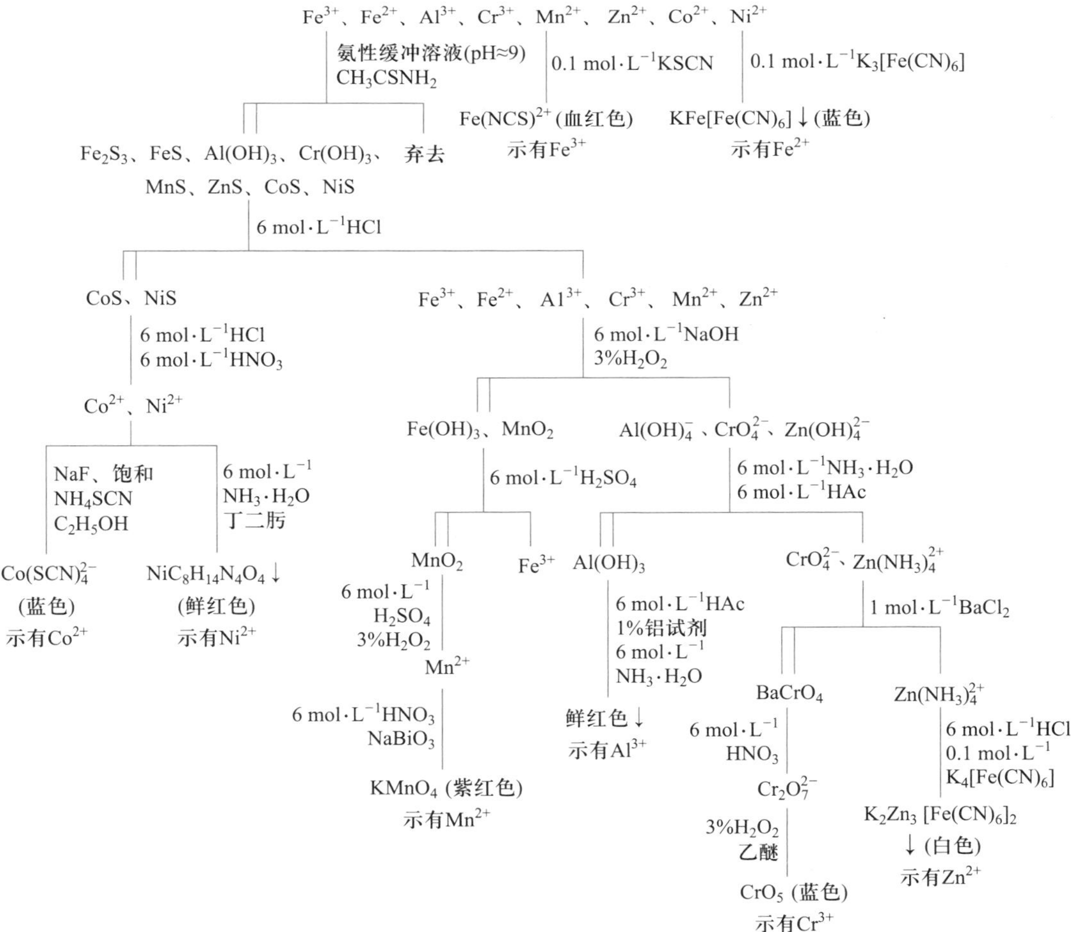

实验内容

混合液：取 0.1 mol·L^{-1} Fe^{3+}、Fe^{2+}、Al^{3+}、Cr^{3+}、Mn^{2+}、Zn^{2+}、Co^{2+}、Ni^{2+} 的硝酸盐溶液各 1 mL，配制成混合液。

1. Fe^{3+}的鉴定

取 1 滴混合液，加入 1 滴 0.1 mol·L^{-1} KSCN 溶液，溶液变为深红色，再加入少量 NaF 则红色褪去，示有 Fe^{3+}。

2. Fe^{2+}的鉴定

取 1 滴混合液，加入 1 滴 0.1 mol·L^{-1} $K_3[Fe(CN)_6]$溶液，立即生成蓝色沉淀，示有 Fe^{2+}。

3. 本组离子的硫化物、氢氧化物沉淀

取本组离子混合液 10 滴，加入 10 滴饱和 NH_4Cl 溶液，滴加 6 mol·L^{-1} $NH_3·H_2O$ 溶液和 2 mol·L^{-1} $NH_3·H_2O$ 溶液调溶液 pH≈9，加入 20 滴 CH_3CSNH_2，充分搅拌，置于沸水浴中加热约 10 min，离心沉降，检验沉淀是否完全。冷却后，离心分离，离心液可能稍呈黑色，这是由于 NiS 胶体所引起的。沉淀为本组离子的硫化物或氢氧化物，沉淀用 1% NH_4NO_3 热溶液洗涤 3 次，每次 5 滴。

4. Co^{2+}、Ni^{2+}与其他离子的分离

在沉淀中加入 10 滴 6 mol·L^{-1} HCl 溶液和 10 滴 H_2O，搅拌，置于沸水浴中加热 5 min，补充 10 滴 H_2O，离心分离，离心液置于另一支试管中，离心液中含有 Fe^{3+}、Fe^{2+}、Al^{3+}、Cr^{3+}、Mn^{2+}、Zn^{2+}，按实验内容 6 操作。沉淀为 CoS 和 NiS，沉淀用 10 滴 6 mol·L^{-1} HCl 溶液和 10 滴 H_2O 分 2 次洗涤。

5. Co^{2+}、Ni^{2+}的鉴定

在 CoS、NiS 沉淀中加入 5 滴 6 mol·L^{-1} HCl 溶液和 5 滴 6 mol·L^{-1} HNO_3 溶液，搅拌，置于沸水浴中加热 2 min，沉淀溶解后加入 20 滴 H_2O，搅拌均匀，将溶液分为两份。取一份 Co^{2+}、Ni^{2+}混合液，加入少量固体 NaF，加入 10 滴饱和 NH_4SCN 溶液及 10 滴 C_2H_5OH，溶液显蓝色，示有 Co^{2+}。另取一份 Co^{2+}、Ni^{2+}混合液，滴加 6 mol·L^{-1} $NH_3·H_2O$ 溶液，加入 5 滴丁二肟，出现鲜红色沉淀，示有 Ni^{2+}。

6. Fe^{3+}、Fe^{2+}、Mn^{2+}与 Al^{3+}、Cr^{3+}、Zn^{2+}的分离

在含有 Fe^{3+}、Fe^{2+}、Al^{3+}、Cr^{3+}、Mn^{2+}、Zn^{2+}的离心液（实验内容 4 所得）中逐滴加入 6 mol·L^{-1} NaOH 溶液至溶液呈碱性后，再过量 5 滴，置于沸水浴中加热 2 min，搅拌，加入 5 滴 3% H_2O_2 溶液，再在沸水浴中加热 5 min，以除去过量的 H_2O_2，冷却，离心分离，离心液转入另一支试管，离心液包含 $Al(OH)_4^-$、CrO_4^{2-}、$Zn(OH)_4^{2-}$，按实验内容 8 操作。沉淀为 $Fe(OH)_3$ 和 MnO_2，沉淀

用 20 滴 H_2O 和 5 滴 6 $mol \cdot L^{-1}$ NaOH 溶液的混合液洗涤两次。

7. Mn^{2+}的分离与鉴定

在 $Fe(OH)_3$ 和 MnO_2 的沉淀中加入 10 滴 H_2O 及 10 滴 6 $mol \cdot L^{-1}$ H_2SO_4 溶液，搅拌，离心分离，于沉淀中逐滴加入 5 滴 3% H_2O_2 溶液，在沸水浴中加热 2 min，MnO_2 被还原为 Mn^{2+}，同时除去多余的 H_2O_2。在 Mn^{2+}的溶液中，加入 10 滴 6 $mol \cdot L^{-1}$ HNO_3 溶液及少量固体 $NaBiO_3$，溶液变为紫红色，示有 Mn^{2+}。

8. Al^{3+}的分离与鉴定

用 6 $mol \cdot L^{-1}$ HAc 溶液酸化（用石蕊试纸检验）含 $Al(OH)_4^-$、CrO_4^{2-}、$Zn(OH)_4^{2-}$ 的离心液（实验内容 6 所得），再逐滴加入 6 $mol \cdot L^{-1}$ $NH_3 \cdot H_2O$ 溶液至红色石蕊试纸变蓝后过量 5 滴。出现白色絮状沉淀，示有 Al^{3+}存在。离心分离，离心液呈黄色说明有 CrO_4^{2-} 存在，离心液中还含有 $Zn(NH_3)_4^{2+}$。$Al(OH)_3$ 沉淀用 3 mL H_2O 洗涤，除去洗涤液。在沉淀中加入 6 滴 6 $mol \cdot L^{-1}$ HAc 溶液，使沉淀溶解，加入 2～3 滴铝试剂，并用 6 $mol \cdot L^{-1}$ $NH_3 \cdot H_2O$ 溶液调溶液 pH≈6～7，在水浴中加热数分钟，生成红色絮状沉淀，证明有 Al^{3+}存在。

9. Cr^{3+}、Zn^{2+}的分离与鉴定

在含有 CrO_4^{2-}、$Zn(NH_3)_4^{2+}$ 的离心液中加入 5 滴 1 $mol \cdot L^{-1}$ $BaCl_2$ 溶液，产生黄色 $BaCrO_4$ 沉淀（其中混有白色 $BaSO_4$ 沉淀），置于沸水浴中几分钟后，离心分离，沉淀用 20 滴 H_2O 分 2 次洗涤后进行 Cr^{3+}的鉴定。离心液进行 Zn^{2+}的鉴定。在沉淀上滴加 5 滴 6 $mol \cdot L^{-1}$ HNO_3 溶液，使 $BaCrO_4$ 溶解，离心分离弃去 $BaSO_4$ 沉淀。离心液中加入 10 滴 H_2O，混匀后，加入 3% H_2O_2 溶液及 10 滴乙醚，乙醚层呈蓝色，证实有 Cr^{3+}存在。在 $Zn(NH_3)_4^{2+}$ 的溶液中逐滴加入 6 $mol \cdot L^{-1}$ HCl 溶液至蓝色石蕊试纸变红，再过量 3 滴，然后加入 3 滴 0.1 $mol \cdot L^{-1}$ $K_4[Fe(CN)_6]$溶液，搅拌，出现白色沉淀，示有 Zn^{2+}。

实验8　阳离子第Ⅳ组——Ca^{2+}、Sr^{2+}、Ba^{2+}的定性分析

目的

1. 掌握本组离子的分析特性及分离条件。
2. 掌握本组离子的鉴定反应。

原理

1. 第Ⅳ组阳离子的重要性质

第Ⅳ组阳离子盐类溶解性质见表 2.14。

表 2.14　第Ⅳ组阳离子盐类溶解性质

阳离子	Ca^{2+}	Sr^{2+}	Ba^{2+}
焰色	砖红色	猩红色	黄绿色
Cl^-	S	S	S
OH^-	S^-	S	S
SO_4^{2-}	S^-	白色↓；I	白色↓；I
CO_3^{2-}	白色↓；A	白色↓；A	白色↓；A
PO_4^{3-}	白色↓；A	白色↓；A	白色↓；A
CrO_4^2	S^-	S^-	黄色↓；A
S^{2-}	S	S	S
$C_2O_4^{2-}$	白色↓；A	白色↓；A	白色↓；A
配合物	—	—	—

注：S：溶于水（>0.1 $mol \cdot L^{-1}$）；A：溶于 6 $mol \cdot L^{-1}$ HCl 溶液或其他非沉淀、非氧化性酸；S^-：微溶于水，~0.01 $mol \cdot L^{-1}$；I：不溶于普通溶剂中。

2. 第Ⅳ组阳离子的定性分析方案

（1）分析方案设计依据　在 NH_4Cl 和 $NH_3 \cdot H_2O$ 介质中（$pH \approx 9$），溶液适当加热，用 $(NH_4)_2CO_3$ 沉淀本组离子，生成 $CaCO_3$、$SrCO_3$、$BaCO_3$ 白色沉淀，它们可溶于 HAc、HCl 和 HNO_3 中。

K_2CrO_4 与 Ba^{2+} 在 HAc-NaAc 介质中（pH=4~5）反应，生成黄色 $BaCrO_4$ 沉淀。在此介质中，CrO_4^{2-} 浓度低，达不到生成 $SrCrO_4$、$CaCrO_4$ 沉淀的溶度积，借此将 Ba^{2+} 与 Ca^{2+}、Sr^{2+} 分离。

调节溶液 pH，再用 $(NH_4)_2CO_3$ 沉淀 Ca^{2+}、Sr^{2+}，弃去溶液中的 CrO_4^{2-}。将 $CaCO_3$、$SrCO_3$ 沉淀溶解，加入 $(NH_4)_2SO_4$ 生成白色 $SrSO_4$ 沉淀，此时 Ca^{2+} 不沉淀，将 Sr^{2+} 与 Ca^{2+} 分离。

本组阳离子的组试剂为 $(NH_4)_2CO_3$，在系统分析中不能使用 KCO_3 或 Na_2CO_3，因为引入了 K^+ 或 Na^+，将干扰第Ⅴ组阳离子的分析，而 NH_4^+ 是在进行系统分析之前鉴定的，因而不影响系统分析。$(NH_4)_2CO_3$ 易水解产生 HCO_3^-，影响沉淀本组离子，因此必须加入 $NH_3 \cdot H_2O$ 防止 $(NH_4)_2CO_3$ 水解。另外，$(NH_4)_2CO_3$ 还容易脱水生成氨基甲酸铵，也不能沉淀本组离子，为此可以加热溶液到 50~60 ℃防止 $(NH_4)_2CO_3$ 脱水，并促使本组碳酸盐的无定形沉淀转变为结晶形。再者，如果还有第Ⅴ组 Mg^{2+} 存在，为避免产生镁的碱式碳酸盐沉淀必须在溶液中加入少量 NH_4Cl。

综上所述，本组阳离子的沉淀条件为：以 $(NH_4)_2CO_3$ 为组试剂，并在 NH_4Cl 和 $NH_3 \cdot H_2O$ 介质中，适当加热进行。

（2）第Ⅳ组阳离子定性分析流程图

实验内容

混合液：取 Ca^{2+}、Sr^{2+}、Ba^{2+} 的 0.1 $mol \cdot L^{-1}$ 硝酸盐溶液各 1 mL，配制成混合溶液。

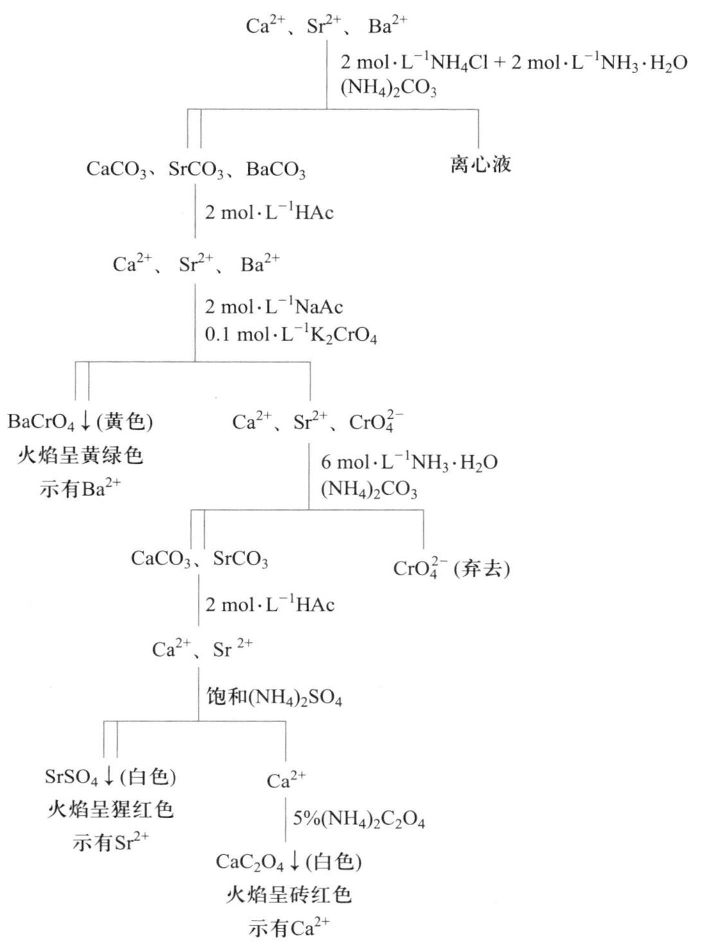

1. Ca^{2+}、Sr^{2+}、Ba^{2+}的沉淀

取 10 滴混合液，加入 5 滴 2 mol·L^{-1} NH_4Cl 溶液及 1 滴百里酚蓝指示剂，用 2 mol·L^{-1} $NH_3·H_2O$ 溶液调到溶液为绿色，加热至 50～60 ℃，然后加入 10 滴1 mol·L^{-1} $(NH_4)_2CO_3$ 溶液，搅拌，继续加热 3 min。离心沉降，检验沉淀是否完全。冷却，离心分离，用热水洗涤沉淀 2 次，每次 6 滴，洗液弃去。

2. Ca^{2+}、Sr^{2+}与 Ba^{2+}的分离及 Ba^{2+}的鉴定

在沉淀中加入 5～6 滴 2 mol·L^{-1} HAc 溶液，搅拌，加热溶解沉淀。在溶液中加入 5 滴 2 mol·L^{-1} NaAc 溶液及 4 滴 0.1 mol·L^{-1} K_2CrO_4 溶液，生成黄色沉淀，示有 Ba^{2+}。离心沉降，检验沉淀是否完全，离心分离。离心液中含有 Ca^{2+}、Sr^{2+}，置于另一支试管中，按实验内容 3 操作。用热水洗涤沉淀 2 次，以焰色反应进一步证实 Ba^{2+}的存在。

3. Ca^{2+}与 Sr^{2+}的分离及 Sr^{2+}的鉴定

在离心液（实验内容 2 所得）中滴加 6 mol·L^{-1} $NH_3·H_2O$ 溶液至碱性，加入 10 滴 1 mol·L^{-1} $(NH_4)_2CO_3$ 溶液，60 ℃加热 3 min，离心分离，弃去含 CrO_4^{2-} 的离心液，将沉淀用热

水洗 2 次，然后加入 5 ~6 滴 2 mol · L^{-1} HAc 溶液，搅拌，加热煮沸 1 min，使沉淀溶解。在沉淀中加入 4 滴饱和$(NH_4)_2SO_4$ 溶液，加热 5 min，产生白色沉淀，离心分离，离心液中含 Ca^{2+}，置于另一支试管中，按实验内容 4 操作。沉淀用热水洗涤 2 次后，以焰色反应鉴定 Sr^{2+}的存在。

4. Ca^{2+}的鉴定

向离心液（实验内容 3 所得）中加入 5 滴 5%$(NH_4)_2C_2O_4$ 溶液，产生白色沉淀，初步证明有 Ca^{2+}存在，然后用焰色反应进一步证实 Ca^{2+}的存在。

说明

（1）焰色反应用的铂丝，使用前应预先处理干净。方法是将铂丝蘸取浓盐酸在氧化焰上灼烧几秒钟，若火焰呈特殊焰色，则要再蘸取浓盐酸灼烧，直至火焰无特殊颜色为止。焰色反应结束后，铂丝需用上述方法处理干净。另外，铂丝不能在还原焰中灼烧，因为在还原焰中易生成碳化铂，使铂丝变脆。

（2）在系统分析中，应将沉淀第Ⅲ组阳离子后的第Ⅳ、Ⅴ组阳离子的离心液立即转入小烧杯中，用 6 mol · L^{-1} HAc 溶液酸化后，小火蒸发除去 H_2S 并用 $Pb(Ac)_2$ 试纸检验。冷却后，加 6 mol · L^{-1} HCl 溶液和少量水，温热、搅拌，转入离心试管中，小烧杯用水润洗后并入离心试管，弃去不溶物。

实验9　阳离子第Ⅴ组——K^+、Na^+、Mg^{2+}、NH_4^+的定性分析

目的

1. 掌握本组离子的分析特性及分离条件。
2. 掌握本组离子的鉴定反应。

原理

本组离子包括 K^+、Na^+、NH_4^+ 和 Mg^{2+}，它们的氯化物、硫化物、氢氧化物（除 Mg^{2+}）和碳酸盐（除 Mg^{2+}）都溶于水，这是本组离子与第Ⅰ~Ⅳ组离子分离的依据。

本组离子都有选择性较好的鉴定反应，只是 NH_4^+ 对 K^+、Mg^{2+}的鉴定有干扰，因此将 NH_4^+ 除去即可。

实验内容

混合液：取 K^+、Na^+、NH_4^+ 和 Mg^{2+}的 0.1 mol · L^{-1}硝酸盐或氯化物溶液各 1 mL，配成

混合液。

1. NH_4^+ 的鉴定

取混合液3滴于表面皿上,加入5滴6 mol·L^{-1} NaOH溶液,立即用另一块粘有湿润红色石蕊试纸(或浸过奈斯勒试剂的滤纸)的表面皿盖上,将如此做成的气室放在水浴上加热,如果试纸变成蓝色(或浸过奈斯勒试剂的滤纸有红棕色斑)时,示有 NH_4^+。

2. Na^+的鉴定

取混合液3滴,加入2 mol·L^{-1} HAc溶液和2 mol·L^{-1} NaAc溶液调节溶液pH在5~7之间,加入8滴乙醇和8滴醋酸铀酰锌溶液,用玻璃棒摩擦试管壁,生成淡黄色沉淀,示有 Na^+。

3. NH_4^+ 的去除

取混合液5滴于小烧杯中,小火蒸发至干,冷却,加入10滴6 mol·L^{-1} HNO_3 溶液,再用小火蒸发至干,并灼烧至不冒白烟为止,冷却,加入3滴6 mol·L^{-1} HAc溶液和10滴 H_2O,煮沸溶解,若有沉淀,离心弃去。检查 NH_4^+ 是否除尽。

4. K^+的鉴定

取3滴除去 NH_4^+ 的试液,加入1滴6 mol·L^{-1} HAc溶液和2滴亚硝酸钴钠试剂,混匀,有黄色沉淀生成,示有 K^+。

5. Mg^{2+}的鉴定

取3滴除去 NH_4^+ 的试液,加入1滴6 mol·L^{-1} NaOH溶液和1滴镁试剂,有蓝色沉淀或蓝色溶液(Mg^{2+}含量较少)出现,示有 Mg^{2+}。

实验10　第Ⅰ~Ⅴ组未知阳离子混合溶液的定性分析

目的

1. 巩固第Ⅰ~Ⅴ组阳离子的鉴定反应。
2. 综合应用各组阳离子的分析特性及分离条件。

实验内容

首先,根据下列未知试液中可能含有的离子以及实验室提供的试剂清单进行分析方案的设计，要求：① 分离并鉴定、② 鉴定应用该离子的特征反应、③ 画出分析流程图、④ 尽可能选用常见、毒性小的试剂。

进入实验室，从教师处领取未知液一份进行实际操作，给出结论。

共有六组未知液，每组中可能含有的离子如下：

(1) Ag^{+}、Pb^{2+}、Cu^{2+}、Cr^{3+}、Ba^{2+}；

(2) Cu^{2+}、Al^{3+}、Pb^{2+}、Ba^{2+}、Fe^{3+}；

(3) Al^{3+}、Zn^{2+}、Mn^{2+}、Hg^{2+}、Bi^{3+}、Mg^{2+}；

(4) Ag^{+}、Pb^{2+}、Co^{2+}、Ni^{2+}、K^{+}、NH_4^{+}；

(5) Hg_2^{2+}、Cu^{2+}、Cd^{2+}、Zn^{2+}、Cr^{3+}、Ca^{2+}；

(6) Sn^{2+}、Sb^{3+}、Fe^{3+}、Co^{2+}、Mn^{2+}、Mg^{2+}。

第三部分

定量分析基本操作、仪器及实验

定量分析实验的预习报告撰写及实验数据记录要求

在认真预习实验内容的基础上，撰写分析实验的预习报告是课前准备必不可少的重要环节，没有预习报告将不得进行课堂实验环节。准确、详实地记录实验数据是培养严谨、实事求是的科学素养的重要环节之一，一份完整的实验记录不仅可以为分析实验误差提供依据，也可以为他人提供参考。

1. 分析实验预习报告的撰写要求

（1）准备专用的实验预习报告本，报告本每页应标上页码，不得随意撕去。

（2）实验预习报告主要包括下列内容：实验名称、实验日期；实验目的、原理的简要概括；实验步骤简洁且重点突出的描述、实验数据记录表格、实验数据处理所涉及的计算公式以及实验中需要注意的事项。

（3）将实验各步骤所测数据整合成为一个实验数据记录表格，表格的宽度要求同记录本页面的宽度，表格的行、列用尺子画，表格完整且不要分页。

2. 实验数据记录的基本要求

实验预习报告本亦是实验数据记录本。

（1）所有实验数据必须记录在预习报告里的实验数据记录表格中，不得将数据记录在单页纸、小纸片或其他任意地方。

（2）实验数据记录一律使用签字笔或圆珠笔书写，不得使用铅笔。

（3）数据记录清晰、详尽，需要舍弃的数据，可用一道横线划掉，不得涂改。

3.2 误差与分析数据处理

3.2.1 误差的基本概念

1. 准确度与精密度

分析结果是否准确由所得结果与真值接近的程度而定，真值是样品中待测组分客观存在的真实含量。准确度是分析结果与真值的相符程度，两者之间差别越小，则分析结果的准确度越高。

为了获得可靠的分析结果，往往需要在相同条件下对样品平行测定几份，然后取平均值。如果几份测定数据比较接近，说明分析的精密度高。因此精密度就是几次平行测定结果相互接近的程度。

精密度是保证准确度的必要条件。精密度差，则被测结果不可靠，也就失去了衡量准确度的前提。但高精密度不一定能保证高准确度。

2. 误差与偏差

准确度通常用误差来衡量，误差越小，表示分析结果的准确度越高。误差可用绝对误差(E)与相对误差(RE)两种方法表示：

$$\text{绝对误差：}\quad E=\bar{x}-T \qquad \text{相对误差：}\quad RE=\frac{E}{T}\times 100\%$$

单次测定结果 x_1、x_2、…、x_n 与真值 T 之差称为单次测定的误差，分别表示为：x_1-T、x_2-T、…、x_n-T。由于测定次数常常不止一次，因此通常用数次测定结果的平均值来表示测定结果 $\bar{x}$。

相对误差是绝对误差和真值的百分比例，反映出误差在测定结果中所占百分比例，更具有实际意义。误差值一般只取一位有效数字即可。

客观存在的真值是不可能准确获得的，实际工作中往往用“标准值”代替真值来检查分析方法的准确度。“标准值”是指采用多种可靠的分析方法、由具有丰富经验的分析人员经过反复多次测定得出的比较准确的结果，有时也将纯物质中元素的理论含量作为真值。

偏差又称为表观误差，可以用来衡量测定结果的精密度高低，它表示一组平行测定数据相互接近的程度。偏差小，表示测定的精密度高。

3. 系统误差与随机误差

系统误差是与分析过程中某些固定的原因引起的一类误差，它具有重复性、单向性、可测性。即在相同的条件下，重复测定时会重复出现，使测定结果系统偏高或系统偏低，其数值大小也有一定的规律。例如，测定的结果虽然精密度不错，但由于系统误差的存在，导致测定数据的平均值显著偏离其真值。如果能找出产生误差的原因，并设法测定出其大小，那么系统误差可以通过校正的方法予以减少或者消除，因此又称为可测误差。系统误差是定量分析中误差的主要来源，产生系统误差的主要因素是：

（1）理论误差（方法误差） 指分析方法本身不完善，或者实验条件无法达到理论公式所规定的要求，又或是测量所依据的理论公式本身的近似性而带来的误差。例如，滴定分析中反应进行不完全、指示剂引起的终点与化学计量点不符合等。

（2）仪器误差 来源于仪器本身的缺陷或仪器使用的外部环境未达到仪器使用规定的条件而造成的误差。

（3）试剂误差 因试剂纯度引起的误差。

（4）操作误差 由操作者个人感官或习惯产生的误差。

需要注意的是，系统误差具有重复性、单向性，总是使测量结果偏向一边，或者偏大，或者偏小，因此，多次测量求平均值并不能消除此类误差。

随机误差又称为偶然误差和不定误差，是由测定过程中一系列因素微小的随机波动而形成的具有相互抵偿性的误差。产生的原因是分析过程中种种不稳定随机因素的影响，如操作中的温度、湿度、灰尘、气压等环境条件的不稳定等。随机误差的大小和正负都不固定，随机误差的大小决定分析结果的精密度，但多次测量就会发现，绝对值相同的正负随机误差出现的概率大致相同，因此它们之间常能互相抵消，所以可以通过增加平行测定的次数取平均值的办法减小随机误差。

随机误差虽然不能通过校正或采取某种技术措施而减小或消除，但多次测量的总体却服从统计规律，通过对测量数据的统计处理，能在理论上估计其对测量结果的影响。

上述两类误差的划分并非绝对，有时很难区别某种误差是系统误差还是随机误差。例如，通过观察指示剂颜色的深浅来判断滴定终点，总有偶然性；使用同一仪器或试剂所引起的误差也未必是相同的。随机误差比系统误差更具有普遍意义。此外，需要说明，操作过程中的“失误”不属于这两类误差，因“失误”得出的错误数据，在处理数据时应舍弃不用。

3.2.2 有限数据的统计处理

1. 数据集中趋势的表示

（1）算术平均值 $\bar{x}$　n 次测定数据的平均值：

$$\bar{x}=\frac{x_1+x_2+\cdots+x_n}{n}=\frac{1}{n}\sum_{i=1}^{n}x_i$$

（2）中位数 $\tilde{x}$　将数据按大小顺序排列，位于正中间的数据称为中位数。当 n 为奇数时，居中者即是；当 n 为偶数时，正中间两个数的平均值为中位数。中位数表示法的优点是不受个别偏大值或偏小值的影响，但用以表示集中趋势不如平均值好。

2. 数据分散程度的表示

（1）极差 R（又称全距） 指一组平行测定数据中最大者 x_{max} 和最小者 x_{min} 之差：

$$R = x_{max} - x_{min}$$

相对极差为

$$\frac{R}{\bar{x}} \times 100\%$$

（2）平均偏差 $\bar{d}$　表示各次测定值对算术平均值之差的绝对值的平均值。计算平均偏差 $\bar{d}$ 时，先计算各次测量值对于算术平均值的偏差：

$$d_i = x_i - \bar{x}$$

平均偏差为

$$\bar{d} = \frac{|d_1| + |d_2| + \cdots + |d_n|}{n} = \frac{1}{n}\sum_{i=1}^{n}|d_i|$$

相对平均偏差则是：

$$\frac{\bar{d}}{\bar{x}} \times 1000‰$$

（3）标准偏差 S　把单次测量值对算术平均值的偏差先平方起来再总和除以（$n-1$），然后再开方，即

$$S = \sqrt{\frac{\sum_{i=1}^{n}(x_i - \bar{x})^2}{n-1}} = \sqrt{\frac{\sum_{i=1}^{n}|d_i^2|}{n-1}}$$

它比平均偏差更灵敏地反映出较大偏差的存在，又比极差更充分地引用了全部数据的信息，在统计上更有意义。

3.2.3 有效数字及其修约规则

1. 有效数字

有效数字是指在分析实验中实际能够测量到的数字。能够测量到的数字，包括通过直读（最小刻度）获得的准确数字即可靠数字和通过估读得到的最后一位不确定数字即存疑数字。因此，数据的位数不仅仅表示数量的大小，而且反映了测量的精确程度。

有效数字的位数，应当根据分析方法和仪器准确度来确定，应使数值中只有最后一位是存疑的。例如，用感量为 0.0001 g 的分析天平称取样品时应写作 0.4180 g，而称取样品 0.6 g，则表示是用托盘天平称量的。同样的，如把量取溶液的体积记作 25 mL，就表示是用量筒量取的，若用移液管移取的体积则应记作 25.00 mL。

此外，对于数字“0”，若作为普通数字使用，它就是有效数字；若作为定位用，则不是有效数字。例如，滴定管读数 20.80 mL，两个“0”都是测量数字，都是有效数字，此有效数字为四位；若改用升表示则是 0.02080 L，这时前面的两个“0”仅起定位作用，不是有效数字，此时数据仍为四位有效数字。这说明，改变单位并不改变有效数字的位数。当需要在数据的末尾加“0”作定位用时，最好采用指数形式表示，否则将造成有效数字位数的混乱。例如，质量为 36.0 mg，若需要以 μg 为单位，则应表示为 3.60×10^4 μg，若表示为 36000 μg，就易误解为五位有效数字。

在分析化学中常会遇到倍数、分数关系，非测量所得，可视为无限多位有效数字。但对于 pH、pM、lg$K$ 等对数数值，其有效数字的位数仅取决于尾数部分的位数，因其整数部分只代表该数的方次。如 pH = 10.12，即 $[H^+] = 7.6\times10^{-1}$ mol · L^{-1}，其有效数字为两位而非四位。

在计算中若遇到首位数大于或等于 8 的数字，可多计一位有效数字。例如，0.0875 可按 4 位有效数字对待。

2. 有效数字的修约规则

对分析数据进行处理时，需根据各步的测量精度及有效数字的计算规则，合理地保留有效数字的位数，现下基本采用“四舍六入五成双”的规则对数据进行修约。具体地说就是：当尾数≤4 时舍去；尾数≥6 时进位；尾数等于 5 而后面数为 0 时，若“5”前面为偶数则舍去，为奇数则进位；当 5 后面还有不是 0 的任何数时，无论“5”前面是偶数或奇数皆进位。例如，将下列数据修约为四位有效数字：0.52764→0.5276、0.26386→0.2639、10.2750→10.28、201.650→201.6、19.0653→19.07。

常量组分的滴定法测定，方法误差约为 0.1%，一般取 4 位有效数字，如果含量在 80% 以上，则取 3 位有效数字与方法的准确度更为相近；如果取 4 位，则表示准确度近万分之一，这种通过计算任意提高准确度，显然是不合理的。采用计算器连续运算的过程中可能保留了过多的有效数字，但最后结果应当修约成相当的位数，才能正确表达分析结果的准确度。

3.3 分析天平

分析天平是分析化学实验中最主要、最常用的衡量仪器之一，其准确度与最大秤量之比等于或优于1/500000，读数等于或优于1 mg。准确称量物质的质量是获得准确分析结果的第一步，因此了解分析天平的构造、性能，正确熟练地使用分析天平是做好分析工作的基本保证。

3.3.1 天平的分类

根据天平的平衡原理，可将天平分为杠杆式天平（机械天平）、弹性力式天平（扭力天平）、电磁力式天平（电子天平）和液体静力式天平（液体比重天平）四大类。根据量值传递可将天平分为标准天平和工作用天平两类，其中直接用于检定传递砝码质量量值的天平称为标准天平；标准天平以外的天平一律称为工作用天平。工作用天平又可分为分析天平和其他专用天平。根据称量范围和最小分度值，分析天平又可分为常量天平（最大秤量为100～200 g、分度值在10^{-4}～10^{-3} g范围内，实际分度值通常为0.1 mg）、准微量天平（最大秤量为30～100 g、分度值在10^{-5}～10^{-4} g范围内，实际分度值通常为0.01 mg）、微量天平（最大秤量为3～50 g、分度值在10^{-6}～10^{-5} g范围内，实际分度值通常为0.001 mg）、超微量天平（最大秤量为3～5 g，分度值在10^{-7}～10^{-6} g范围内，实际分度值通常优于0.001 mg）。

目前实验室中常用的分析天平为常量分析天平，因为在常量分析中，允许的测定误差一般在被测量数值的千分之几之内，而常量分析天平能准确称量到0.1 mg，称取一份样品需要进行两次称量，称量误差为0.2 mg，若称取的样品质量为0.2 g，则称量的相对误差为0.1%，能够满足常量分析对测定准确度的要求，常量天平的最大秤量一般为100～200 g。

3.3.2 天平的准确度级别

按照准确度级别划分，我国将天平分为四个级别：特种准确度级—(Ⅰ)、高准确度级—(Ⅱ)、中等准确度级—(Ⅲ)、普通准确度级—(ⅢⅠ)，而天平准确度级别是根据天平检定分度值e和检定分度数n进行划分的。天平的分度值分为实际分度值和检定分度值，其中实际分度值是指以质量单位表示的天平相邻两个示值之差，用d表示；检定分度值是用于划分天平级别与进行计算检定的以质量单位表示的值，用e表示。实际分度值d与检定分度值e符合的规定：① e可取1×10^{k}或2×10^{k}或5×10^{k}的形式，其中k为正整数、负整数或零；② $d\leqslant e\leqslant10d$，e还应符合$e=10^{k}$g，其中k为正整数、负整数或零。具有单一称量范围的天平，在整个称量范围内的最大秤量Max所对应的检定分度数n等于Max除以检定分度数n。天平准确度级别与e、n的关系应符合表3.1。

表 3.1 天平准确度级别与 e、n 的关系

准确度级别	检定分度值 e	天平的检定分度数 n		最小秤量
		最小	最大	
Ⅰ	1 mg≤e	50000	不限制	100 d
Ⅱ	1 mg≤e≤50 mg	100	100000	20d
	0.1 g≤e	5000	100000	50 d
Ⅲ	0.1 g≤e≤2 g	100	10000	20 d
	5 g≤e	500	10000	20 d
ⅢⅠ	5 g≤e	100	1000	10 d

注:引自国家标准 GB/T 26497—2011

3.3.3 采用电磁力平衡传感器的电子分析天平

电子天平是目前实验室普遍使用的称量物质质量的仪器。电子天平的种类很多,按照电子天平传感器的方式划分为4种:① 利用电磁力平衡原理制造的电磁平衡式电子分析天平,此类天平结构比较复杂但精度很高,可达二百万分之一以上的精度,是目前国际上高精度天平普遍采用的;② 利用差动变压器原理制造的电感式电子天平,其结构比较简单,精度及成本也比较低,广泛应用在对精度要求不高的行业中;③ 利用电阻应变式原理制造的电阻应变式电子天平,精度可达到万分之一,称量范围从几千克至几十吨,适合如汽车衡、电子皮带秤等大称量设备;④ 利用电容原理制造的电容式电子天平,其结构简单精度低,应用于一般要求的行业。下面结合梅特勒-托利多 ML-T 系列分析天平,介绍电磁平衡式电子分析天平的工作原理和使用方法。

1. 电磁力平衡传感器的工作原理

基于电磁力平衡传感器的电子分析天平,利用电磁力平衡传感器内产生的电磁力力矩与被测物体质量信号产生的重力力矩相平衡,实现被测物体质量的高精度测量。

传统电磁力平衡传感器主要由机械称重机构、位置检测机构、单线圈永磁体磁路机构、基座等部分组成,其中机械称重机构包括罗伯威尔结构、横梁、吊带簧片、支点簧片、光栅;罗伯威尔结构又包括垂悬梁、八字架以及承重簧片;单线圈永磁体磁路机构包括线圈组件以及由永磁体、导磁柱、磁轭、工作气隙组成的永磁体磁路结构;传感器基座作为载体,承载着上述机构等部件。为了提高电磁力平衡传感器内的杠杆平衡系统的精度和稳定性,还需要引入由电磁力平衡传感器与模拟电路组成的闭环调节系统。

物体加载前,电磁力平衡传感器内的线圈在永磁体磁路工作气隙内产生的电磁力力矩与秤盘通过罗伯威尔结构在横梁上产生的重力力矩处于平衡状态。物体加载后,秤盘本身及被称物体的重力直接作用在悬垂梁上,利用罗伯威尔结构消除偏载误差的影响,并保证悬垂梁仅沿垂直方向自由移动,把秤盘上不均匀分布的力垂直作用在吊带簧片上。吊带簧片把垂直向下的作用力传递到横梁的一端,横梁受力后在挠性支点的作用下向下转动,连接在横梁另一端的光栅相应地垂直向上转动,此时位置检测机构感应到光量发生变化,利用闭环

调节电路把变化的光量信号转换为电信号输出，以增加合适的电流输出驱动线圈。绕在横梁上的线圈在永磁体磁路气隙磁感应强度与驱动电流作用下产生向下的电磁力，使得光栅反方向转动，闭环调节电路内的积分环节使得输出至线圈的电流继续增大，直至光栅回到初始平衡位置。此时，载流线圈在永磁体磁路工作气隙内产生的电磁力力矩与被测物体通过罗伯威尔结构在横梁上产生的重力力矩恢复至平衡状态，完成了力信号到电信号的准确转换。

2. 单模块电磁力平衡传感器

20 世纪 90 年代初，瑞士梅特勒-托利多等国外先进的电子分析天平生产企业攻克了电磁力平衡传感器内的敏感部件恒弹性合金簧片材料、永磁体材料制造配方工艺与热处理工艺，研制成功了一种具备高的机械强度与弹性模量、低的温度漂移的航空铝合金材料及具备高的磁稳定性和低的温度漂移的永磁体材料；解决了电磁力平衡传感器内的机械称重机构、永磁体磁路结构等的设计难关，并掌握了复杂的结构制造与精加工技术能力。至此，单模块传感器（MonoBloc，见图 3.1）被应用于梅特勒-托利多的所有精密电子天平及比较器天平中。

单模块电磁力平衡传感器采用的是航空铝合金材料，并通过高精度电火花线切割机加工而成，它将传统电磁力平衡传感器中的横梁、罗伯威尔结构、基座、各类簧片等集于一体，大大减少了传感器零部件的个数。

图 3.1　梅特勒-托利多天平单模块传感器（MonoBloc）

对比传统电磁力平衡传感器，单模块电磁力平衡传感器具有以下优点：

（1）分辨率高　传统电磁力平衡传感器因连接部件多，部件难以做到一致性，应用了单模块传感器技术后，机械结构连接部件减至 1 个，加工一致性好，分辨率从 1×10^{-6} 提高到 2×10^{-7}。

（2）可靠性好　传统电磁力平衡传感器通过螺丝将各类簧片、悬垂梁、平行导向架、横梁与基座连接，而单模块传感器一体化成型，无连接螺丝，同时因为同一种材料，温度变化特性一致，有效提高了传感器的温度稳定性，保证了测量的精度与可靠性。

（3）偏载误差一次性校正　传统传感器由于材料不一致，各部件的热膨胀系数不同，导致部件连接处容易受温湿度影响，长时间使用后需要对偏载误差重新校正。而单模块传感器因采用单一航空铝合金材料，一次加工成型，偏载误差只需校正一次，即可长期使用。

(4) 使用寿命长,更适应恶劣环境　单模块传感器使得称重单元一体化,提供了高效的机械传输性能和扭力保护装置,可适应更恶劣的环境,有效提高了天平的使用寿命。

(5) 生产周期短,提高了生产效率　与生产传统电磁力平衡传感器的电子分析天平生产周期4~8周相比,采用单模块传感器技术的电子分析天平的生产只需要1周时间,大大提高了生产效率。

3.3.4 电子分析天平的称量和使用方法

以梅特勒-托利多 ML104T 型电子分析天平为例,介绍电子分析天平的称量和使用方法。

1. 梅特勒-托利多 ML-T 系列电子分析天平

梅特勒-托利多 ML104T 型电子分析天平的外观及屏幕操作键见图 3.2、图 3.3。

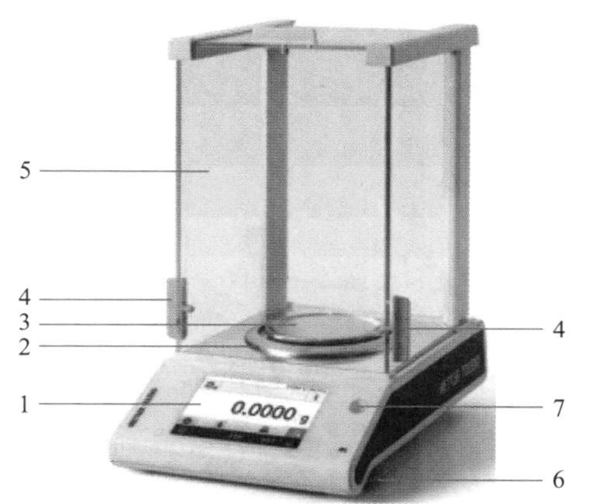

1—电容式彩色 TFT 触摸屏;2—防风圈;3—秤盘;4—防风门操作手柄;5—玻璃防风罩;6—水平调节脚;7—水平指示器

图 3.2　ML104T 电子分析天平外观

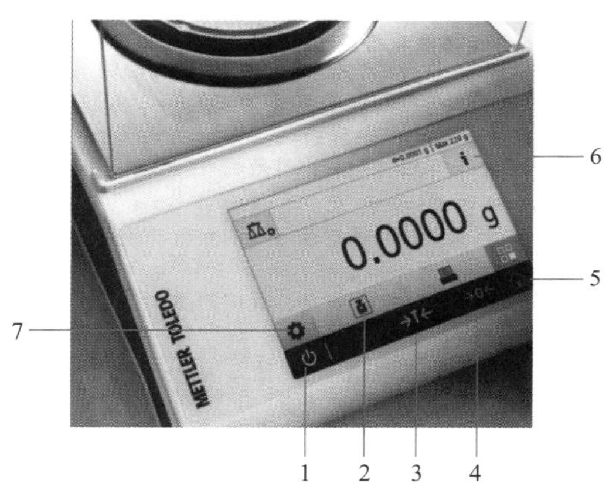

1—ON/OFF(开/关);2—天平校正;3—去皮;4—置零;5—主页;6—天平详细信息;7—设置/首选项

图 3.3　ML104T 电子分析天平屏幕

(1) 梅特勒-托利多 ML-T 系列电子分析天平的主要型号及参数见表 3.2。

表 3.2　ML-T 系列电子分析天平的主要型号及参数

ML-T 系列电子分析天平	0.1 mg			
型号	ML54T	ML104T	ML204T	ML304T
最大称量	52 g	120 g	220 g	320 g
最小称量	10 mg	10 mg	10 mg	10 mg
实际分度值	0.1 mg	0.1 mg	0.1 mg	0.1 mg

续表

型号	ML54T	ML104T	ML204T	ML304T
检定分度值	1 mg	1 mg	1 mg	1 mg
准确度等级	(I)	(I)	(I)	(I)
可读性	0. 1 mg	0. 1 mg	0. 1 mg	0. 1 mg
重复性	0. 1 mg	0. 1 mg	0. 1 mg	0. 1 mg
稳定时间	2 s	2 s	2 s	2 s

（2）梅特勒-托利多 ML-T 系列电子分析天平的功能特性（见图 3.4） 单模块传感器（MonoBloc）和过载保护、全自动温度控制内部校准（FACT）、最小称量值（MinWeigh）警告功能、防风圈加速稳定时间、4. 5 英寸彩色液晶触摸屏、水平控制功能（LevelControl）、支持电池操作、ISO 日志可记录重要变更（如校准、调平状态等）、密码保护可保证仅允许授权用户执行调整、蓝牙选项、PC Direct 应用程序可实现数据的轻松传递（无须借助软件）。

ML-T系列电子分析天平

MonoBloc单模块传感器
具有显著的抗冲击，抗过载性能，同时确保获得快速、准确的称量结果

SmartTrac动态图形显示
直观显示天平已使用的称量范围

FACT全自动校准技术
温度漂移和工厂时间设置触发的全自动校正

4.5英寸超大彩色触摸屏
具有中文界面，实现安全、直接的操作

电池供电
内置电池槽可容纳8节AA电池，确保8小时工作时间

LevelControl水平控制功能
在天平未处于水平位置时提供警告，并在触摸屏上显示水平调节指导

QuickLock风罩玻璃锁定装置
快速方便地拆卸防风玻璃

密码保护
避免天平设置被更改

金属底座
防化学腐蚀，保证了天平的长期使用

过载保护
保护传感器免受超负荷称量

塑料保护罩
避免散落样品的腐蚀

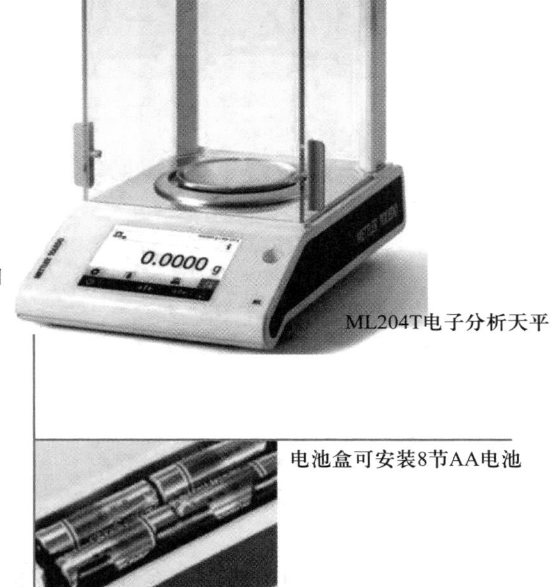

图 3.4 ML-T 系列电子分析天平的功能特性

2. 电子分析天平的称量方法及 ML104T 使用方法

ML104T 电子分析天平使用前的准备：

（1）检查天平的秤盘是否洁净。

（2） 接通电源，预热天平，至少经过 30 min（0.1 mg 型号为 60 min）后，按⏻键，屏幕显示“0.0000 g”，若显示不为“0.0000 g”，则按→0←置零键。若天平未处于水平状态，天平的内置警告功能将在屏幕上提示，进入水平调节页面后，实验者可根据屏幕显示的电子向导（图 3.5），在数秒内将天平调至水平（气泡位于指示器中心位置）。

电子分析天平的称量方法：

（1） 直接法　天平调好水平及置零后，将被称物直接放在秤盘上，所得读数即为被称物的质量。这种称量方法适用于称量洁净干燥的器皿、棒状或块状的金属等。注意，不得用手直接取放被称物，以免手上的汗液和体温影响被称物，可采用戴手套、垫纸条、用镊子或钳子等适宜的办法。

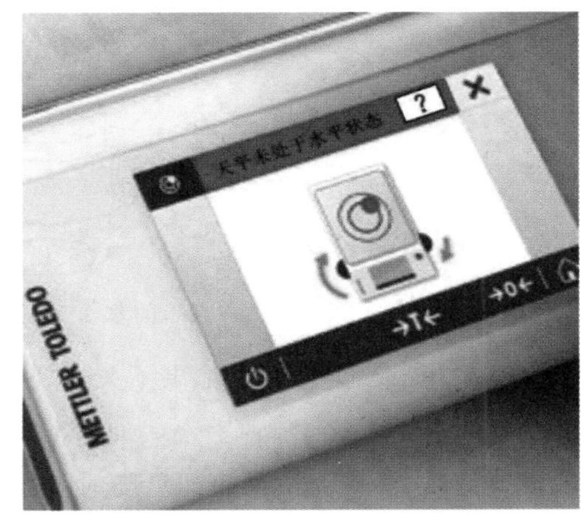

图 3.5　水平调节电子向导

（2） 减量法（差减法）　取适量待称样品置于一干燥洁净的容器（称量瓶、小滴瓶等）中，在电子分析天平上准确称量后，转移出欲称量的样品置于实验器皿中，再次准确称量，两次称量读数之差，即为称得样品的质量。如此重复操作，可连续称取若干份样品。这种称量方法适用于一般的颗粒状、粉状及液态样品。

由于称量瓶和滴瓶都有磨口瓶塞，所以常用来称量较易吸潮、氧化、挥发的样品，称量瓶是减量法称量粉末状、颗粒状样品最常用的容器，现介绍用称量瓶称取粉末样品的方法：称量瓶用前要洗净烘干或自然晾干，称量时不可直接用手拿，应用纸条套住瓶身中部，用手指捏紧纸条进行操作，这样可避免手上的汗液和体温的影响，如图 3.6 所示。具体的操作方法：将盛有样品的称量瓶置于电子分析天平秤盘的中心，待天平显示称量值后，短按→T←去皮键，至屏幕显示“0.0000 g”，取出称量瓶，在盛接样品的容器上方打开瓶盖并用瓶盖的下方轻敲称量瓶口的上沿或右上边沿，使样品缓缓倾入容器（见图 3.7），估计倾出的样品已够量时，再边敲瓶口边将瓶身扶正，盖好瓶盖后方可离开容器的上方，在敲出样品的过程中，要保证样品没有损失，边敲边观察样品的转移量，切不可在没盖上瓶盖时就将瓶身和瓶盖都离开容器上口，因为瓶口边沿处可能黏有样品，容易损失，务必在敲回样品并盖上瓶盖后再离开容器上口。将称量瓶再次放于秤盘中心，此时天平的显示屏上出现一个负数，此数值即为转移出的粉末质量，如果一次倾出的样品质量未达到预设量，可再次倾倒样品，直至倾出样品的量满足要求后记录数值。若需连续称取第二份样品，可再按→T←去皮键，示零后重复上述操作。“去皮”一词出自古老的阿拉伯单词，意思就是“扣除或剔除的物体”，去皮操作，是电子分析天平称量优越性的体现。

（3） 固定量称量法（增量法）　直接用基准物质配制标准溶液时，有时需要配成一定浓度值的溶液，这就要求所称基准物质的质量必须是一定的。称量方法：将一洁净干燥的小烧杯放于电子分析天平秤盘中心，短按→T←去皮键，至屏幕显示“0.0000 g”，然后小心缓慢地向小烧杯中加基准物质，直至天平屏幕上显示所需量为止。此种称量法适用于不易吸潮的粉末状或颗粒状（最小颗粒应小于 0.1 mg）样品的称量。

（4）液体样品的称量　液体样品的准确称量可根据不同样品的性质采用多种称量方法，但考虑到对电子分析天平的保护，学生实验中称取的均为一些性质较稳定、不易挥发的液体样品，可将样品装在干燥的小滴瓶中用减量法称量。

图 3.6　称量瓶的拿法

图 3.7　倾出样品的操作

称量完毕，取出被称物，如果不久还要继续使用天平，可不关机。如果半天以上时间不再使用天平，应按住⏻键直至对话框出现关机，点“✓”确认，天平关闭并进入待机模式。从待机模式启动，天平无须预热即可随时开始称量；若断开电源，则天平完全关闭，再启动，需要预热。

天平的校正：为了获得准确的称量结果，天平必须进行校正以适应当地的重力加速度，这也视环境条件而定，达到操作温度后，在以下场合也必须进行天平校正：① 首次使用天平称量之前；② 如果已断开天平电源或出现电源故障；③ 环境发生巨大变化后（如温度、湿度、气流或振动）；④ 称量期间的定期进行。

ML104T 电子分析天平具有全自动温度控制内部校准（FACT），操作方法：天平预热好后，调好水平及置零，按屏幕上“砝码”的符号，天平开始自动内部校准，校准完成后，屏幕上显示“0.0000 g”。若未显示“0.0000 g”，则按“→0←”置零键后再一次重复校准操作。

3.3.5 使用电子分析天平的注意事项

（1）静电负荷可导致称量结果不稳定、不可重复。静电会对秤盘产生作用力，直接影响分析天平称量结果。减少静电影响的预防措施包括：① 确保充足的空气湿度（45% ~ 80%），② 尽可能使用防静电称量容器，③ 避免摩擦容器。

（2）被称物要在天平室放置足够的时间，以使其温度与天平室温度达到平衡。电子分析天平要进行通电预热，预热时间要遵循产品说明书的规定。如果室内外温差较大，要减少天平室门的敞开时间，以控制天平室内温度的波动。要尽量克服引起天平示值变动性的因素。

（3）开、关天平侧门；放、取被称物等操作时动作都要轻、缓，切不可用力过猛。被称物应放在秤盘的中心位置，称量、读数时必须关闭两个侧门。称量读数必须立即记录在实验记录本上，不得记在其他任何地方。

（4）同一个样品的分析过程，涉及准确称量的操作应该使用同一台天平。称量完毕，应随即将天平复原，并检查其周围是否清洁。

（5）如果发现天平异常，应及时报告教师，不得自行处理。

实验11 分析天平的称量练习

目的

1. 学习分析天平的基本操作，做到较熟练地正确使用天平。
2. 掌握粉末状样品的减量法操作，学会“去皮”的称量方法。
3. 培养准确、简明地在实验记录本上记录原始数据的习惯。

原理

电子分析天平的称量原理参看本书第三部分 3.2.3 节。

仪器与试剂

电子分析天平：梅特勒-托利多 ML104T/02 型

称量瓶、小烧杯：洁净、干燥

粉末样品：NaCl 固体（AR）

步骤

（1）取一个干燥的小烧杯，在分析天平上称准至 0.1 mg，记录数据。

（2）取一个干燥的称量瓶，加入约 1g 粉末样品。置于分析天平秤盘中心，待显示数据稳定后，短按“→ T ←”去皮键，转移样品至小烧杯中，当天平显示转出的粉末样品量在 0.3～0.4 g 之间时，记录数据。取出称量瓶，按“→ 0 ←”置零键，准确称量盛有样品的小烧杯质量，并记录数据。

（3）用同一称量瓶及小烧杯，按照上述方法再转移出 0.3～0.4 g 样品，记录相关数据。

（4）数据处理，数据记录格式参照表 3.3。要求从称量瓶中转移出的样品质量与转移到小烧杯中的样品质量之间的偏差不大于 0.4 mg，若偏差大则需要继续实验，需保证有两组达到要求的数据。

表 3.3 称量练习记录格式示例

	1	2
移出样品 质量/g		
小烧杯+移入样品 质量/g 空小烧杯 质量/g 小烧杯中样品 质量/g		
偏差/mg		

(5) 天平称量后的检查,检查内容主要包括:

① 天平秤盘上是否有物体;

② 天平秤盘是否干净;

③ 天平是否关闭;

④ 凳子是否归位。

说明

(1) 实验前必须认真预习书中第三部分 3.2.4 和 3.2.5 节。

(2) 天平出现异常,应及时报告教师,不要擅自进行处理。

(3) 本实验所用的 NaCl 粉末样品可以循环使用。

思考题

(1) 电子分析天平在使用中有哪些需要注意的事项?

(2) 所使用的分析天平的感量是多少? 称量数据小数点后有几位?

3.4 滴定分析实验常用仪器清单

学生进行滴定分析实验时，其实验柜中会配备一套常用的玻璃仪器（见表 3.4），学期开始和结束时由学生进行清点。每次实验结束时，需清洗干净并按照要求摆放。

表 3.4　滴定分析实验常用仪器清单

名称	规格	数量	名称	规格	数量
烧杯	500 mL 或 400 mL	2 个	量筒	100 mL	1 个
	250 mL	2 个		10 mL	1 个
	100 mL 或 150 mL	1 个	试剂瓶	500 mL	2 个（其中一个为棕色）
容量瓶	250 mL	1 个	玻璃表面皿	$\phi7/\phi9$	1 片/2 片
	100 mL	1 个	滴管		1 支
锥形瓶	250 mL	3 个	玻璃棒		3 根

3.5 滴定分析中的主要量器

吸量管、容量瓶、滴定管等是化学分析实验中测量溶液体积的常用量器，它们的正确使用是化学分析实验的基本操作要求。

3.5.1 吸量管

1. 移液管——单标线吸量管

单标线吸量管是用于准确移取一定体积溶液的量出式玻璃量器，习惯称为移液管。它的中间有一膨大部分（见图 3.8），管颈上部刻有一标线，此标线的位置是由放出溶液的体积所决定的。

移液管的容量单位为毫升，其容量定义为：在 20 ℃时洁净的移液管充入纯水至标线以上几毫米，用吸水纸吸去黏附于流液口外面的液滴，在移液管竖直状态下调节液面至标线，即弯液面的最低点与标线的上边缘水平相切，即调到了零点。然后将管内纯水排入另一倾斜 30°～45°的容器中，当液面降至流液口处静止后再等待 15 s，这样所流出的纯水体积即为该移液管的容量。常用的移液管有 1 mL、2 mL、5 mL、10 mL、25 mL、50 mL 等规格，移液管产品按其容量精度分为 A 级和 B 级。

移液管的使用方法：

（1）移液管的洗涤　使用前，移液管放入超声波清洗机中清洗或用铬酸洗液洗净，使其内壁及下端的外壁均不挂水珠。用铬酸洗液清洗方法如下：用右手的拇指和中指拿住移液管标线以上的部分，无名指和小指辅助拿住移液管，将管尖伸入洗液瓶中，然后左手持洗耳球，将食指或拇指放在洗耳球的上方，其余手指自然握住洗耳球，排除洗耳球中的空气后紧按在移液管口上（见图 3.9），吸取洗液至移液管膨大部分的 1/4 处，移开洗耳球立即用右手的食指按住管口并移出，将移液管横过来，用两手的拇指及食指分别捏住移液管的两端，转动移液管并使洗液浸润全管内壁，当洗液流至距上管口 2～3 cm 时，将管直立，使洗液由尖嘴流回原瓶。随后用自来水充分冲洗（含残留铬酸的废液应回收至专门的废液桶），再用纯水淋洗移液管内外三次，最后用吸水纸将流液口处残留的水去掉。

（2）移液管的润洗　移取溶液之前，应先用待移取的溶液润洗 3 次。方法同上述的铬酸洗涤操作，应注意的是，吸入溶液至移液管膨大部分的 1/4 处时立即用右手食指按住管口，尽量勿使溶液流回，以免稀释溶液。润洗之后，溶液由尖嘴处放出弃去。

（3）用移液管从容量瓶中移取溶液　将移液管竖直插入容量瓶内液面以下 1～2 cm 的深度，不要插入太深，以免外壁附着溶液过多，也不要插入太浅，以免液面下降时造成吸空。吸液时，移液管应随容量瓶中液面的下降而下降，当管中液面上升至标线以上时，迅速用右手食指按住管口，用吸水纸擦去管尖外壁的溶液，左手拿容量瓶，并使其倾斜约 30°，将移液管的流液口靠着容量瓶颈的内壁，稍松食指，使液面缓慢下降，直到调定零点。按紧食指使溶液不再流出，将移液管移入准备接受溶液的容器中，仍使其流液口接触倾斜的器壁，松开食指使溶液自由地沿壁流下（见图3.10），待下降的液面静止后，等待15 s，然后移去移液管。

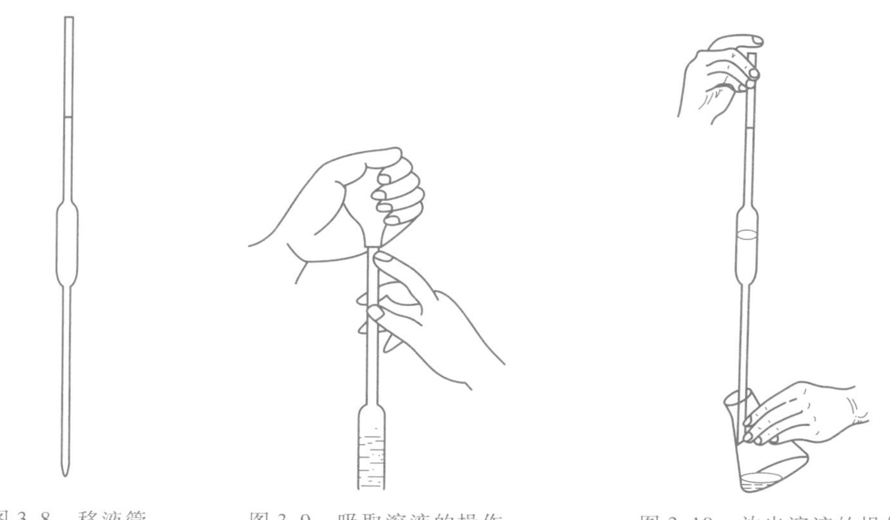

图3.8　移液管　　图3.9　吸取溶液的操作　　图3.10　放出溶液的操作

在调整零点和放出溶液过程中，移液管应始终保持竖直，其流液口要接触倾斜的器壁（不可接触下面的溶液）并保持不动。等待15 s后，流液口内残留的一点溶液绝对不可用外力将其吹出。

（4）移液管用完后应放在管架上，不要随便放在实验台上，尤其要防止管颈下端被沾污。实验结束后，立即用自来水、纯水冲洗干净，保存起来。

2. 吸量管

吸量管的全称是“分度吸量管”，它是带有分度线的量出式玻璃量器（见图3.11）。吸量管容量的精度级别分为A级和B级，产品大致分为四类，包括两类零位均在上的规定等待时间15 s的吸量管［图3.11(a)］和不完全流出式吸量管［图3.11(b)］及两类零点在上［图3.11(a)］和零点在下［图3.11(c)］两种形式的完全流出式吸量管和吹出式吸量管。

其中规定等待时间15 s的吸量管其容量精度均为A级，且在吸量管上标有“15 s”，完全流出式，它的任意一分度线的容量定义为：在20 ℃时，从零线排放到该分度线所流出20 ℃水的体积（mL）。当液面降至该分度线以上几毫米时，应按紧管口停止排液15 s，再将液面调到该分度线。在量取吸量管的全容量溶液时，排液过程中水流不应受到限制，液面降至流液口处静止时，等待15 s，再从受液容器中移走吸量管。不完全流出式吸量管的精度级别分为A级和B级，最低分度线为标称容量，此类吸量管的任一分度线相应的容量定义为：20 ℃时，从零线排放到该分度线所流出的20 ℃水的体积（mL）。

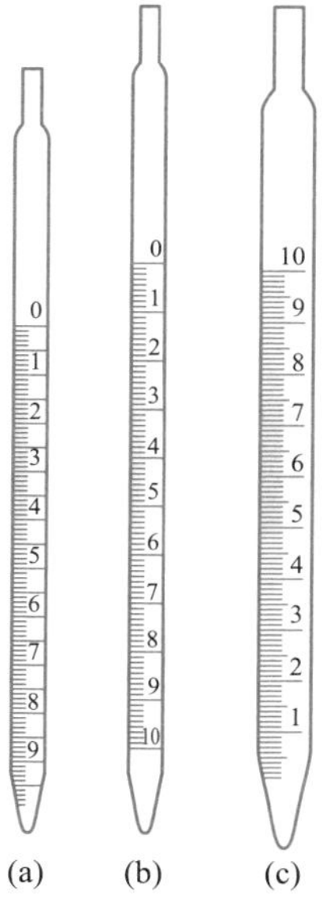

图3-11　分度吸量管

完全流出式吸量管的任一分度线相应的容量定义为:20 ℃时,从分度线排放到流液口时所流出的 20 ℃水的体积(mL)。吹出式吸量管的容量精度不分级,实际上相当于 B 级,流速较快且不规定等待时间,均为完全流出式,其任一分度线相应的容量定义为:20 ℃时,从该分度线排放到流液口(零点在下)所流出的或从零线排放到该分度线(零点在上)所流出的 20 ℃水的体积(mL)。当液面降至流液口静止后随即将最后一滴残留液用洗耳球一次吹出。

此外,还有一种标有“快”字的吸量管,其容量精度与吹出式吸量管相似。吹出式及快流速吸量管的精度低、流速快,适于在仪器分析实验中加试剂用,最好不用其移取标准溶液。

吸量管的使用方法与移液管大致相同,需说明的是由于吸量管的容量精度低于移液管,所以在移取 2 mL 以上固定量溶液时,应尽可能使用移液管。此外,如果对实验的准确度要求很高,应经过容量校准后再使用,同时尽量不使用吸量管的全容量,以避免由吹出与不吹出可能带来的影响。

3.5.2 容量瓶

容量瓶是细颈梨形平底玻璃瓶,由无色或棕色玻璃制成,带有磨口玻璃塞或塑料塞,颈上有一标线。容量瓶均为量入式,其容量精度分为 A 级和 B 级。

容量瓶的容量定义为:在 20 ℃时,充满至标线所容纳水的体积,以毫升计。通常采用下述方法调定弯液面:调节液面使弯液面的最低点与标线的上边缘水平相切,视线应在同一水平面上。容量瓶主要用于配制准确浓度的溶液或定量稀释溶液。它常和移液管配套使用,可把配成溶液的某种物质分成若干等份。正确使用容量瓶的方法如下:

1. 容量瓶的检查

(1) 瓶口是否漏水　加水至刻度线,盖上瓶塞颠倒 10 次,每次在倒置状态停留 10 s,用吸水纸检查瓶口,不应有水渗出,将瓶塞旋转 180°再检查一次。当使用玻璃塞时为防止瓶塞摔碎或与其他瓶塞搞混,应用塑料绳将瓶塞和瓶颈上端拴在一起。若使用平顶的塑料塞,可将塞子倒置在桌面上放置。

(2) 标线位置距离瓶口是否太近,因不便于混匀溶液,不宜使用。

2. 容量瓶的洗涤

洁净的容量瓶要求倒出水后,内壁不挂水珠。可放入超声波清洗器中清洗或用合成洗涤剂、铬酸洗液浸洗。用铬酸洗液时,容量瓶应尽量干燥,倒入 10 ~ 20 mL 洗液,转动容量瓶使洗液布满整个内壁,放置数分钟后将洗液倒回原瓶。再依次用自来水和纯水洗净。

3. 溶液的配制

用基准试剂或被测样品配制溶液时,应先在小烧杯中将固体物质完全溶解后再转移至容量瓶中。转移时要使溶液沿玻璃棒流入瓶中,其操作方法如图 3.12(a)所示。烧杯中的溶液倒尽后,烧杯不要直接离开玻璃棒,而应在烧杯扶正的同时使杯嘴沿玻璃棒上提 1 ~ 2 cm,随后烧杯即离开玻璃棒,这样可避免杯嘴与玻璃棒之间的一滴溶液流到烧杯外面。将玻璃棒放入烧杯时应注意,玻璃棒不能靠在杯嘴位置,而应靠在杯嘴对面。然后用少量水

(或其他溶剂)冲洗烧杯 4 ~5 次,每次用洗瓶或滴管冲洗杯壁和玻璃棒后按同样方法转移入瓶中。当溶液达 2/3 容量时,应将容量瓶沿水平方向轻轻摇动几周以使溶液初步混匀。再加水至标线以下约 1 cm 处,等待 1 ~2 min,最后用滴管从标线以上 1 cm 以内的一点沿颈壁缓缓加水直至弯液面最低点与标线上边缘水平相切,随即盖紧瓶塞一手拿住瓶颈上部,其中食指压住瓶塞,另一手的大、中、食三个手指托住瓶底[图 3.12(b)],将容量瓶颠倒 15 次以上,每次颠倒时都应使瓶内的气泡升到顶部,倒置时还应水平摇动几周[图 3.12(c)],如此重复操作,可使瓶内溶液充分混匀。注意,托瓶的手应尽量减少与瓶身的接触面积,以避免体温对溶液温度的影响。100 mL 以下的容量瓶,可不用手托瓶。

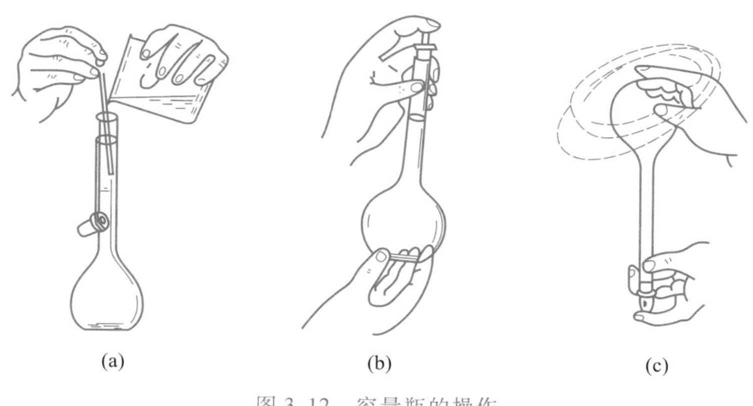

图 3.12 容量瓶的操作

对容量瓶材料有腐蚀作用的溶液,尤其是碱性溶液,不能在容量瓶中久存,配好后应转移至其他干燥的容器中密闭保存。

实验12 移液管的校准

目的

1. 了解移液管校准的意义、原理和方法。
2. 掌握移液管的绝对校准及移液管和容量瓶间相对校准的操作。

原理

目前我国生产的量器,其准确度可以满足一般实验室工作的要求,无须校准,但在要求较高的分析工作中则必须对所用量器进行校准。

量器的校准在实际工作中通常采用绝对校准和相对校准两种方法。绝对校准法的原理是称量被校准的量器中量入或量出纯水的质量,再根据当时水温下水的表观密度计算出该量器在 20 ℃时的实际容量。由质量换算成容积时,应考虑水的密度随温度的变化、温度对玻璃量器胀缩的影响、空气浮力的影响等。如果对校准的精确度要求很高,并且温度超出

(20±5)℃、大气压力及湿度变化较大，则应根据实测的空气压力、温度求出空气密度，利用下式计算实际容量：

$$V_{20}=(I_L-I_E)\times[1/(\rho_W-\rho_A)]\times(1-\rho_A/\rho_B)\times[1-\gamma(t-20)]$$

式中，I_L—盛水容器的天平读数，g；I_E—空容器的天平读数，g；ρ_W—温度 t 时纯水的密度，g · mL^{-1}；ρ_A—空气密度，g · mL^{-1}；ρ_B—砝码密度，g · mL^{-1}；γ—量器材料的体热膨胀系数，$℃^{-1}$；t—校准时所用纯水的温度，℃。

温度变化对玻璃体积的影响很小，一般都可忽略。为了统一基准，国际标准和我国标准都规定以 20 ℃为标准温度。液体的体积受温度的影响较大，水的热膨胀系数比玻璃大 10 倍左右，所以，在校准和使用量器时必须注意温度对液体密度或浓度的影响。

相对校准法是相对比较两容器所盛液体体积的比例关系。在实际的分析工作中，容量瓶与移液管常常配套使用，如将一定量的物质溶解后在容量瓶中定容，用移液管取出一部分进行定量分析。因此，重要的不是要知道所用容量瓶和移液管的绝对体积，而是容量瓶与移液管的容积比是否正确，如 250 mL 容量瓶的体积是否是 25.00 mL 移液管体积的 10 倍。此校准方法简单，在实际工作中被广泛使用，但只有在这两件仪器配套使用时才有意义。

校准是技术性很强的工作，校准不当产生的误差可能超过量器本身固有的误差。因此，校准时必须正确地进行操作，校准次数不可少于两次，两次校准数据的偏差应不超过该量器容量允差的 1/4，并以其平均值为校准结果，尽量减小校准误差。

量器校准时实验室应具备以下条件：室温最好控制在(20±5)℃，而且温度变化幅度不超过 1 ℃ · h^{-1}；用新制备的纯水，校准前，量器和纯水应在该室温下达到温度平衡；室内光线要均匀，墙壁最好是单一的浅色调；具有足够承载范围和称量空间的分析天平，其分度值应小于被校准量器容量允差的 1/10；用分度值为 0.1 ℃的温度计和洁净的具塞锥形瓶。量入式量器校准前要进行干燥，干燥后再放到天平室平衡。

仪器

具塞磨口锥形瓶(50 mL)：2 个，洁净、干燥

温度计：分度值 0.1 ℃

电子分析天平：梅特勒-托利多 ML104T/02 型

步骤

1. 移液管(单标线吸量管)的校准

取一个 50 mL 具塞磨口锥形瓶，在电子分析天平上准确称量并记录。用一支洁净的 25.00 mL 移液管按照移液管的规范操作吸取去离子水 25.00 mL，移入具塞磨口锥形瓶中，放完液后立即盖上瓶塞，在电子分析天平上准确称量，两次称量之差即为纯水的质量 m_t。另取一个 50 mL 具塞磨口锥形瓶，重复操作一次。两次释出纯水的质量之差应小于 0.01 g。将温度计插入水中 5～10 min，测量水温读数时不可将温度计的下端提出水面。从附录 5 中查出该温度下纯水的表观密度 ρ_t，并利用下式计算出移液管在 20 ℃下的实际容量：

$$V_{20}=m_t/\rho_t$$

2. 移液管与容量瓶的相对校准

将 250 mL 容量瓶洗净、晾干，用 25.00 mL 移液管准确吸取纯水 10 次至容量瓶中，操作时注意移液管流液口不要沾湿容量瓶磨口部分，观察容量瓶中水的弯月面的最低点是否恰好与标线的上边缘相切。若不相切（间距超过 1 mm），记下弯月面下缘的位置，待容量瓶晾干后再校准一次。连续两次实验相符后，可用一平直胶带重新做标记，胶带上沿与弯月面最低点相切，以后每次实验即可按所贴标线，容量瓶与移液管配套使用。

说明

（1）操作技术和仪器的洁净度是校准成败的关键。如果操作不够正确、规范，其校准结果不宜在以后的实验中使用。

（2）仪器的校准应连续、迅速地完成，以避免温度波动和水的蒸发所引起的误差。

思考题

本次实验，为什么可以使用感量为 1 mg 的电子分析天平？

3.5.3 滴定管

滴定管是可准确放出液体（不固定量）的量出式玻璃量器，主要用于滴定体积的测量。它的主要部分管身用细长且内径均匀的玻璃管制成，上面刻有均匀的分度线，线宽不超过 0.3 mm。下端的流液口为一尖嘴，中间通过玻璃旋塞、聚四氟乙烯旋塞或乳胶管连接以控制滴定速度。

滴定管的容量精度分为 A 级和 B 级。通常以喷、印的方法在滴定管管口部分制出制造厂商标、标准温度（20 ℃）、量出式符号（Ex）、精度级别（A 或 B）、标称总容量（mL）等清晰易见的耐久性标志。

滴定管有普通的具塞和无塞滴定管、自动定零位滴定管（三通旋塞、侧边三通旋塞、侧边旋塞）等几种类型。滴定管的总容量最小的为 1 mL，最大的为 100 mL，常用的是 10 mL、25 mL、50 mL 容量的滴定管，其中 50 mL 滴定管的容量允差 A 级和 B 级分别为±0.05 mL 和±0.10 mL，容量允差表示零到任意一点或任意两检定点之间的允差。

自动定零位滴定管（见图 3.13）是将储液瓶与具塞滴定管通过磨口塞连接在一起的滴定装置，加液方便、自动调零点，适用于常规分析中的经常性滴定操作，但这种滴定管结构比较复杂、清洗和更换溶液比较烦琐，价格也较贵，因此使用并不普遍，在教学和科研中广泛使用的是普通滴定管。长久以来，普通滴定管分为两类，一类为具玻璃塞普通滴定管[见图 3.14(a)]，由于碱性溶液腐蚀磨口和旋塞，故它不能长时间盛放碱性溶液，因此习惯称为酸式滴定管；另一类为无塞普通滴定管[见图 3.14(b)]，由于它可盛碱性及无氧化性的溶液，故通常称为碱式滴定管。其管身与下端的细管（流液口）之间用乳胶管连接，胶管内放一粒玻璃珠，用手指捏玻璃珠周围的橡胶时会形成一条狭缝，溶液即可流出，并可控制流速。碱式滴定管不宜盛放对乳胶管有腐蚀作用的溶液，如 $KMnO_4$、I_2、$AgNO_3$ 等溶液。近年来，玻璃塞被聚四氟乙烯塞替代，使得原有的两类普通滴定管合二为一，成为酸碱通用型的具聚四氟乙烯塞滴定管。下面将以具聚四氟乙烯塞的滴定管为例，介绍滴定管的使用方法及滴定操作。

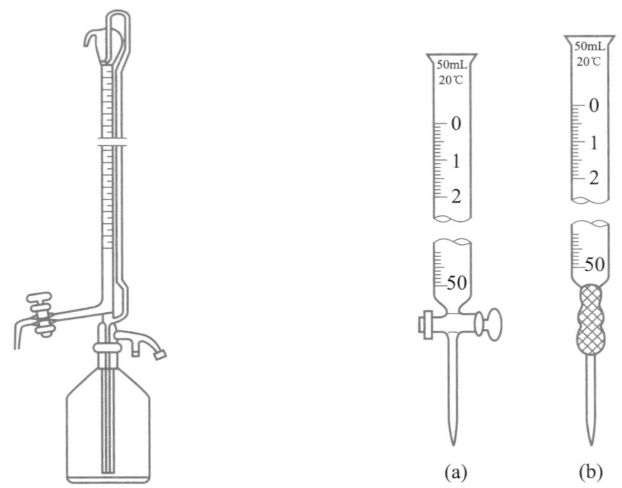

图 3.13　侧边旋塞自动定零位滴定管　　图 3.14　酸式滴定管和碱式滴定管

新的滴定管首先检查外观和密合性，管中充水至最高标线，竖直固定在滴定台上，20 min 后漏水不应超过 1 个分度（50 mL 滴定管的分度值为 0.1 mL）。

1. 滴定管的洗涤

根据滴定管的干净程度，可采用自来水冲洗、放入盛有实验室专用洗涤剂的超声波清洗机中超声洗涤、铬酸洗液洗涤。采用超声清洗后，先用自来水冲洗至无洗涤剂泡沫，再用去离子水润洗三次，每次用水约 10 mL，然后双手拿住滴定管两端无刻度部位，转动滴定管使溶液流遍其内壁，再将溶液先后从流液口和上口放出弃去。若用铬酸洗液洗涤，则首先是将铬酸洗液加入滴定管至液面接近管口后夹在滴定台上，浸泡约 5 min 后将洗液倒回原装瓶中，之后用少量自来水洗涤滴定管至铬酸洗液的黄色溶液为无色，因铬对环境有污染，故废弃的洗涤液回收后需倒入专门的废液桶，最后再用去离子水润洗滴定管三次。洗净的滴定管倒夹在滴定台上备用，滴定管洗净的标准为管内壁没有水滴。

2. 滴定管的润洗

为了不改变滴定剂（即标准溶液或待标定溶液）的浓度，装入滴定剂前应先用摇匀的滴定剂润洗滴定管 2 ~3 次，每次向滴定管中加入 10 mL 左右的滴定剂，然后双手拿住滴定管两端无刻度部位，转动滴定管使溶液流遍其内壁，再将溶液先后从流液口和上口放出弃去。

3. 滴定剂的装入

滴定管润洗之后，随即装入滴定剂，左手拿住滴定管上端无刻度部位，右手拿盛溶液的细口试剂瓶，将溶液直接加入滴定管中，直至充满零刻度以上，禁止借助漏斗、烧杯、滴管等加溶液。

4. 排除滴定管下端的气泡

左手握住旋塞，迅速打开旋塞，同时观察旋塞以下的细管中的气泡是否全部被溶液冲出，排除气泡后随即关闭旋塞。

5. 零点的调定和读数方法

装入溶液至滴定管零线以上几毫米，夹在滴定台上等待30 s后即可调节零点。调节零点和读数时应注意以下几点：

① 滴定管要竖直，操作者的视线与零线或弯液面（滴定读数时）在同一水平。A 级滴定管的零位线和每一毫升的刻线均为环线，这样调零时如果视线呈水平，即可观察到零线前后重合。由于水的附着力和内聚力的作用，滴定管内的液面呈弯月形，无色和浅色溶液的弯液面比较清晰，此时缓慢放出溶液至弯液面最低点与零线的上边缘水平相切，即调定零点，注意，调零或读数时如果眼睛的位置偏高或偏低，会使读数偏低或偏高（见图 3.15）。对于深色溶液（如 $KMnO_4$、I_2 等）其弯液面不够清晰，视线应观察与液面两侧的最高点相切（见图 3.16），这样才易读准，在光线较暗处读数时可用白纸卡片作后衬。

② 为了使弯液面下边缘更易观察，调零和读数时可在液面后方衬一读数卡，该卡是在厚白纸上涂黑一长方形（见图 3.17）约 3 cm×1.5 cm，使用时将读数卡紧贴于滴定管后面，并使黑色的上边缘位于弯液面最低点约 1 mm 处。注意：调零和读数时的条件要一致，因为对同一液面读数时，直接读和衬卡读所得结果是有差别的。

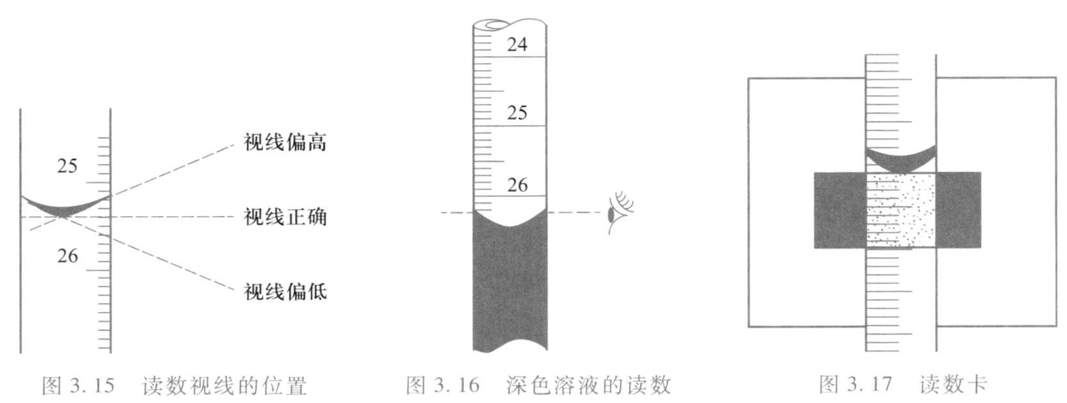

图 3.15 读数视线的位置　　图 3.16 深色溶液的读数　　图 3.17 读数卡

③ 滴定管的最小刻度为 0.1 mL，读数时必须读至小数点后第二位，即要求估读到0.01 mL。一般可以这样估读：当液面在两个刻度中间时，即为 0.05 mL；当液面在两个刻度的 1/3 处时，即为 0.03 mL 或 0.07 mL；当液面在两个刻度的 1/5 处时，即为 0.02 mL 或 0.08 mL 等。

6. 滴定操作

（1）滴定姿态　应坐着进行滴定，调节滴定管的高度使胳膊肘支撑在桌面上。酸式滴定管的握塞方式及滴定操作如图 3.18 所示，左手无名指及小指弯曲并位于管的左侧，其他三个手指指尖接触旋塞柄控制旋塞，手心内凹。

滴定操作一般在锥形瓶中进行。在锥形瓶中进行滴定时，用右手的拇指、食指和中指拿住锥形瓶，其余两指辅助在下侧，使瓶底离滴定台高 2 ~ 3 cm，滴定管下端伸入瓶口内约1 cm。右手摇动锥形瓶，使溶液沿一个方向旋转，边摇边滴，使滴下去的溶液尽快混匀。滴定过程中左手不要离开旋塞而任溶液自流。

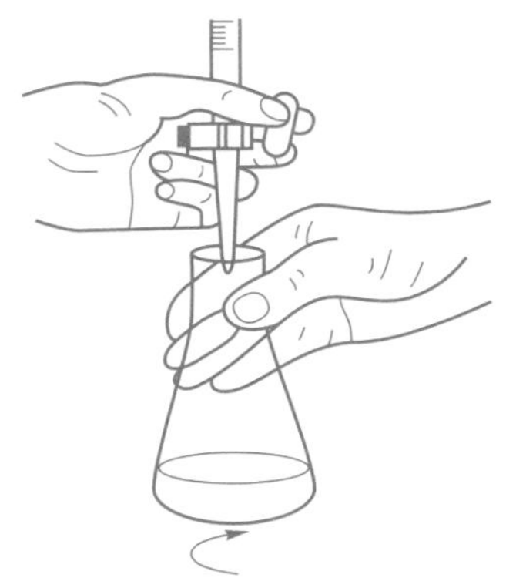

图 3.18　酸式滴定管的操作

（2）滴定速度　由于液体在玻璃管壁上有黏滞作用，滴定剂从滴定管中流出速度的快慢，直接影响管壁上所附溶液量的不同，由此引起的滴定剂体积的读数误差被称为滴沥误差。为了减小滴沥误差，滴定速度不要太快，一般情况下以每分钟 10 mL 左右为宜，即每秒3 ~ 4 滴，不能滴成“水线”。此外，滴定速度的选取还必须考量滴定本身所涉及化学反应的快慢。通常滴定开始时可快些，接近终点时（滴定剂落下后指示剂褪色变慢）速度要放慢，加一滴溶液摇几秒钟，最后还要加 1 次或几次半滴溶液直至终点。加半滴溶液的方法：微微转动旋塞使溶液在流液口形成液滴悬而不落，然后用锥形瓶内壁将半滴溶液沾落，再用洗瓶将附于瓶壁上的溶液冲下去，继续摇动，观察溶液颜色变化。当通过加入半滴或 1 滴溶液而使颜色发生明显变化，呈现终点时应有的颜色并保持半分钟不消失时即为滴定终点。注意，半滴溶液靠入锥形瓶后，用水冲洗的次数不要太多、用水量应尽量地少，以免导致溶液被过分稀释，终点时变色不敏锐。可以将锥形瓶倾斜，用瓶中的溶液将附于瓶壁上的半滴溶液涮下去。滴定台上应放一块白瓷板，这样便于观察滴定过程中的颜色变化。

（3）滴定碘量瓶中溶液　溴酸钾法、碘量法等需要在碘量瓶中进行反应和滴定。碘量瓶是带有磨口玻璃塞和水槽的锥形瓶（见图 3.19），喇叭形瓶口与瓶塞柄之间形成一圈水槽，槽中加纯水可形成水封，防止瓶中溶液反应生成的气体（Br_2、I_2）逸失。反应一定时间后，打开瓶塞，水即流下并可冲洗瓶塞和瓶壁，接着进行滴定。

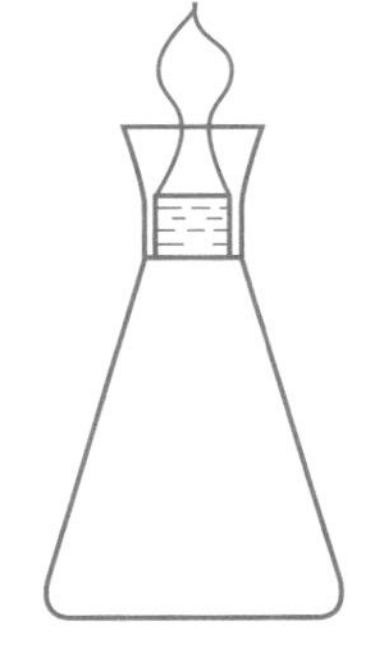

图 3.19　碘量瓶

（4）滴定操作还应注意：

① 平行测定时每次滴定都应从 0.00 mL 开始，这样可以减少误差；

② 滴定时，应仔细观察锥形瓶等容器中，滴定剂滴落点周围颜色的变化，而不是看滴定管上的刻度变化。

7. 滴定结束后滴定管的处理

滴定完毕应将管中的溶液倒掉，用水洗净后倒夹在滴定台上备用。

3.5.4 瓶口分液器

瓶口分液器，又称瓶口分配器、瓶口移液器，是准确量取液体药品的仪器。瓶口分液器通过螺口瓶口转接头固定于试剂瓶上，闭合紧密稳固，使溶液的移取过程处于一个封闭系统中，避免了溶液的挥发、飞溅、翻倒，降低了对环境和使用人的危害，相比量筒式完全开放的移液过程安全很多。这里，以德国 Brand 瓶口分液器为例，简单介绍瓶口分液器的性能、使用方法和注意事项。

1. 性能

Brand 瓶口分液器是通过上下移动旋塞，将预设量的液体从试剂瓶中取出的移液设备。因为不再有设定凹液面与遵循等待时间的需要，使得利用瓶口分液器能够更加简单、快速而又精确地移取液体；不仅如此，瓶口分液器与液体接触的部件采用硼硅酸盐玻璃、氧化铝陶瓷、铂铱合金/钽、ETFE、FEP、PFA、PTFE 及 PP 高度耐腐蚀的材料制成，因此为移取强酸、强碱和有机溶剂提供了可靠的安全保障。

Brand 瓶口分液器主要分为三种：可以移取大部分试剂的基础型[红色，图 3.20(a)]、用于移取有机类试剂的有机型[黄色，图 3.20(b)]、氢氟酸专用型。前两种瓶口分液器的使用范围见图 3.20(c)。

基础型（红色标识）适用于从瓶中直接移取腐蚀性试剂，如浓碱和浓酸：NaOH、H_3PO_4、H_2SO_4（HCl、HNO_3、HF 等特殊试剂除外），还可移取盐溶液及各种有机溶剂。有机型（黄色标识）适用于移取有机试剂，如三氟三氯乙烷、二氯甲烷等氯化烃；还能移取浓盐酸、浓硝酸，以及三氟乙酸（TFA）、四氢呋喃（THF）和过氧化物。

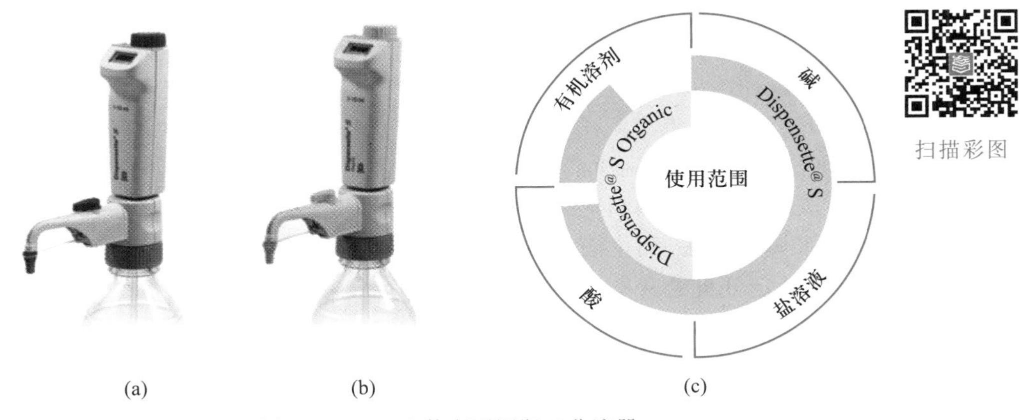

图 3.20　Brand 数字可调瓶口分液器

2. 使用方法

（1）将回流管、伸缩式吸液管插入瓶口分液器的相应位置，选择与试剂瓶适配的瓶口转接头，即可将瓶口分液器安装于试剂瓶上。

（2）调好所需移取试剂的体积，打开排液管前端铰链式旋盖，提起活塞，然后按压下去，重复该步骤 1～2 次，将排液管中的气泡全部排出，即可移取所需体积的试液了。

（3）将活塞稳定地提起至设定体积的高度，然后稳定地按压至底部，这样就完成了一次分液过程。

3. 注意事项

（1）上下移动活塞时，用力要适中，使活塞运动平稳而匀速，避免因活塞移动过快，吸入空气。

（2）接受移出试剂的容器，应与排液管口接触，让试剂沿容器壁流下，避免发生飞溅。

（3）试剂移取结束，应马上将排液管的旋盖盖好，保证试剂瓶中的试剂在一个封闭环境中。

（4） 当旋盖盖在排液管上时，不要移动活塞。

（5） 瓶口分液器使用完毕后，需由专业人员进行清洗、收纳。

实验13 滴定分析基本操作练习

目的

1. 学习和掌握滴定分析常用仪器的洗涤方法。
2. 练习滴定分析的基本操作和正确地读数及终点判断。

原理

滴定分析是定量分析化学中最常用的方法，它是将一种已知准确浓度的标准溶液滴加到被测样品的溶液中，直到化学反应完全为止，然后根据所消耗标准溶液的体积和浓度，求得样品中被测物质含量的一种分析方法。在进行滴定分析时，一方面需要配制已知准确浓度的标准溶液，另一方面则要准确测量滴定所消耗标准溶液的体积。因此熟练掌握滴定分析中常用仪器的正确使用方法以及准确判断滴定终点的方法与技术，是进行滴定分析的重要基础。

滴定分析包括酸碱滴定法、配位滴定法、氧化还原滴定法及沉淀滴定法，本实验以酸碱滴定法为例，来练习滴定分析的基本操作。

一定浓度的 HCl 溶液和 NaOH 溶液相互滴定时所消耗的体积之比 $V_{(\mathrm{HCl})}/V_{(\mathrm{NaOH})}$ 应是一定的，在指示剂一定的情况下，改变被滴定液的体积，终点时所消耗滴定剂的体积也将发生改变，但二者之间的体积之比应基本不变。此外，当使用不同指示剂时，一定浓度的 HCl 溶液和 NaOH 溶液相互滴定时所消耗的体积之比将产生稍许差异。通过以上实验，一方面可以检验滴定操作技术及判断终点的能力，另一方面亦可以说明指示剂的选取对酸碱滴定结果的影响。

甲基橙（简写为 MO）的 pH 变色区域为 3.1（红）—4.0（橙）—4.4（黄），用 HCl 溶液滴定碱溶液时，终点颜色变化由黄到橙；酚酞（简写为 PP）的 pH 变色区域是 8.0（无色）—9.6（红），用 NaOH 溶液滴定酸溶液时，终点颜色变化由无色到浅红色。通过反复练习要求达到能控制加入半滴液观察到终点颜色改变，滴定分析中所用的指示剂绝大多数是可逆的，也便于初学者练习终点的判断。

试剂

NaOH 饱和溶液：50%（~19 $\mathrm{mol \cdot L^{-1}}$）

HCl 溶液：6 $\mathrm{mol \cdot L^{-1}}$

酚酞（PP）指示剂：0.1% 乙醇溶液

甲基橙（MO）指示剂：0.1% 水溶液

步骤

（1）0.1 mol · L^{-1} NaOH 溶液的配制　将配制 0.1 mol · L^{-1} NaOH 溶液所需的 NaOH 饱和溶液从瓶口分液器中加入已盛有 200 mL 去离子水的 400～500 mL 烧杯中，再加去离子水稀释至 300 mL，搅拌均匀，置于试剂瓶中，贴上标签。

（2）0.1 mol · L^{-1} HCl 溶液的配制　将配制 0.1 mol · L^{-1} HCl 溶液所需的 6 mol · L^{-1} HCl 溶液从瓶口分液器中加入已盛有 200 mL 去离子水的 400～500 mL 烧杯中，再加去离子水稀释至 300 mL，搅拌均匀，置于试剂瓶中，贴上标签。

（3）用 0.1 mol · L^{-1} HCl 溶液滴定 0.1 mol · L^{-1} NaOH 溶液　从酸碱通用型滴定管中以10 mL · min^{-1}的速度准确放出 20.00 mL 0.1 mol · L^{-1} NaOH 溶液于锥形瓶中，加入 2～3 滴甲基橙指示剂，用 0.1 mol · L^{-1} HCl 溶液滴定至溶液由黄色变为橙色即为终点，记录所消耗 HCl 溶液的体积（读准至 0.01 mL）。从滴定管中向在此锥形瓶中继续添加 2.00 mL 0.1 mol · L^{-1}NaOH 溶液，再继续用 0.1 mol · L^{-1} HCl 溶液滴定至橙色，记录滴定终点读数。如此连续滴定五次，得到五组数据，均为累计体积。计算每次滴定的体积比（$V_{(HCl)}/V_{(NaOH)}$），要求五次测定结果中至少有三次测定结果的相对平均偏差≤2‰。

（4）用 0.1 mol · L^{-1} NaOH 溶液滴定 0.1 mol · L^{-1} HCl 溶液　从酸碱通用型滴定管中以10 mL · min^{-1}的速度准确放出 20.00 mL 0.1 mol · L^{-1} HCl 溶液于锥形瓶中，加入 2～3 滴酚酞指示剂，用 0.1 mol · L^{-1} NaOH 溶液滴定至溶液刚刚出现浅粉红色，30 s 之内不褪色即为终点，记录所消耗 0.1 mol · L^{-1} NaOH 溶液的体积（读准至 0.01 mL）。从滴定管中向在此锥形瓶中继续添加 2.00 mL 0.1 mol · L^{-1} HCl 溶液，再继续用 0.1 mol · L^{-1} NaOH 溶液滴定至 30 s 之内不褪色的浅粉红色，记录滴定终点读数。如此连续滴定五次，得到五组数据，均为累计体积。计算每次滴定的体积比（$V_{(HCl)}/V_{(NaOH)}$），要求五次测定结果中至少有三次测定结果的相对平均偏差应≤2‰。

（5）按照表 3.5 和表 3.6 的格式记录及整理实验数据。

表 3.5　用 0.1 mol · L^{-1} HCl 溶液滴定 0.1 mol · L^{-1} NaOH 溶液（指示剂：MO）

项目	1	2	3	4	5
$V_{(HCl)}$/mL					
$V_{(NaOH)}$/mL					
$V_{(HCl)}/V_{(NaOH)}$					
$V_{(HCl)}/V_{(NaOH)}$ 平均值 $\bar{V}$					
相对平均偏差/%					

表 3.6　用 0.1 mol · L^{-1} NaOH 溶液滴定 0.1 mol · L^{-1} HCl 溶液（指示剂：PP）

项目	1	2	3	4	5
$V_{(HCl)}$/mL					
$V_{(NaOH)}$/mL					
$V_{(HCl)}/V_{(NaOH)}$					
$V_{(HCl)}/V_{(NaOH)}$ 平均值 $\bar{V}$					
相对平均偏差/%					

危险化学品安全信息

表 3.7　本实验中涉及的危险化学品安全信息

危险化学品	安全信息	
HCl 盐酸(氯化氢) hydrogen chloride CAS:7647-01-0	危险化学品标识: T:有毒性物质 危险类别码: R34:会导致灼伤 R37:刺激呼吸道	安全说明: S26:万一接触眼睛,立即使用大量清水冲洗并送医诊治 S45:出现意外或者感到不适,立刻到医生那里寻求帮助(最好带去产品容器标签)
NaOH 氢氧化钠(苛性钠/烧碱) sodium hydroxide CAS:1310-73-2	危险化学品标识: C:腐蚀性物质 危险类别码: R35:会导致严重灼伤	安全说明: S24/25:防止皮肤和眼睛接触 S37/39:使用合适的手套和防护眼镜或者面罩 S45:出现意外或者感到不适,立刻到医生那里寻求帮助(最好带去产品容器标签)

思考题

(1) 滴定管和移液管应如何洗涤才能盛装或移取溶液? 锥形瓶是否要干燥?

(2) 酸溶液滴定碱溶液时,理论上可以使用酚酞指示剂,而为什么实际操作中往往不选用它?

(3) 计算体积比为什么要用累计体积而不用每次加入体积?

(4) 浓度均为 0.1 $mol \cdot L^{-1}$的 HCl 溶液与 NaOH 溶液相互滴定的 pH 突跃范围是多少? 如果要求终点误差不超过 0.2%,试问 PP 和 MO 指示剂是否都适用? 本实验中,用两种不同的指示剂滴定,所得到的体积比结果明显不同,原因是什么?

实验14　有机酸摩尔质量的测定

目的

1. 掌握 NaOH 标准溶液的配制及标定方法。
2. 了解通过酸碱滴定法确定未知有机酸试剂的原理和方法。

原理

大多数有机酸都是固体弱酸,它的含量大多采用酸碱滴定法测定。本实验中涉及的有机酸为草酸、酒石酸、柠檬酸,它们均易溶于水,且离解常数 $K_a \geqslant 10^{-7}$,这样即可称取一定量的样品,溶于水后用 NaOH 标准溶液进行滴定。滴定产物为弱碱,滴定突跃在弱碱性范围内,选用酚酞作指示剂,溶液由无色至浅粉红色并在 30 s 内不褪色即为终点。根据 NaOH 标准溶液的浓度、滴定消耗的体积及被滴定有机酸样品的质量,便可计算出有机酸样品的摩尔质量,并以此确定出有机酸样品为草酸、酒石酸、柠檬酸中的哪一种。

NaOH 试剂易吸收空气中的 CO_2 和 H_2O,如果用含有少量 Na_2CO_3 的 NaOH 标准溶液滴定弱酸,选用酚酞作指示剂,则对观察终点颜色变化和滴定结果均会有影响。因此,必须防止引入 CO_3^{2-},通常的做法是将 NaOH 溶液先配制成 50% 饱和溶液(20 ℃时约为 19 mol · L^{-1}),在这种溶液中 Na_2CO_3 的溶解度很小。NaOH 浓溶液经过离心或放置一段时间后,取一定量上清液,用刚煮沸并冷却的纯水稀释至一定体积再进行标定,便可得到不含 Na_2CO_3 的 NaOH 标准溶液。

选用邻苯二甲酸氢钾($KHC_8H_4O_4$,简写为 KHP,$pK_{a2}=5.41$)为基准试剂来标定 NaOH 溶液的浓度,它与 NaOH 按 1 : 1 摩尔比反应。邻苯二甲酸氢钾的纯度高、稳定、不易吸水,而且摩尔质量大(204.22 g · mol^{-1}),可直接称取单份做标定。滴定时选用酚酞作指示剂。

试剂

NaOH 饱和溶液:50%(~19 mol · L^{-1})

邻苯二甲酸氢钾:基准试剂,在 105 ℃干燥 1 h,稍冷后放入干燥器中备用

酚酞指示剂:0.1% 乙醇溶液

有机酸样品:草酸($H_2C_2O_4 \cdot 2H_2O$)　$pK_{a1}=1.23$　$pK_{a2}=4.19$

酒石酸($C_4H_6O_6$)　$pK_{a1}=3.04$　$pK_{a2}=4.37$

柠檬酸($C_6H_8O_7 \cdot H_2O$)　$pK_{a1}=3.15$　$pK_{a2}=4.77$　$pK_{a3}=6.39$

步骤

(1) 0.1 mol · L^{-1} NaOH 溶液的配制　在煮沸并冷却至室温的 300 mL 去离子水中,加入所需的饱和 NaOH 溶液,迅速搅拌均匀,立即倒入细口瓶中,盖好盖子并贴上标签。

(2) 0.1 mol · L^{-1} NaOH 溶液的标定　计算出消耗约 25 mL 0.1 mol · L^{-1} NaOH 溶液所需 KHP 的量,用减量法准确称取三份 KHP,分别置于三个已编号的 250 mL 锥形瓶中,加 50 mL 水使之溶解后,加入 2 ~3 滴酚酞指示剂,用 0.1 mol · L^{-1} NaOH 溶液滴定至浅粉红色,30 s 不褪色即为终点。记下消耗的 NaOH 溶液的体积,平行滴定三次,计算 NaOH 标准溶液的浓度,其相对平均偏差应≤2‰。

(3) 未知有机酸样品的测定:从教师处随机领取一份有机酸样品,准确称量后置于小烧杯中,加适量去离子水溶解后定容于 250 mL 容量瓶中,摇匀。准确移取 25.00 mL 有机酸试

液置于 250 mL 锥形瓶中，加 2 ~3 滴酚酞指示剂，用 0.1 $mol \cdot L^{-1}$ NaOH 标准溶液滴定至终点，记下消耗的 0.1 $mol \cdot L^{-1}$ NaOH 标准溶液的体积。平行滴定三次，极差应≤0.04 mL。计算出有机酸样品的摩尔质量并确定其为何种物质，将实验结果与理论值进行比较。

思考题

（1）已标定好的 0.1 $mol \cdot L^{-1}$ NaOH 标准溶液，若在存放过程中吸收了 CO_2，用它来标定 0.1 $mol \cdot L^{-1}$ HCl 溶液的浓度，分别选用酚酞和甲基橙两种指示剂，试问对测定结果有无影响？并说明理由。

（2）若用草酸基准试剂标定 0.1 $mol \cdot L^{-1}$ NaOH 溶液，能否和 KHP 基准试剂一样分别称取三份进行标定？为什么？

（3）能否在分析天平上准确称取 NaOH 固体直接配制标准溶液？

（4）若干燥邻苯二甲酸氢钾的温度大于 125 ℃，基准物质中有少部分变成了酸酐，再用这样的基准物质标定 NaOH 溶液，则对结果有何影响？

实验15 Na_2CO_3、$NaHCO_3$混合碱液中各组分含量的测定

目的

1. 掌握 HCl 溶液的标定方法。
2. 掌握双指示剂法测定 Na_2CO_3、$NaHCO_3$ 混合碱液中各组分含量的原理及方法。

原理

用硼砂（$Na_2B_4O_7 \cdot 10H_2O$）为基准试剂标定 HCl 溶液，它与 HCl 反应的摩尔比为 1∶2，因硼砂的摩尔质量较大（381.4 $g \cdot mol^{-1}$），可直接称取单份基准物做标定。标定时选用甲基红指示剂。

Na_2CO_3 和 $NaHCO_3$ 是强碱弱酸盐，而 H_2CO_3 的酸性很弱，所以可以用 HCl 标准溶液来滴定。由于 Na_2CO_3 比 $NaHCO_3$ 的碱性强，因此用 HCl 标准溶液滴定 Na_2CO_3 和 $NaHCO_3$ 的混合溶液时，首先发生下式反应：

$$CO_3^{2-}+H^+ \rightarrow HCO_3^-$$

滴定至第一化学计量点时，Na_2CO_3 全部被中和到 $NaHCO_3$，此时溶液的 pH 为 8.31，选用酚酞作指示剂，溶液颜色由红色变为浅粉红色（与参比溶液对照）即为终点，记录消耗 HCl 标准溶液的体积 V_1。

在混合液中再加入甲基橙指示剂，继续用 HCl 标准溶液滴定，反应式为：

$$HCO_3^-+H^+ \longrightarrow H_2CO_3 \longrightarrow CO_2\uparrow +H_2O$$

滴定至第二化学计量点时，溶液从黄色变为橙色，第一化学计量点生成的 $NaHCO_3$ 和原混合碱中的 $NaHCO_3$ 被滴定至 H_2CO_3。因 H_2CO_3 易分解为 CO_2 和 H_2O，所以溶液相当于 H_2CO_3 的饱和溶液，其浓度约为 0.04 mol·L^{-1}，此时溶液的 pH 为 3.88，记录消耗 HCl 标准溶液的总体积 V_2。

用 HCl 标准溶液滴定 Na_2CO_3 和 $NaHCO_3$ 混合碱溶液时，滴定 Na_2CO_3 消耗的标准 HCl 溶液为 $2V_1$，滴定 $NaHCO_3$ 消耗的标准 HCl 溶液为 V_2-V_1。实验要求测定出 Na_2CO_3 和 $NaHCO_3$ 的百分含量以及混合碱的总碱量（全部以 Na_2CO_3% 表示）。

试剂

$Na_2B_4O_7\cdot 10H_2O$：基准试剂，应保存于相对湿度 60% 的恒湿器中（如果室内的相对湿度不低于 39% 时，硼砂的失水现象并不严重，对分析结果的影响不大，可不必存放在恒湿器中）。

HCl 溶液：6 mol·L^{-1}

甲基红指示剂：0.2% 乙醇溶液（60% 乙醇溶液）

酚酞指示剂：0.1% 乙醇溶液

甲基橙指示剂：0.2% 水溶液

参比溶液（pH=8.31 的缓冲溶液）：0.05 mol·L^{-1} $Na_2B_4O_7$ 溶液和 0.1 mol·L^{-1} HCl 溶液，以体积之比 6∶4 的比例配成。加入选用的指示剂后置于磨口锥形瓶中，颜色可保持较长时间。

Na_2CO_3、$NaHCO_3$ 混合碱溶液

步骤

（1）0.1 mol·L^{-1} HCl 溶液的配制　将配制 0.1 mol·L^{-1} HCl 溶液所需的 6 mol·L^{-1} HCl 溶液从瓶口分液器中加入已盛有 200 mL 去离子水的 400～500 mL 烧杯中，再加去离子水稀释至 300 mL，搅拌均匀，置于试剂瓶中，贴上标签。

（2）0.1 mol·L^{-1} HCl 溶液的标定　根据计算出的滴定约 25 mL 0.1 mol·L^{-1} HCl 溶液所需硼砂 $Na_2B_4O_7\cdot 10H_2O$ 的质量，用减量法准确称取三份硼砂，分别置于三个编好号的 250 mL 锥形瓶中，各加 30 mL 水，溶解后（可稍加热，冷却至室温）加入 2～3 滴甲基红指示剂，用 HCl 溶液滴定至黄色恰变为橙色即为终点。记下消耗的 HCl 溶液的体积，计算出 HCl 溶液的浓度。平行滴定三次，相对平均偏差应≤2‰。

（3）Na_2CO_3、$NaHCO_3$ 含量的测定　准确移取 25.00 mL 试液三份，分别置于 3 个锥形瓶中，加 8 滴酚酞指示剂，用 0.1 mol·L^{-1} HCl 标准溶液滴定至溶液由红色变为参比溶液的浅粉色即为第一终点（滴定时应充分摇匀，以免局部 Na_2CO_3 直接滴至 H_2CO_3），记下消耗 HCl 溶液的体积 V_1。再加入 2～3 滴甲基橙指示剂，继续用 HCl 溶液滴定到黄色变为橙色即为第二终点，记下滴定管读数 V_2。平行滴定三次，极差应≤0.04 mL。分别计算出混合碱溶液中 Na_2CO_3、$NaHCO_3$ 的含量和总碱量（全部以 Na_2CO_3% 表示）。

（4）按照表 3.8 的格式记录及整理实验数据。

表 3.8 Na_2CO_3、$NaHCO_3$ 混合碱溶液中各组分含量的测定

项目	1	2	3
硼砂质量/g			
$V_{(HCl)}$/mL			
$c_{(HCl)}/(mol \cdot L^{-1})$			
平均 $\bar{c}_{(HCl)}/(mol \cdot L^{-1})$			
相对平均偏差/%			
混合碱的质量/g			
$V_{1(HCl)}$/mL			
平均 $\bar{V}_{1(HCl)}$/mL			
Na_2CO_3 含量/$(g \cdot L^{-1})$			
$V_{2(HCl)}$/mL			
平均 $\bar{V}_{2(HCl)}$/mL			
$\bar{V}_{2(HCl)}-2\bar{V}_{1(HCl)}$/mL			
$NaHCO_3$ 含量/$(g \cdot L^{-1})$（以 Na_2CO_3 表示）			
总碱量/$(g \cdot L^{-1})$（以 Na_2CO_3 表示）			

说明

（1）第一化学计量点时选用酚酞作指示剂，但酚酞变色点（pT=9.0）离第一化学计量点较远，为了减少滴定误差，加入酚酞指示剂的量要多一些，为 8 滴，此外由于它从红色到无色的变化不很敏锐，人眼比较难以观察，所以滴定误差较大（常达到百分之几），只有在准确度要求不高的分析中应用。为此，分析时常采用参比溶液来对照，以提高分析的准确度。

（2）第一化学计量点时可选用甲酚红-百里酚蓝混合指示剂，酸色为黄色，碱色为紫色，变色点 pH 为 8.3，pH=8.2 时为玫瑰色，pH=8.4 时为清晰的紫色，此混合指示剂变色敏锐。但由于 0.1 $mol \cdot L^{-1}$ HCl 溶液滴定 Na_2CO_3 在第一等量点附近时 pH 几乎没有突跃，所以即使选用变色敏锐的混合指示剂也最好采用参比溶液来对照。

（3）参比溶液是根据滴定至等量点时溶液的组成、浓度、体积和指示剂量，专门配制的相类似的溶液，或者是与化学计量点 pH、体积和指示剂量相等的缓冲溶液。在确定终点时用参比溶液作参考。以本实验为例，用 0.1 $mol \cdot L^{-1}$ HCl 溶液滴定 Na_2CO_3 的第一化学计量点的 pH=8.31，分析中常采用新配制的浓度与第一化学计量点的浓度相同的 $NaHCO_3$ 溶液或 pH=8.31 的缓冲溶液，加入与滴定混合碱时相同量的 8 滴酚酞指示剂或 5 滴甲酚红-百里酚蓝混合指示剂，根据此溶液呈现的颜色来确定第一化学计量点。

危险化学品安全信息

表 3.9　本实验中涉及的危险化学品安全信息

危险化学品	安全信息	
HCl 盐酸(氯化氢) hydrogen chloride CAS:7647-01-0	危险化学品标识: T:有毒性物质 危险类别码: R34:会导致灼伤 R37:刺激呼吸道	安全说明: S26:万一接触眼睛,立即使用大量清水冲洗并送医诊治 S45:出现意外或者感到不适,立刻到医生那里寻求帮助(最好带去产品容器标签)

思考题

(1) 直接称取一定量的基准试剂进行标定和称取一定量的基准试剂配制成溶液后取几份进行标定各有什么优缺点?

(2) 什么叫参比溶液?

(3) 有甲、乙、丙、丁四瓶溶液,分别是 NaOH、Na_2CO_3、$NaHCO_3$ 和 Na_2CO_3+$NaHCO_3$,用以下方法检验:

溶液甲:加入酚酞指示剂,溶液不显色;

溶液乙:以酚酞为指示剂,用 HCl 标准溶液滴定,用去 V_1 mL 时溶液红色褪去,然后以甲基橙为指示剂,则需再加 HCl 溶液 V_2 mL 使指示剂变色,且 $V_2>V_1$;

溶液丙:用 HCl 标准溶液滴定至酚酞指示剂的红色褪去后,再加入甲基橙指示剂,溶液呈黄色;

溶液丁:取两份等量的溶液,分别以酚酞和甲基橙为指示剂,用 HCl 标准溶液滴定,前者用去 HCl 为 V_1 mL,后者用去 HCl 为 $2V_1$ mL。

试问甲、乙、丙、丁四种溶液各是什么?

实验16　铵盐中氮含量的测定

目的

掌握甲醛法测定铵盐中氮含量的原理和方法。

原理

常见的铵盐有硫酸铵、氯化铵、硝酸铵和碳酸氢铵等。在这些铵盐中,除了碳酸氢铵可用 HCl 标准溶液直接滴定外,其他铵盐中的 NH_4^+ 虽具有酸性但都太弱($K_a = 5.6\times10^{-10}$),不能用 NaOH 标准溶液直接滴定,而是采用蒸馏法和甲醛法进行测定。

蒸馏法测定准确,但操作比较烦琐且费时。甲醛法准确度较差,但简单快速,所以在生产实际中应用广泛。甲醛法是基于强酸组成的铵盐能与甲醛作用,定量生成 H^+ 和 $(CH_2)_6N_4H^+$(六次甲基四胺的共轭酸),其反应如下:

$$4NH_4^+ + 6HCHO \longrightarrow (CH_2)_6N_4H^+ + 3H^+ + 6H_2O$$

反应中生成的酸可以用 NaOH 标准溶液直接滴定,反应如下:

$$(CH_2)_6N_4H^+ + 3H^+ + 4OH^- \longrightarrow (CH_2)_6N_4 + 4H_2O$$

由于溶液中存在的六次甲基四胺是一种很弱的碱($K_b = 1.4\times10^{-9}$),滴定终点时溶液的 pH 约为 8.7,可选用酚酞为指示剂,滴定至浅粉红色 30 s 不褪色即为终点。

市售 40% 甲醛中常含有微量的酸,使用前必须先以酚酞为指示剂,用 NaOH 标准溶液中和,否则会使测定结果偏高。

试剂

NaOH 饱和溶液:50%(~19 $mol\cdot L^{-1}$)

酚酞指示剂:0.1% 乙醇溶液

甲醛溶液:40%(AR)

步骤

(1) 0.1 $mol\cdot L^{-1}$ NaOH 标准溶液　配制及标定参看实验 14。

(2) 甲醛溶液的预处理　取原瓶装 40% 甲醛上层清液于烧杯中。加水稀释一倍后加入2~3滴酚酞指示剂,用 NaOH 标准溶液滴定甲醛溶液呈浅粉红色。

(3) 铵盐中氮含量的测定　准确称取铵盐样品 2 g 左右于小烧杯中,加少量水使之溶解后定量转移至 250 mL 容量瓶中,加水稀释至标线,摇匀。准确移取 25.00 mL 试液置于 250 mL 锥形瓶中,加 10 mL 中性甲醛溶液和 2 滴酚酞指示剂,充分摇匀后静置 1 min,使反应完全后用 NaOH 标准溶液滴定至浅粉红色即为终点。记录消耗 NaOH 标准溶液的体积,平行滴定三次,极差应≤0.04 mL。计算铵盐中氮的含量。

说明

(1) 甲醛中常有白色乳状物存在,它是多聚甲醛,是链状聚合物的混合物。可加入少量的浓硫酸加热使之解聚。

(2) 如果样品中含有游离酸,则应在试液中加入 2~3 滴甲基红指示剂,用 NaOH 标准溶液滴定溶液由红色至橙色,记录所消耗的 NaOH 标准溶液的体积。此部分的量将从甲醛法测定样品所消耗的 NaOH 标准溶液的体积中扣除。

(3) 如样品为有机物质,需要测总氮量,常采用蒸馏法。加浓硫酸及硫酸铜等催化剂,加热消化分解样品,使有机氮转化为氨态氮后,在铵盐中加入过量 NaOH 溶液使其碱化,加

热将 NH_3 气蒸馏出来，用饱和的硼酸吸收，以甲基红-次甲基蓝为混合指示剂，用 HCl 标准溶液直接滴定；也可采用一定量的 HCl 标准溶液吸收蒸馏出来的 NH_3，然后用 NaOH 标准溶液滴定该溶液中过量的 HCl，以求出含氮量。此方法应用范围广，样品为无机物或有机物均适用，即使样品中有其他酸碱存在（非挥发性的），也无影响。但蒸馏法过程很烦琐，且费时费事。

危险化学品安全信息

表 3.10 本实验中涉及的危险化学品安全信息

危险化学品	安全信息	
NaOH 氢氧化钠（苛性钠/烧碱）	危险化学品标识： C：腐蚀性物质	安全说明： S24/25：防止皮肤和眼睛接触
sodium hydroxide CAS：1310-73-2	危险类别码： R35：会导致严重灼伤	S37/39：使用合适的手套和防护眼镜或者面罩 S45：出现意外或者感到不适，立刻到医生那里寻求帮助（最好带去产品容器标签）
CH_2O 甲醛（福尔马林） methanal/formalin CAS：50-00-0	危险化学品标识： T：有毒物质 危险类别码： R23/24/25：吸入、皮肤接触和不慎吞咽有毒 R34：会导致灼伤 R40：有限证据表明其致癌作用 R43：皮肤接触会产生过敏反应	安全说明： S26：万一接触眼睛，立即使用大量清水冲洗并送医诊治 S36/37/39：穿戴合适的防护服、手套并使用防护眼镜或者面罩 S45：出现意外或者感到不适，立刻到医生那里寻求帮助（最好带去产品容器标签） S51：只能在通风良好的场所使用

思考题

（1）铵盐中若含有 PO_4^{3-}、Fe^{3+}、Al^{3+} 等离子对测定结果有无影响？试说明理由。

（2）中和甲醛中游离酸时，为什么用甲基红指示剂而不用酚酞指示剂？

（3）NH_4NO_3、NH_4HCO_3 和 NH_4Cl 三种样品中的氮能否都用甲醛-酸碱滴定法测定？为什么？

（4）若用甲醛法测定 NH_4NO_3 的含氮量，其结果 N% 如何表示？测得的含氮量中是否包括 NO_3^- 中的氮？

实验17 自来水总硬度的测定

目的

1. 掌握 EDTA 标准溶液的配制、标定原理和方法。
2. 了解水的总硬度测定的意义和常用的表示方法。
3. 掌握配位滴定法测定水的总硬度的原理和方法。

原理

乙二胺四乙酸简称 EDTA，是一种有机氨羧配位体，能与大多数金属离子形成稳定的 1∶1 型的配合物，计量关系简单，故常用作配位滴定的标准溶液。乙二胺四乙酸难溶于水，在分析实验中通常使用的是溶解度较大的含两个结晶水的乙二胺四乙酸二钠盐（习惯上也简称 EDTA，372.24 $g\cdot mol^{-1}$）。

因为乙二胺四乙酸二钠盐试剂中常含有 0.3% 的吸附水，所以 EDTA 标准溶液通常采用标定法配制，先配成大致浓度的溶液然后进行标定。标定 EDTA 溶液的基准物质很多，为了提高测定的准确度，减少系统误差，标定和测定的条件应尽可能接近。

自来水、河水和井水等水中通常含有较多的钙盐和镁盐，水的总硬度是指水中钙镁离子的总浓度。水的硬度是衡量水质的一项重要指标，硬度对工业用水影响很大，尤其是锅炉用水，硬度较高的水都要经过软化处理并经滴定分析达到一定标准后方可输入锅炉。此外，生活饮用水中硬度过高会影响肠胃的消化功能，我国生活饮用水卫生标准中规定硬度（以 $CaCO_3$ 计）不得超过 450 $mg\cdot L^{-1}$。目前我国采用较多的硬度表示方法是以 $mmol\cdot L^{-1}$ 或 $mg\cdot L^{-1}$（以 $CaCO_3$ 计）为单位表示水的硬度。

总硬度的测定方法，是以铬黑 T 为指示剂的配位滴定法。这一方法适用于生活饮用水、工业锅炉用水、冷却水、地下水及没有严重污染的地表水。在 pH 6.3～11.3 的水溶液中，铬黑 T 本身呈蓝色，它与 Ca^{2+}、Mg^{2+}形成的配合物呈紫红色，溶液由紫红色变为蓝色即为终点。铬黑 T 与 Mg^{2+}的配合物较其与 Ca^{2+}的配合物稳定，如果水样中没有 Mg^{2+}或含量很低，将导致终点变色不够敏锐，这时应加入少许 EDTA-Mg 溶液，或改用酸性铬蓝 K 作指示剂。

试剂及仪器

乙二胺四乙酸二钠盐固体（AR）

HCl 溶液：6 $mol\cdot L^{-1}$

$CaCO_3$：基准试剂，在 110 ℃烘箱中干燥 2 h，存放于干燥器中

$NH_3-NH_4Cl_3$ 缓冲溶液（$pH\approx10$）：67 g NH_4Cl 加水溶解，加入 570 mL 氨水（$\rho=$

0.88 g · cm^{-3}),用水稀释至 1 L,混匀

铬黑 T 指示剂:0.5 g 铬黑 T 溶于 75 mL 三乙醇胺和 25 mL 无水乙醇中

EDTA-Mg 溶液:将 2.44 g $MgCl_2 \cdot 6H_2O$ 及 4.44 g $Na_2H_2Y \cdot 2H_2O$ 溶于 200 mL 水中,加入 20 mL 氨性缓冲溶液及适量铬黑 T,溶液显紫红色,在搅拌下滴加 0.01 mol · L^{-1} EDTA 溶液至刚刚变为蓝色,然后加水稀释至 1 L

移液管:50 mL

步骤

(1) 0.01 mol · L^{-1} EDTA 溶液的配制　用电子秤称取(?)g 乙二胺四乙酸二钠盐固体置于烧杯中,加入去离子水至 300 mL,搅拌使其全部溶解,后转入细口试剂瓶中。如溶液需要长期保存,应储存于聚乙烯塑料瓶或硬质玻璃瓶中。

(2) 0.01 mol · L^{-1}钙标准溶液的配制　准确称取(?)克 $CaCO_3$,置于 100 mL 烧杯中,盖上表面皿,从烧杯嘴中滴加少量去离子水润湿 $CaCO_3$ 粉末,再逐滴加入 6 mol · L^{-1} HCl 溶液,待 $CaCO_3$ 完全溶解后,从杯嘴处加去离子水 20 mL,小火煮沸 2 min,稍冷后用去离子水淋洗表面皿,待烧杯冷却至室温后,定量转移至 250 mL 容量瓶中,并定容后摇匀。

(3) 0.01mol · L^{-1} EDTA 溶液的标定　准确移取 25.00 mL Ca^{2+}标准溶液于锥形瓶中,加入 50 mL 去离子水、2 mL EDTA-Mg 溶液和 5 mL 氨性缓冲溶液及 5 滴铬黑 T 指示剂,立即用 EDTA 溶液滴定至紫红色变为纯蓝色即为终点。平行滴定三次,极差应≤0.04 mL。计算 EDTA 标准溶液的浓度。

(4) 自来水总硬度的测定　准确移取自来水水样 50.00 mL 于锥形瓶中,加入 5 mL 氨性缓冲溶液和 5 滴铬黑 T 指示剂,立即用 EDTA 溶液滴定,近终点时应慢滴多摇,滴定溶液至紫红色变为纯蓝色即为终点。平行滴定三份,极差应≤0.04 mL。计算自来水的总硬度,以$CaCO_3$ mg · L^{-1}表示。

说明

(1) 水的硬度最初是指水沉淀肥皂的能力,使肥皂沉淀的主要原因是水中存在钙镁离子。总硬度是指水中含钙镁离子的总浓度,其中包括碳酸盐硬度,也称暂时硬度,是指通过加热能以碳酸盐形式沉淀下来的钙镁离子;还有就是非碳酸盐硬度,亦称永久硬度,是指加热后不能沉淀下来的那部分钙镁离子。

(2) 我国过去常以德国的硬度标准表示水的总硬度,即把 1 L 水中含有 10 mg CaO 定为 1°,Mg^{2+}也折算成相当量的 CaO 计算,并把硬度在 8°以下的水称为软水、8°~16°的水称为中等硬度水、16°~30°的水称为硬水、30°以上称为很硬水。生活用水的总硬度不得超过 25°,也就是以 $CaCO_3$ 计不得超过 450 mg · L^{-1}。

(3) 若水样中含有 Fe^{3+}、Al^{3+}、Cu^{2+}、Pb^{2+}等离子,会干扰 Ca^{2+}、Mg^{2+}的测定,可加入三乙醇胺、KCN、Na_2S 等进行掩蔽。若水样中 HCO_3^-、H_2CO_3 含量较高,可经过酸化并煮沸再滴定。

思考题

(1) 当水样中 Mg^{2+} 含量低时，以铬黑 T 作指示剂测定水中 Ca^{2+}、Mg^{2+} 总量，终点不明显，因此常加入 Mg^{2+}-EDTA 盐溶液，终点颜色变化很明显。试问这样对测量结果有无影响？并加以说明。

(2) 如果被测定水样中含有 Cu^{2+}、Fe^{3+}，会有什么影响？如何消除干扰？

(3) 在 pH=10，以铬黑 T 为指示剂，为什么滴定的是钙镁总量？

实验18 铋、铅混合液中各组分含量的连续测定

目的

1. 掌握通过控制溶液的酸度用 EDTA 连续滴定铋离子和铅离子的分析方法和原理。
2. 掌握 EDTA 标准溶液的多种标定方法。

原理

Bi^{3+}、Pb^{2+}均能与 EDTA 形成稳定的配合物，但其稳定性有相当大的差别，它们的 $\lg K$ 值分别为 27.9 和 18.0，因此可以利用控制溶液酸度的方法在一份溶液中连续滴定 Bi^{3+}、Pb^{2+}。二甲酚橙在 pH<6 时呈黄色，能与 Bi^{3+}、Pb^{2+}形成紫红色配合物，且与 Bi^{3+}的配合物更稳定，因此，可作为 Bi^{3+}、Pb^{2+}连续滴定的指示剂。

首先调节试液的酸度 pH≈1，加入二甲酚橙指示剂，溶液呈现 Bi^{3+}与二甲酚橙配合物的紫红色，用 EDTA 标准溶液滴定溶液至亮黄色，即可测得铋的含量。然后，在亮黄色溶液中加入六次甲基四胺固体调节溶液酸度 pH=5～6，此时 Pb^{2+}与二甲酚橙形成紫红色配合物，用 EDTA 标准溶液继续滴定溶液至亮黄色，由此可测得铅的含量。

试剂

乙二胺四乙酸二钠盐固体(AR)

金属锌(AR)，纯度大于 99.9%

NaOH 溶液：0.5 mol·L^{-1}

HCl 溶液：6 mol·L^{-1}

HNO_3 溶液：2 mol·L^{-1}

二甲酚橙指示剂：0.2% 水溶液

六亚甲基四胺($C_6H_{12}N_4$)固体(AR)

pH 试纸：0.5～5、1～14

Bi^{3+}、Pb^{2+}混合溶液：Bi^{3+}、Pb^{2+}的各组分含量约为 2 g · L^{-1}

步骤

(1) 0.01 mol · L^{-1} EDTA 溶液的配制　参照实验 17 中的方法。

(2) 0.01 mol · L^{-1} Zn^{2+}标准溶液的配制　准确称取纯金属锌，置于 100 mL 小烧杯中，盖上表面皿，从杯嘴处加入 6 mL 6 mol · L^{-1} HCl 溶液，待完全溶解后，用去离子水淋洗表面皿和烧杯壁，将此溶液全部转移至 250 mL 容量瓶中，定容后摇匀。

(3) 0.01 mol · L^{-1} EDTA 溶液的标定　准确移取 25.00 mL Zn^{2+}标准溶液于锥形瓶中，加入 2 滴二甲酚橙指示剂及 2 g 六亚甲基四胺，用 EDTA 溶液滴定至紫红色变为亮黄色即为终点。平行滴定三次，极差应≤0.04 mL。计算 EDTA 溶液的浓度。

(4) 铋的测定　准确移取适量混合试液于 250 mL 锥形瓶中，用 NaOH 溶液及稀 HNO_3 溶液调节试液 pH≈1，加入 2 滴二甲酚橙指示剂，试液呈紫红色，用 0.01 mol · L^{-1} EDTA 标准溶液滴定，因 Bi^{3+}与 EDTA 反应速率较慢，滴定时速度不宜过快且要剧烈摇动，滴定至试液由紫红色突变为亮黄色，即为终点，记录读数 V_1。

(5) 铅的测定　在上述溶液中加入 2 g 六亚甲基四胺，溶液变为紫红色，继续用 EDTA 标准溶液滴定至亮黄色，记录读数 V_2。

平行滴定三份混合液，极差应≤0.04 mL，计算出铋铅混合液中 Bi^{3+}、Pb^{2+}的含量(g · L^{-1})。

说明

(1) 当 pH≈1 时，$BiONO_3$ 沉淀不会析出，二甲酚橙也不与 Pb^{2+}形成紫红色配合物；酸度过高时，二甲酚橙指示剂将不与 Bi^{3+}配位，溶液呈黄色。

(2) 用精密 pH 试纸检验溶液 pH 时，为了避免检验时试液被带出而引起损失，可先取一份溶液做调节 pH 的试验，之后可按同方法进行调节而不再用精密 pH 试纸。

(3) 含铋、铅的溶液应弃置废液桶中。

危险化学品安全信息

表 3.11　本实验中涉及的危险化学品安全信息

危险化学品	安全信息	
$Pb(NO_3)_2$ 硝酸铅 lead nitrate CAS:10099-74-8	危险化学品标识： O：氧化性物质 N：环境危险物质	安全说明： S17：远离可燃物质 S45：出现意外或者感到不适，立刻到医生那里寻求帮助(最好带去产品容器标签)

续表

危险化学品	安全信息	
	T+:极高毒性物质 危险类别码: R8:遇到易燃物会导致起火 R20/22:吸入和不慎吞咽有害 R33:有累积作用的危险 R50/53:对水生生物极毒,可能导致对水生环境的长期不良影响 R61:可能对未出生的婴儿导致伤害 R62:有削弱生殖能力的危险	S53:避免暴露——使用前先阅读专门的说明 S60:本物质残余物和容器必须作为危险废物处理 S61:避免排放到环境中。参考专门的说明/安全数据表
$C_6H_{12}N_4$ 六亚甲基四胺(乌洛托品) hexamethylenetetramine CAS:100-97-0	危险化学品标识: F:易燃物质 Xn:有害物质 危险类别码: R11:非常易燃 R42/43:吸入和皮肤接触会导致过敏	安全说明: S16:远离火源 S22:不要吸入粉尘 S24:避免接触皮肤 S37:使用合适的防护手套

思考题

(1) 能否在同一份试液中先滴定 Pb^{2+},再滴定 Bi^{3+}?

(2) 滴定 Pb^{2+} 以前要调节 pH≈5,为什么用六亚甲基四胺而不用强碱或氨水、乙酸钠等弱碱进行调节?

实验19 高锰酸钾溶液的配制和标定

目的

1. 了解 $KMnO_4$ 溶液的配制方法和储存条件。
2. 掌握用 $Na_2C_2O_4$ 作基准物标定 $KMnO_4$ 溶液浓度的原理、方法。

原理

一般试剂级的高锰酸钾常含有少量 MnO_2 和其他微量的硫酸盐、氯化物和硝酸盐等杂质，其纯度在 99.0% ~99.6% 之间。另外由于高锰酸钾的氧化性很强，易和水中的有机物及空气中的尘埃等还原性物质作用，$KMnO_4$ 还能自行分解，见光分解更快，使 $KMnO_4$ 溶液的浓度易发生改变，因此不能用准确称量 $KMnO_4$ 来直接配制准确浓度的 $KMnO_4$ 溶液。

为了配制较稳定的 $KMnO_4$ 溶液，可称取稍多于理论量的 $KMnO_4$ 溶于一定体积的水中，加热煮沸，冷却后储存于棕色瓶中，在暗处放置数天，使溶液中可能存在的还原性物质完全氧化。然后过滤除去析出的 $MnO(OH)_2$ 沉淀，进行标定。正确配制和保存的 $KMnO_4$ 溶液应呈中性，不含 $MnO(OH)_2$，这样浓度比较稳定，放置数月后浓度大约只降低 0.5%，但如果长期使用，仍应定期标定。

$KMnO_4$ 溶液的标定常采用 $Na_2C_2O_4$ 作基准物，因为 $Na_2C_2O_4$ 易于提纯、稳定、无结晶水，相对分子质量：134.0，在 105 ~110 ℃烘两小时即可使用。在酸度为 0.5 ~1 $mol \cdot L^{-1}$ H_2SO_4 酸性溶液中，$KMnO_4$ 与 $Na_2C_2O_4$ 的反应如下：

$$2MnO_4^- + 5C_2O_4^{2-} + 16H^+ \longrightarrow 2Mn^{2+} + 10CO_2\uparrow + 8H_2O$$

反应开始较慢，待溶液中产生 Mn^{2+} 后，Mn^{2+} 的催化作用使反应加快。滴定温度应控制在 75 ~85 ℃，不应低于 60 ℃，否则反应速率太慢，但温度太高，草酸又将分解。由于 MnO_4^- 为紫红色，Mn^{2+} 为无色，因此滴定时可利用 $KMnO_4$ 本身的颜色指示滴定终点。

试剂

H_2SO_4 溶液：1 $mol \cdot L^{-1}$

$KMnO_4$ 固体（AR）

$Na_2C_2O_4$ 固体：基准试剂，在 105 ℃干燥 2 h，存于干燥器中。

步骤

（1）0.02 $mol \cdot L^{-1}$ $KMnO_4$ 溶液的配制　称取约（?）g$KMnO_4$ 固体，置于 500 mL 烧杯中，加约 200 mL 水，加热使固体溶解完全（注意：烧杯底部不要残留 $KMnO_4$ 固体），加水稀释至 320 mL，继续加热至微沸 15 min，冷却后，在暗处放置一周后用玻璃砂芯漏斗（G4）过滤，滤液储存于棕色细口瓶中，摇匀。

（2）$KMnO_4$ 溶液的标定　准确称取 0.15 ~0.20 g 基准物 $Na_2C_2O_4$ 三份，分别置于已标好号的 250 mL 锥形瓶中，加 50 mL 水及 20 mL H_2SO_4 溶液，加热至 70 ~80 ℃（溶液刚好冒出蒸气），立即用 $KMnO_4$ 溶液滴定（不能沿瓶壁滴入，以免瓶壁上留下的 $KMnO_4$ 分解为棕色的 MnO_2 沉淀）。注意：开始时滴定速度要慢，待前一滴褪色后再加第二滴，随着溶液中产生了 Mn^{2+} 后，滴定速度可加快，当接近终点时滴定速度又要减慢，直至溶液呈现微红色在 30 s 内不褪色，即为终点。滴定过程要保证温度不低于 60 ℃。记下消耗的 $KMnO_4$ 溶液的体积，计

算 $KMnO_4$ 溶液的浓度。平行滴定三次，相对平均偏差应≤2‰。

说明

（1） $KMnO_4$ 与 $Na_2C_2O_4$ 反应滴定开始的最宜酸度约为 1 mol · L^{-1}。酸度过低，MnO_4^- 会部分被还原成 MnO_2；酸度过高，会促进 $H_2C_2O_4$ 分解。为防止诱导氧化 Cl^- 的反应发生，应当在 H_2SO_4 介质中进行。

（2） 滴定开始阶段滴定速度不宜太快，否则滴入的 MnO_4^- 来不及和 $C_2O_4^{2-}$ 反应就在热的酸性溶液中发生分解了，导致标定结果偏低。若滴定前加入少量 $MnSO_4$ 为催化剂，就可以加快最初阶段的反应速率。

（3） 滴定至终点呈粉红色的溶液，放置时间较长时，空气中还原性物质及尘埃可以使溶液中的 $KMnO_4$ 缓慢分解，溶液颜色逐渐消失。$KMnO_4$ 可被观察的最低浓度约为 2×10^{-6} mol · L^{-1}（相当于 100 mL 溶液中加入 0.02 mol · L^{-1} $KMnO_4$ 溶液 0.01 mL）。

（4） $KMnO_4$ 溶液过滤，请看本书第四部分中 4.2.3、4.2.4 节相关内容。

危险化学品安全信息

表 3.12　本实验中涉及的危险化学品安全信息

危险化学品	安全信息	
$KMnO_4$ 高锰酸钾（灰锰氧） potassium permanganate CAS:7722-64-7	危险化学品标识： O:氧化性物质 N:环境危险物质 Xn:有害物质 危险类别码： R8:遇到易燃物会导致起火 R22:吞咽有害 R50/53:对水生生物极毒，可能导致对水生环境长期不良影响	安全说明： S60:本物质残余物和容器必须作为危险废物处理 S61:避免排放到环境中。参考专门的说明/安全数据表
H_2SO_4 硫酸 sulfuric acid CAS:7664-93-9	危险化学品标识： C:腐蚀性物质 危险类别码： R35:会导致严重灼伤	安全说明： S26:万一接触眼睛，立即使用大量清水冲洗并送医诊治 S30:千万不可将水加入此产品 S45:出现意外或者感到不适，立刻到医生那里寻求帮助

思考题

(1) 滴定时，$KMnO_4$ 溶液应装于酸式还是碱式滴定管中？为什么？

(2) 在配制 $KMnO_4$ 溶液过程中要使用玻璃砂漏斗，试问能否用定量滤纸代替？为什么？

(3) 过滤 $KMnO_4$ 溶液后，滤器上沾污的物质是什么？应选用什么物质清洗干净？

3.5.5 移液器

移液器又称移液枪，是一种用于定量转移液体的仪器，常用于实验室少量或微量液体的移取。移液器最早出现于 1956 年，由德国生理化学研究所的科学家 Schnitger 发明，其后，在 1958 年德国公司开始生产按钮式微量加样器。现在的移液器不但加样更为精确，而且品种也多种多样，如微量分配器、多通道微量加样器等，但工作原理及操作方法基本一致，移液器根据原理可分为气体活塞式移液器和外置活塞式移液器两种，这两种不同原理的移液器有不同的特定应用范围。

1. 移液器种类

气体活塞式移液器(又称空气垫移液器，见图 3.21)主要用于固定或可调体积液体的移液，移液体积的范围在 1 μL 至 10 mL 之间。移液器中空气垫的作用是将吸干塑料吸头内的液体样本与加样器内的活塞分隔开来，空气垫通过移液器活塞的弹簧运动而移动，进而带动吸头中的液体，使体积和移液吸头中高度的增加决定了移液中这种空气垫的膨胀程度。因此，活塞移动的体积必须比所希望吸取的体积要大 2% ~4%，温度、气压和空气湿度的影响必须通过对空气垫加样器进行结构上的改良而降低，使得在正常情况下不至于影响加样的准确度。一次性吸头是这个加样系统的一个重要组成部分，其形状、材料特性及与加样器的吻合程度均对加样的准确度有很大的影响。

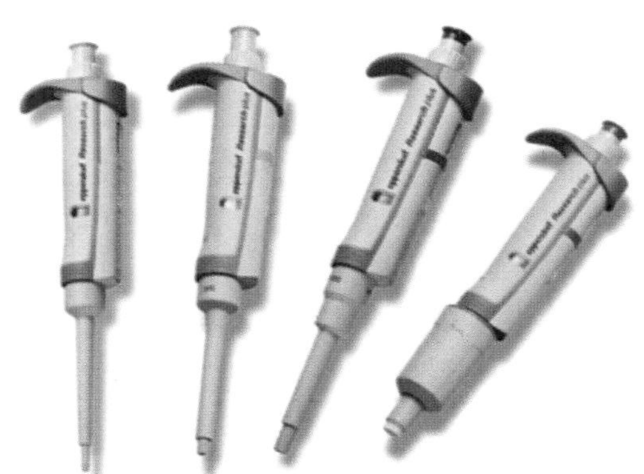

图 3.21　气体活塞式移液器

外置活塞式移液器主要用于处理易挥发、易腐蚀及黏稠等特殊液体。此类移液器的吸头一般由生产厂家配套生产，不能使用通常的吸头或不同厂家的吸头。多通道移液器的原理与上述相同。多通道加样器通常为 8 通道或 12 通道，与 8×12 = 96 孔微孔板一致。多通道加样器的使用不但可减少实验操作人员的加样操作次数，而且可提高加样的精密度。

移液器的功能剖析图如图 3.22 所示。

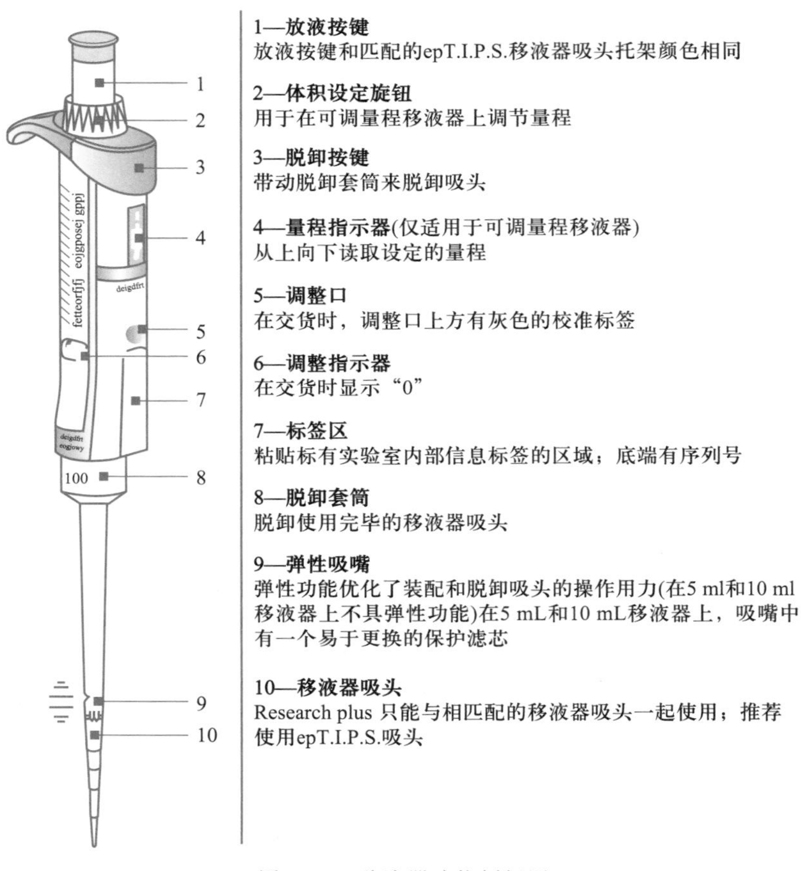

图 3.22　移液器功能剖析图

2. 移液器使用方法

（1）设定移取体积　如果是从大体积调节到小体积，则为正常调节方法，逆时针旋转刻度即可；若从小体积调节至大体积，可先顺时针调至超过设定体积的刻度，再回调至设定体积，这样可以保证最佳的精确度。

（2）装配吸头　将单通道移液器移液端垂直插入吸头中，稍微用力左右微微转动，上紧即可。如果是多通道移液器，则可以将移液器的第一道对准第一个吸头，然后倾斜地插入，往前后方向摇动即可卡紧。枪头卡紧的标志是略为超过 O 形环，并可以看到连接部分形成清晰的密封圈。

（3）移液　首先要保证移液器、吸头和液体处于相同温度。吸取液体时，移液器保持竖直状态，将吸头插入液面下 2 ~ 3 mm（5 mL 和 10 mL 移液器要配合滤芯吸头或过滤器使用，吸液时吸头需浸入液面下 5 mm）。在吸液之前，可以先吸放几次液体以润湿吸液嘴（尤其是要吸取黏稠或密度与水不同的液体时）。这时可以采取两种移液方法：① 前进移液法。用大拇指将按钮按下至第一停点，然后慢慢松开按钮回原点，切记手指不能过快松开，否则将导致液体吸入移液器内部(5 mL 和 10 mL 移液器,慢吸液体达到预定体积后,需在液面下停顿 3 s,再离开液面)。放液时吸头尖端靠在容器内壁将按钮按至第一停点排出液体,稍停片刻继续将按钮按至第二停点吹出残余的液体,最后松开按钮。② 反向移液法。此法一般用于转移高黏液体、生物活性液体、易起泡液体或极微量的液体,其原理就是先吸入多于设置量程的液体,转移液体的时候不用吹出残余的液体。先按下按钮至第二停点,慢慢松开按钮至原点,吸上之后,斜靠一下容器壁将多余液体沿器壁流回容器。接着将按钮按至第一停点排出设置好量程的液体,继续保持按住按钮位于第一停点(千万别再往下按),取下有残留液体的枪头弃之。

(4) 移液器放置　使用完毕,退掉吸头,垂直挂于移液器架上。若实验过程后续还需继续使用,吸头保留在移液器上时,切勿将移液器水平放置或倒置,以免吸头中的液体倒流污染或腐蚀活塞弹簧。

(5) 移液器的维护　① 若液体不小心进入活塞室应及时清除污染物;② 移液器使用完毕后,把移液器量程调至最大值,且将移液器垂直放置在移液器架上;③ 根据使用频率所有的移液器应定期用肥皂水清洗或用 60% 异丙醇消毒,再用双蒸水清洗并晾干;④ 避免放在温度较高处以防变形致漏液或不准;⑤ 平时检查是否漏液的方法:吸液后在液体中停 1 ~ 3 s 观察吸头内液面是否下降;如果液面下降首先检查吸头是否有问题,如有问题更换吸头,更换吸头后液面仍下降说明活塞组件有问题,应找专业维修人员修理;⑥ 需要高温消毒的移液器应首先查阅所使用的移液器是否适合高温消毒后再行处理。

实验20　过氧化氢含量的测定

目的

掌握应用高锰酸钾法测定过氧化氢含量的原理和方法。

原理

过氧化氢在工业、生物和医药等方面应用十分广泛。工业上利用 H_2O_2 的氧化性漂白毛及丝织物、利用 H_2O_2 的还原性除去氯气;医药上常作为消毒和杀菌剂;纯的 H_2O_2 还可用作火箭燃料的氧化剂;植物体内的过氧化氢酶能催化 H_2O_2 的分解反应,因此在生物上利用此性质通过测量 H_2O_2 分解所放出的氧来测量过氧化氢酶的活性。由于过氧化氢的广泛应用,常需要测定它的含量。

H_2O_2 分子中有一个过氧键—O—O—,在酸性溶液中它是一个强氧化剂,但遇强氧化剂 $KMnO_4$ 时则表现为还原剂。因此,可以在室温条件下、酸性溶液中用 $KMnO_4$ 标准溶液直接测定 H_2O_2 的含量。反应式如下:

$$5H_2O_2 + 2MnO_4^- + 6H^+ \rightarrow 2Mn^{2+} + 5O_2 + 8H_2O$$

开始时反应速率较慢,滴入的第一滴 $KMnO_4$ 溶液不易褪色,待 Mn^{2+} 生成后,由于 Mn^{2+} 的催化作用,反应速率加快,以 $KMnO_4$ 自身为指示剂,滴定至溶液呈现稳定的微红色即为终点。

试剂及仪器

H_2SO_4 溶液:3 mol · L^{-1}

$KMnO_4$ 标准溶液(0. 02 mol · L^{-1}):配制及标定参看实验 19

H_2O_2 样品:30% (AR)

移液器:1 mL

移液管:25 mL

步骤

用移液器移取 1. 00 mL H_2O_2 样品置于 250 mL 容量瓶中,加水稀释至刻度,充分摇匀。用移液管移取 25. 00 mL 溶液置 250 mL 锥形瓶中,加 60 mL 水和 20 mL 3 mol · L^{-1} H_2SO_4 溶液,用 $KMnO_4$ 标准溶液滴定至微红色并在 30 s 内不消失即为终点,记录数据。平行滴定三次,极差应≤0. 04 mL。根据 $KMnO_4$ 标准溶液的浓度和消耗的体积可计算出 H_2O_2 的含量。

说明

(1) H_2O_2 纯品为无色透明液体,相对密度 1. 463,熔点-0. 43 ℃,沸点 152 ℃,能与水任意混溶。H_2O_2 不稳定,遇微量杂质就会迅速分解,保存中亦能自行分解。其工业产品又称双氧水,一般为 30% 或 3% 的水溶液。由于 H_2O_2 不稳定,常加入少量的乙酰苯胺等有机物质作稳定剂,此类有机物也消耗 $KMnO_4$,如果用本实验中的方法测定将产生较大误差,遇此情况应采用碘量法或铈量法进行测定。反应式如下:

$$H_2O_2 + 2H^+ + 2I^- \longrightarrow 2H_2O + I_2$$

$$I_2 + 2S_2O_3^{2-} \longrightarrow S_4O_6^{2-} + 2I^-$$

(2) 移取 H_2O_2 时要小心,严防触及皮肤,以免烧伤。

危险化学品安全信息

表 3. 13　本实验中涉及的危险化学品安全信息

危险化学品	安全信息	
H_2O_2 过氧化氢(双氧水) hydrigeb peroxide CAS:7722-84-1	危险化学品标识: Xn:有害物质 危险类别码: R22:吞咽有害 R41:有严重损伤眼睛的危险	安全说明: S26:万一接触眼睛,立即使用大量清水冲洗并送医诊治 S36/37/39:穿戴合适的防护服、手套并使用防护眼镜或者面罩 S45:出现意外或者感到不适,立刻到医生那里寻求帮助(最好带去产品容器标签)

注:$KMnO_4$、H_2SO_4 见实验 19 中的表 3. 11。

思考题

(1) 用高锰酸钾法测定过氧化氢时,能否用 HNO_3、HCl 或 HAc 来控制溶液酸度?为什么?

(2) H_2O_2 与 $KMnO_4$ 反应较慢,能否通过加热溶液来加快反应速率?为什么?

实验21 水中化学耗氧量(COD)的测定

目的

1. 掌握化学耗氧量的基本概念、表示方法。
2. 掌握高锰酸钾返滴定法测定水中化学耗氧量的基本原理和操作方法。

原理

耗氧量的大小是水质污染程度的主要指标之一,它分为化学耗氧量(简称 COD)和生物耗氧量(简称 BOD)两种。BOD 是指水中有机物质发生生物过程时所需要氧的量,COD 是指在特定条件下,采用一定的强氧化剂处理水样时所需氧的量,用每升多少毫克 O_2 表示。本实验只测定化学耗氧量(COD),不同条件下测定的耗氧量是不同的,因此必须严格控制测定条件。COD 的测定,一般情况下多采用酸性高锰酸钾法,此方法简便、快速,适合于测定地表水、饮用水和河水等污染不十分严重的水质。以 $KMnO_4$ 滴定法测得的化学耗氧量以往称为 COD_{Mn},现在称为"高锰酸钾指数"。

在酸性溶液中,加入过量的 $KMnO_4$ 标准溶液,加热使其与水中的需氧有机物及还原性物质充分反应后,再加入过量的 $Na_2C_2O_4$ 标准溶液,使之与 $KMnO_4$ 充分作用,剩余的 $C_2O_4^{2-}$ 用 $KMnO_4$ 溶液回滴。

水样中若含 Cl^- 的量大于 300 mg · L^{-1},将影响测定结果,可加水稀释降低 Cl^- 的浓度以消除干扰,若仍不能消除其干扰可加入 Ag_2SO_4,通常加入 1 g Ag_2SO_4 可消除 200 mg Cl^- 的干扰。

水样中如有 Fe^{2+}、H_2S、NO_2^- 等还原性物质存在,也干扰测定。但这些物质在室温条件下能被 MnO_4^- 氧化,因此先加入 $KMnO_4$ 标准溶液滴定消除干扰离子,$KMnO_4$ 的加入量记为 V_1,再加入过量的 $Na_2C_2O_4$ 标准溶液,用 $KMnO_4$ 标准溶液回滴的消耗量为 V_2。

化学耗氧量的计算公式:

$$\mathrm{COD}(O_2,\mathrm{mg/L})=\frac{[(V_1+V_2)K-V_{(Na_2C_2O_4)}]c_{(Na_2C_2O_4)}\times 8}{V_{(\text{水样})}}\times 1000$$

式中,K—每毫升 $KMnO_4$ 标准溶液相当于 $Na_2C_2O_4$ 标准溶液的体积比值;8—以 $1/4O_2$ 为基本单元时 O_2 的摩尔质量,g/mol;V_1、V_2、$V_{(\text{水样})}$ 的单位均为 mL。

水样取后应立即进行分析，如需放置可加入少量的硫酸铜以抑制生物对有机物的分解。

试剂

H_2SO_4 溶液：3 mol · L^{-1}

$KMnO_4$ 标准溶液：0.002 mol · L^{-1}

$Na_2C_2O_4$ 固体：基准试剂，在 105 ℃干燥 2 h，存于干燥器中

步骤

（1）配制 0.005 mol · L^{-1} $Na_2C_2O_4$ 标准溶液　准确称取（?）g$Na_2C_2O_4$ 于 100 mL 小烧杯中，加入少量水溶解后定量转移至 250 mL 容量瓶中，用水稀释至刻度，充分摇匀后备用。

（2）COD 的测定　取 100 mL 水样于 250 mL 锥形瓶中，加 7.5 mL 3 mol · L^{-1} H_2SO_4 溶液，再准确加入 10 mL 0.002 mol · L^{-1} $KMnO_4$ 溶液（V_1），立即在沸水浴中加热至沸（此时溶液仍为 $KMnO_4$ 的紫红色，若溶液的红色消失，说明水中有机物含量较多，遇此情况应补加适量的$KMnO_4$），从冒第一个大气泡开始计时，准确煮沸 10 min，冷却 1 min 后准确加入 25.00 mL 0.005 mol · L^{-1} $Na_2C_2O_4$ 标准溶液，充分摇匀，此时溶液由红色变为无色。立即用 0.002 mol · L^{-1} $KMnO_4$ 标准溶液滴定至溶液由无色变为稳定的浅粉色，保持 30 s 不褪色即为终点。记录消耗 0.002 mol · L^{-1} $KMnO_4$ 标准溶液的体积（V_2）。平行测定两次，极差应≤0.04 mL。

（3）$KMnO_4$ 标准溶液与 $Na_2C_2O_4$ 标准溶液的体积比（K）　准确移取 25.00 mL 0.005 mol · L^{-1} $Na_2C_2O_4$ 标准溶液于 250 mL 锥形瓶中，加入 50 mL 水及 7.5 mL 3 mol · L^{-1} H_2SO_4 溶液，加热至 75 ~ 85 ℃（溶液刚好冒出蒸气），立即用 0.002 mol · L^{-1} $KMnO_4$ 标准溶液滴定至溶液由无色变为稳定的浅粉色，保持 30 s 不褪色即为终点，记录消耗 0.002 mol · L^{-1} $KMnO_4$ 标准溶液的体积（V_3）。平行滴定三次，极差应≤0.04 mL。

说明

（1）对于污染程度较高的水样，采用高锰酸钾法测定 COD 结果不够满意，因为这些水中含有许多复杂的有机物质，用 $KMnO_4$ 很难氧化完全，且反应条件较难控制。因此测定污染严重的水应选用重铬酸钾法，$K_2Cr_2O_7$ 能将大部分有机物氧化完全（虽然对直链脂肪族和芳香族有机物的氧化效果较差，但可通过加入硫酸银作催化剂而提高氧化能力），适用于各种水样中化学耗氧量的测定。重铬酸钾法测定化学耗氧量最低检出浓度为 50 mg · L^{-1}，测定上限为 400 mg · L^{-1}。该法主要缺点是 Cr(Ⅵ)、Cr(Ⅲ)离子具有污染性。

（2）耗氧量的多少不能完全表示水被有机物质污染的程度，因此不能单纯地用耗氧量数值来确定水源污染的程度，还应结合水的色度、有机氮或蛋白性氮等来判断。

危险化学品安全信息：

H_2SO_4、$KMnO_4$ 见实验 19 中的表 3.12。

思考题

（1）水中耗氧量的测定属于哪种滴定方式？为何要采用此方式？

（2）水样中氯离子含量高时，为什么对测定有干扰？

3.6 沉淀分离法的基本操作

沉淀分离法是根据溶度积原理、利用沉淀反应进行分离的方法。在待分离试液中，加入适当的沉淀剂，在一定条件下，使预测组分沉淀出来，或者将干扰组分析出沉淀，以达到除去干扰的目的。沉淀分离法包括沉淀、共沉淀两种方法。这里主要介绍沉淀法。

3.6.1 滤纸

分析化学实验室中常用的滤纸分为定量滤纸和定性滤纸两种，按过滤速度和分离性能的不同又可分为快速、中速和慢速三类。我国国家标准对定量滤纸和定性滤纸产品的分类、型号、技术指标及试验方法等均有规定，滤纸产品按质量分为 A 等、B 等、C 等，这里将 A 等产品的主要技术指标及规格列于表 3.14 中。

表 3.14　定性、定量滤纸 A 等产品的主要技术指标及规格

指标名称		快速	中速	慢速
标示（盒外贴条）		白色	蓝色	红色
定量①/($g\cdot m^{-2}$)		75	75	80
适用范围		粗粒结晶及无定形沉淀，如 $Fe(OH)_3$	中等粒度沉淀，如 $ZnCO_3$，大部分硫化物	细粒状沉淀，如 $BaSO_4$ 等
过滤速度②/s		10～30	31～60	61～100
紧度③/($g\cdot m^{-3}$)		≤0.45	≤0.50	≤0.55
水分		≤7%		
灰分	定性滤纸	≤0.15%		
	定量滤纸	≤0.01%		
水溶性氯化物（定性滤纸）/%		≤0.02%		
铁含量（定性滤纸）/%		≤0.003%		
圆形纸直径/mm		50、70、90、110、125、180、230、270		
方形纸尺寸/mm		600×600、300×300		

① 定量是造纸工业的术语，指每平方米纸的质量。

② 过滤速度：把滤纸折成 60°角的圆锥形，将滤纸完全浸湿，取 15 mL 水进行过滤，开始滤出的 3 mL 不计时，然后用秒表计量滤出 6 mL 水所需要的时间。

③ 紧度一般是指滤纸松紧的程度，以单位体积内的质量表示。

定量滤纸又称为无灰滤纸。以直径 12.5 cm 定量滤纸为例，每张滤纸的质量约 1 g，在灼烧后其灰分的质量不超过 0.1 mg（小于或等于常量分析天平的感量），在重量分析法中可忽略不计，这是因为定量滤纸在制造过程中，纸浆经过盐酸和氢氟酸处理，并经过蒸馏水洗涤，将纸纤维中大部分杂质除去，所以灼烧后残留灰分很少。定量滤纸中其他杂质的含量也比定性滤纸的低，其价格比定性滤纸高，在实验中应根据实际需要，合理选用。

3.6.2 沉淀

进行沉淀的条件，如加入试剂的次序、量、浓度、速度、沉淀时溶液的温度和酸度以及陈化时间等，都分别在实验内容中写清，要仔细按照分析的具体步骤进行，否则会产生较大的误差。

试剂如果可以一次加到溶液里，应沿着烧杯壁或玻璃棒倾倒，要避免溶液溅出。通常沉淀剂是用滴管逐滴加入的，并同时搅拌，以防沉淀剂局部过浓。搅拌时尽量不使搅拌棒碰击和刻划烧杯，以免沉淀黏附在烧杯的划损上。在热溶液中进行沉淀时，溶液不能沸腾，以免溶液溅出损失，所以，最好使用水浴加热。

进行沉淀的烧杯，不仅要干净，而且杯的底部及内壁不应有纹痕，此外还需配上合适的玻璃棒与表面皿，玻璃棒粗细适中，其长度比烧杯高出 3 ~ 4 cm，表面皿直径比烧杯略大 1 cm 左右即可。在进行沉淀的过程中，所用烧杯、玻璃棒和表面皿，三者一套，不要分开，直到沉淀完全转移出烧杯为止。

3.6.3 沉淀的过滤和洗涤

这里主要介绍可以用滤纸过滤的沉淀。

1. 滤纸的选择

一般选用定量滤纸，并根据沉淀的性质和沉淀的量选择滤纸的大小和紧密程度。细晶形的沉淀如 $BaSO_4$、CaC_2O_4 等因易穿透滤纸，应选用较小且致密（直径为 7 ~ 9 cm）的慢速滤纸；非晶形沉淀和粗大晶形的沉淀如 $Fe_2O_3 \cdot xH_2O$ 等蓬松的胶状沉淀因其质黏且体积庞大，难以过滤，应采用大而疏松（直径为 11 ~ 12.5 cm）的快速滤纸；中等粒度的晶形沉淀如 $ZnCO_3$ 等，可用中速滤纸。此外，滤纸的大小还应与漏斗相适应，一般当滤纸放入漏斗后，其上边缘应低于漏斗边缘 0.5 ~ 1 cm，以免沉淀爬出。将沉淀转移至滤纸中后，沉淀的高度不得超过滤纸的 1/3。

2. 漏斗的选择

应该用长颈漏斗，一般颈长为 15 ~ 20 cm，漏斗的锥体角应为 60°，颈的直径要小些，一般为 3 ~ 5 mm，太粗则不易保留水柱影响过滤速度。出口处磨成 45°角。

3. 滤纸的折叠与安放

有些漏斗不具有 60°的圆锥角，因此，应按下面的方法折叠并安放好滤纸：先把滤纸整齐对折并将折边按紧，然后再对折，为保证滤纸与漏斗密合，第二次对折时不要折死。将折成圆锥形的滤纸打开放入漏斗中，调整滤纸的折叠角度使两者完全密合，此时将第二次的折边按紧，并由漏斗中取出，将外层折角撕掉一点，这样可使此处的内层滤纸更好地贴紧漏斗，否则三层与单层滤纸交界处会有一条缝隙（滤纸的折叠与安放见图 3.23 所示）。

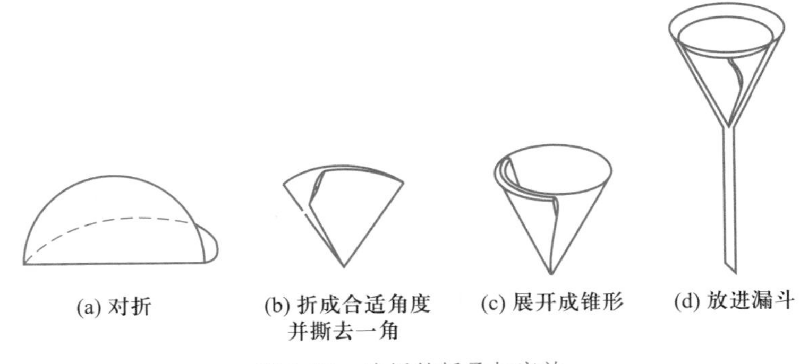

图 3.23　滤纸的折叠与安放

4. 做水柱

滤纸放入漏斗中，应使滤纸三层的一边放在漏斗出口长的一边，方法一：将滤纸充分润湿，然后用手指将滤纸与漏斗壁按紧，排空之间的气泡，然后在漏斗中加满水，待漏斗中水滤完且长颈中充满水，水柱即做好了；方法二：将滤纸润湿，然后用手指堵住漏斗下口，用洗瓶向滤纸和漏斗间的空隙里加水，直到漏斗颈及锥体的一小部分被水充满，将滤纸向下推，使其与漏斗密合，用手沿漏斗壁按压滤纸以排除气泡，将滤纸按紧后缓缓放开下面堵住口的手指，此时水柱即可形成。如果滤纸中的水滤尽后水柱不能保持，说明滤纸与漏斗没有完全密合，应进一步按紧滤纸，滤纸经多次按紧、摩擦易变薄或破裂将导致沉淀穿滤，遇此情况应换纸重做。在过滤和洗涤过程中，借助水柱的抽吸作用可使过滤速度明显加快。

将做好水柱的漏斗放在漏斗架上，漏斗下面放一洁净的烧杯（为了万一沉淀穿滤时进行补救）盛接滤液。漏斗颈出口斜口长的一侧应贴近烧杯内壁，滤液沿烧杯壁流下避免冲溅。漏斗位置的高低，以过滤过程中漏斗的流液口不接触滤液为准，滤液经检查是否透明不含沉淀颗粒后应及时倒掉。漏斗必须放置端正，使其边缘在同一水平面上，否则较高一侧的沉淀不能经常被洗涤液浸没，从而滞留下一部分杂质。在同时进行几个平行分析时应把装有待滤溶液的烧杯分别放在相应的漏斗一侧。

5. 过滤和洗涤

过滤一般分为三个步骤进行，首先采用倾泻法把尽可能多的清液先过滤掉，并将烧杯中的沉淀作初步洗涤，然后把沉淀定量转移到漏斗上，最后清洗烧杯和漏斗上的沉淀。

倾泻法（或称倾注法，见图 3.24 所示），即待沉淀下沉到烧杯底部后，把上层清液先倒至漏斗内，尽可能不搅起沉淀。上层清液基本倒出后，再将洗涤液加入烧杯中，搅起沉淀进行充分洗涤，静置片刻，待沉淀下沉，再倒出上层清液。这样一方面可避免沉淀堵塞滤纸，从而加速过滤，另一方面也可使沉淀洗涤得更充分。过滤时，漏斗中的滤液不要超过滤纸高度的 2/3，最多加到距滤纸边缘约 5 mm 处，过高会使沉淀因毛细作用而超过滤纸边缘，造成损失。

具体操作如下：待沉淀下沉，一手轻轻提起玻璃棒，垂直地立在三层滤纸部分的上方（防止液流冲破滤纸),玻璃棒下端尽可能接近滤纸但不要接触滤纸,另一只手拿起盛有沉淀的烧杯,使杯嘴贴着玻璃棒,慢慢将烧杯倾斜,尽量不搅起沉淀,将上层清液缓慢沿玻璃棒倾入漏斗中。停止倾倒溶液时要将烧杯沿玻璃棒上提 1 ~ 2 cm,同时逐渐扶正烧杯,随即离开玻璃棒。此过程应保持玻璃棒直立不动,绝不能让杯嘴离开玻璃棒,这样才可以使最后一滴溶液也顺着玻璃棒流下,而不致流到烧杯外面去。烧杯离开玻璃棒后,将玻璃棒放回烧杯,但勿使其靠在烧杯嘴处,过滤过程中,将表面皿倒置在实验台面上,烧杯靠在其边缘,烧杯微微倾斜,便于沉淀集中,易将溶液倾出,如图 3. 25 所示。

图 3. 24　倾泻法过滤

图 3. 25　过滤时烧杯的放置方法

用洗瓶或滴管加水或洗涤液,从上至下旋转冲洗烧杯壁,每次用 10 mL 左右,然后用玻璃棒搅动沉淀充分洗涤,再将烧杯如图 3. 25 放置。待沉淀下沉后,再按上述方法过滤清液,洗涤应遵循"少量多次"的原则,洗涤次数要视沉淀的性质及杂质的含量而定,同时,在每次用去离子水洗涤沉淀的间隙,应用少量去离子水淋洗滤纸,以洗去滤纸纤维吸附的杂质离子。此外,每次应尽可能把洗涤液倾倒尽,再加入洗涤液。同时,随时检查滤液是否透明不含沉淀颗粒,否则应重新过滤或重做实验。

洗涤液的选择应根据沉淀的类型而定。晶形沉淀可用冷的稀的沉淀剂进行洗涤,由于同离子效应,可以减少沉淀的溶解损失,但如果沉淀剂为不挥发的物质,就不能用作洗涤液,此时可改用去离子水或其他合适的溶液。无定形沉淀用热的电解质溶液作洗涤液,大多采用易挥发的铵盐溶液,以防止产生胶溶现象。对于溶解度较大的沉淀,可采用沉淀剂加有机溶剂作洗涤液,以降低其溶解度。

洗涤滤纸中的沉淀,目的在于将沉淀表面所吸附的杂质和残留的母液除去。其方法为:使洗瓶的水流从滤纸的三层边缘开始,螺旋形地自上而下移动,最后到三层部分停止,称为"从缝到缝",这样可使沉淀洗得干净,并借此将沉淀集中到滤纸圆锥体的下部,如图 3. 26 所示。洗涤过程中,应在前一次洗涤液完全滤出后再进行下一次的洗涤,如果所用洗涤液的总量相同,则采用"少量多次"比"多量少次"的效果要好得多。

图 3. 26　漏斗中沉淀的洗涤

洗涤沉淀至不挥发的杂质完全除去为止。沉淀洗涤数次后,用干净的表面皿接取约 1 mL 滤液,此时如果漏斗下端触及滤液,则检验就毫无意义了。选择灵敏而又迅速显示结果的定性反应来检查沉淀是否洗净。过滤与洗涤沉淀的操作,必须不间断地一气呵成,否则间隔较久,沉淀就会干涸,黏成一团,这样就无法将其洗涤干净了。

3.6.4 烧杯中的滴定操作

沉淀洗涤干净后，一般溶解于烧杯中，这样滴定将在烧杯中进行。具体操作为：将烧杯放在滴定台上，调节滴定管的高度，使其下端伸入烧杯内 1 ~ 2 cm，滴定管下端应在烧杯中心的左后方处。左手滴加溶液，右手持玻璃棒搅拌溶液，如图 3.27 所示，玻璃棒应作圆周搅拌，不要碰到烧杯壁和底部，以免划伤烧杯。当滴定至接近终点时，只需滴加半滴溶液或更少量时，用玻璃棒下端盛接滴定管下端悬挂的半滴溶液于烧杯中。注意：玻璃棒只能接触液滴，不能接触管尖。

图 3.27　烧杯中的滴定操作

实验22　高锰酸钾法测定石灰石中钙的含量

目的

1. 掌握高锰酸钾法测定石灰石中钙的含量的基本原理和方法。
2. 了解用沉淀分离法消除杂质干扰的方法。
3. 掌握沉淀分离的操作技术。

原理

石灰石是工业生产中的重要原材料之一，它的主要成分是 $CaCO_3$（以 CaO 计一般为 30% ~ 55%），还含有一定量的 $MgCO_3$ 及硅、铝、铁等杂质。本实验选用含硅量很低、可被盐酸分解完全的石灰石为样品。将石灰石样品溶于浓盐酸后加入草酸铵，在中性或弱酸性溶液中，生成难溶的草酸钙沉淀，彻底洗去沉淀表面的 $C_2O_4^{2-}$ 和 Cl^- 后溶于稀硫酸，然后用 $KMnO_4$ 标准溶液滴定与 Ca^{2+} 相当的 $C_2O_4^{2-}$，根据所消耗的 $KMnO_4$ 标准溶液体积，便可间接地测得 Ca^{2+} 的含量。

获得准确结果的关键：① 保证 Ca^{2+} 与 $C_2O_4^{2-}$ 之间 1 : 1 的计量关系，使 CaC_2O_4 沉淀完全；② 颗粒较大、便于洗涤；③ 彻底去除沉淀表面及滤纸上的 $C_2O_4^{2-}$ 和 Cl^-。为此必须控制

沉淀 Ca^{2+} 的条件，一般是在酸性溶液中加入 $(NH_4)_2C_2O_4$，此时 $C_2O_4^{2-}$ 浓度很小，主要以 $HC_2O_4^-$ 形式存在，故不会与 Ca^{2+} 生成沉淀，然后滴加氨水逐渐中和溶液中的 H^+，使 $C_2O_4^{2-}$ 浓度缓缓增大，逐渐生成 CaC_2O_4 沉淀。最后控制溶液 pH 在 3.5 ~ 4.5 之间，此时既可使 CaC_2O_4 沉淀完全，又不致生成 $Ca(OH)_2$ 或 $(CaOH)_2C_2O_4$ 沉淀。沉淀完全后再经陈化以使沉淀颗粒增大，用适量的水彻底洗涤便可获得纯净的、颗粒较大的 CaC_2O_4 沉淀。

试剂

$KMnO_4$ 溶液：0.02 mol·L^{-1}，配制及标定参见实验 19

HCl 溶液：1∶1(1+1)

氨水溶液：1∶1(1+1)

$(NH_4)_2C_2O_4$ 溶液：4%

H_2SO_4 溶液：1∶10(1+10)

甲基橙指示剂：0.2% 水溶液

$AgNO_3$ 溶液：0.1 mol·L^{-1}

HNO_3 溶液：2 mol·L^{-1}

步骤

(1) CaC_2O_4 沉淀的制备　准确称取 0.15 g 左右的石灰石样品两份，分别置于已编号的 250 mL 烧杯中，加几滴水润湿，盖上表面皿，用滴管自烧杯嘴处缓慢滴加 8 mL 1∶1 HCl 溶液，轻轻摇动烧杯，防止局部反应剧烈引起溶液飞溅。等到样品不再发生气泡后，加热至微沸(小心飞溅)，当样品完全分解后，用去离子水冲洗表面皿及烧杯内壁，并稀释溶液至 75 mL，再加入 20 mL 4% $(NH_4)_2C_2O_4$ 溶液，继续加热至 70 ~ 80 ℃。加入 2 ~ 3 滴甲基橙指示剂，在不断搅拌下以每秒钟 1 ~ 2 滴的速度滴加 1∶1 氨水至溶液红色恰好呈黄色为止。放置过夜陈化(或在水浴上陈化 0.5 ~ 2 h，同时用玻璃棒搅拌)。注意：玻璃棒不要取出。

(2) CaC_2O_4 沉淀的过滤和洗涤　在漏斗上放好滤纸，并做成水柱。将自然冷却至室温的沉淀用倾泻法过滤，用两个大烧杯盛接滤液，注意一一对应。沉淀先用 0.1% $(NH_4)_2C_2O_4$ 溶液洗涤 4 次，每次用 10 mL，再用去离子水洗涤沉淀至无 Cl^- 为止。在过滤和洗涤过程中，应尽量使沉淀留在原烧杯中，这样既可加快沉淀的过滤和洗涤，又可以避免沉淀转移带来的损失。应多次用水淋洗滤纸上部，在洗涤接近完成时，用表面皿接取 5 ~ 6 滴滤液，加入 1 滴 0.1 mol·L^{-1} $AgNO_3$ 溶液和 1 滴 2 mol·L^{-1} HNO_3 溶液，混匀后放置 1 min，如无浑浊现象，证明沉淀已洗涤干净。

(3) CaC_2O_4 沉淀的溶解和滴定　将带有沉淀的原烧杯放在相应的漏斗下面，每份沉淀用 50 mL 加热至 80 ~ 90 ℃的 1∶10 H_2SO_4 溶液溶解，具体操作为：先滴加热 1∶10 H_2SO_4 溶液至漏斗中，轻轻搅动使沉淀基本溶解，然后戳穿滤纸使溶液流入烧杯，用热 1∶10 H_2SO_4 溶液淋洗滤纸。移开烧杯，用水淋洗烧杯壁并稀释溶液至 100 mL，搅动溶液使沉淀溶解完全，将溶液加热到 70 ~ 80 ℃后，用 0.02 mol·L^{-1} $KMnO_4$ 标准溶液滴定至出现稳定的粉红色时,将相应漏斗上的滤纸放进烧杯的溶液中,用玻璃棒将滤纸轻轻展开与溶液充分接触,(勿搅碎!)然后将滤纸贴于液面以上的杯壁上。如果粉红色褪去,则应继续滴定到再度出现粉红色并在 30 s 内不褪色即为终点。

根据消耗的 $KMnO_4$ 标准溶液的体积及其浓度计算出石灰石样品中 CaO 的百分含量,两组平行测定结果的相对极差应小于 0.4%。

说明

(1) 石灰石及白云石中 CaO 含量的测定主要采用配位滴定法和高锰酸钾法。前者比较简便但干扰较多,后者干扰少且准确度高,但较费时。

(2) 只有一部分含硅量很低的石灰石中的钙可被 HCl 分解完全,大部分石灰石中都有一部分钙以硅酸盐的形式存在而不能被 HCl 分解完全。若要测定全钙量,则将用 HCl 分解样品后的不溶物于铂坩埚中灼烧、经氢氟酸除硅后,残渣经 $Na_2CO_3-H_3BO_3$ 熔融,最后用原试液浸取。

(3) 若样品中有较大量的 Fe^{3+}、Al^{3+} 存在,则应预先分离;量少时可加入柠檬酸铵配位掩蔽 Fe^{3+}、Al^{3+}。如果样品中碱金属含量小于 1%,而镁的含量也不大,此时在过量 $C_2O_4^{2-}$ 存在下,$C_2O_4^{2-}$ 与 Mg^{2+} 形成配离子,就使得镁离子的共沉淀大为减少,所以在弱酸性溶液中由一次沉淀便可以得到相当纯净的沉淀;但若镁的含量较高或陈化时间过长,尤其是冷却后再放置过久,则会发生 MgC_2O_4 后沉淀而导致结果偏高。

(4) 沉淀表面及滤纸上存有较多的 $C_2O_4^{2-}$ 和 Cl^-,这往往是造成结果偏高的主要因素,尤其是母液中大量的 $C_2O_4^{2-}$ 和 Cl^- 渗入滤纸中不易洗净,因此沉淀洗涤完后,应重点淋洗滤纸,每次用水约 1 mL,从上至下淋洗 20 次以上。

危险化学品安全信息

表 3.15　本实验中涉及的危险化学品安全信息

危险化学品	安全信息	
$AgNO_3$ 硝酸银 silver nitrate CAS:7761-88-8	危险化学品标识: O:氧化性物质 N:环境危险物质 C:腐蚀性物质 危险类别码: R8:遇到易燃物会导致起火	安全说明: S26:万一接触眼睛,立即使用大量清水冲洗并送医诊治 S45:出现意外或者感到不适,立刻到医生那里寻求帮助(最好带去产品容器标签)

续表

危险化学品	安全信息	
	R34:会导致灼伤 R50/53:对水生生物极毒,可能导致对水生环境长期不良影响	S60:本物质残余物和容器必须作为危险废物处理 S61:避免排放到环境中。参考专门的说明/安全数据表
HCl 盐酸(氯化氢) hydrogen chloride CAS:7647-01-0	危险化学品标识: T:有毒性物质 危险类别码: R34:会导致灼伤 R37:刺激呼吸道	安全说明: S26:万一接触眼睛,立即使用大量清水冲洗并送医诊治 S45:出现意外或者感到不适,立刻到医生那里寻求帮助(最好带去产品容器标签)
$NH_3 \cdot H_2O$ 氨水(氢氧化铵) ammonium hydroxide CAS:1336-21-6	危险化学品标识: C:腐蚀性物质 N:环境危险物质 危险类别码: R34:会导致灼伤 R50:对水生生物极毒	安全说明: S26:万一接触眼睛,立即使用大量清水冲洗并送医诊治 S36/37/39:穿戴合适的防护服、手套并使用防护眼镜或者面罩 S45:出现意外或者感到不适,立刻到医生那里寻求帮助(最好带去产品容器标签) S61:避免排放到环境中。参考专门的说明/安全数据表

注:$KMnO_4$、H_2SO_4 见实验 19 中的表 3.12。

思考题

(1) 如何得到纯净且易于过滤的 CaC_2O_4 沉淀?

(2) 洗涤液为什么先用稀的 $(NH_4)_2C_2O_4$ 溶液,再用冷水?用草酸溶液代替草酸铵溶液是否可以?

(3) 本实验中检查沉淀是否洗涤干净,为何要检查氯离子?

(4) 导致本实验结果偏高或偏低的主要因素有哪些?

实验23 不锈钢中铬含量的测定

目的

1. 掌握不锈钢中铬含量测定的方法及原理。
2. 掌握不锈钢样品的处理及分解方法。

3. 进一步运用氧化还原理论分析反应条件。

原理

铬在钢中与铁形成固熔体,同时也形成碳化物(如 Cr_3C_2 等)。将不锈钢样品用酸溶解后,铬以三价离子的形式存在,此时在酸性溶液中加入氧化剂 $(NH_4)_2S_2O_8$ 并以 $AgNO_3$ 作催化剂,将 Cr^{3+} 氧化为 $Cr_2O_7^{2-}$,反应式为

$$2Cr^{3+}+3S_2O_8^{2-}+7H_2O \rightarrow Cr_2O_7^{2-}+6SO_4^{2-}+14H^+$$

为了确定 Cr^{3+} 已被定量氧化,常在被测溶液中加入少量 Mn^{2+},这样当溶液中出现 MnO_4^- 的紫红色即表示 Cr^{3+} 已被全部氧化。

加入少量 HCl 溶液,煮沸以破坏所生成的 MnO_4^-,然后用硫酸亚铁铵标准溶液滴定溶液中 $Cr_2O_7^{2-}$ 的含量。滴定时用邻苯氨基苯甲酸作指示剂,溶液由橙红色逐渐变成暗红色,达到终点时溶液变成亮绿色。

试剂

$(NH_4)_2Fe(SO_4)_2 \cdot 6H_2O$ 溶液:0.1 mol · L^{-1},称取 40 g $(NH_4)_2Fe(SO_4) \cdot 6H_2O$ 溶于 1 L 1 mol · L^{-1} H_2SO_4 溶液中(若浑浊则应加热至清),然后转移至棕色细口瓶中,一星期内有效

$K_2Cr_2O_7$ 固体(AR)

$(NH_4)_2S_2O_8$ 固体(AR)

HCl 溶液:1 ∶ 3

H_2SO_4 溶液:1 ∶ 4

H_2SO_4-H_3PO_4 混合酸:在搅拌下将 200 mL 浓硫酸缓缓加入 500 mL 水中,冷却后再加 300 mL 浓磷酸,混匀

HNO_3 溶液:2 mol · L^{-1}

$AgNO_3$ 溶液:0.1 mol · L^{-1}

$MnSO_4$ 溶液:0.1 mol · L^{-1}

邻苯氨基苯甲酸指示剂:0.2% 水溶液

步骤

(1) 0.016 mol · L^{-1} $K_2Cr_2O_7$ 标准溶液的配制　准确称取约(?)g $K_2Cr_2O_7$ 置于 100 mL 烧杯中,用水溶解后定量转移至 250 mL 容量瓶中,定容后摇匀,计算其浓度。

(2) 不锈钢样品的溶解　准确称取 0.2 ~ 0.3 g 不锈钢样品,分别置于 400 mL 烧杯中,加入 75 mL H_2SO_4 溶液,盖上表面皿,小火加热溶解至气泡停止发生后逐滴加入 HNO_3 溶液,继续小火加热至黑色碳化物小颗粒完全消失。取下表面皿,再加热蒸发至出现 SO_3 的白烟,冷却后用水稀释至 300 mL。平行做三份不锈钢样品。

(3) Cr^{3+}的氧化　在溶液中依次加入 10 mL H_2SO_4 溶液、2 mL $AgNO_3$ 溶液、4 g $(NH_4)_2S_2O_8$

固体和 2 ~ 3 滴 $MnSO_4$ 溶液。加热煮沸至不再冒出小气泡[使过量的$(NH_4)_2S_2O_8$ 完全被破坏],同时出现 MnO_4^- 的紫红色,再逐滴加入 HCl 溶液,继续煮沸至 MnO_4^- 的紫红色消失。溶液变为黄色或橙色后,再煮沸 5 ~ 10 min,使 Cl_2 完全除去,冷却溶液后用水稀释至 300 mL。

(4) $(NH_4)_2Fe(SO_4)_2 \cdot 6H_2O$ 溶液的标定　用移液管准确移取 25.00 mL $K_2Cr_2O_7$ 标准溶液于 500 mL 锥形瓶中,加水稀释至 300 mL,加入 20 mL H_2SO_4-H_3PO_4 混合酸及 2 ~ 3 滴邻苯氨基苯甲酸指示剂,用$(NH_4)_2Fe(SO_4)_2 \cdot 6H_2O$ 溶液滴定至溶液由橙色到紫色再转变为亮绿色时即为终点。平行测定三次,极差应≤0.04 mL,计算$(NH_4)_2Fe(SO_4)_2 \cdot 6H_2O$ 溶液的浓度。

(5) 不锈钢样品中铬含量的测定　在处理后的不锈钢试液中加入 20 mL H_2SO_4-H_3PO_4 混合酸及 2 ~ 3 滴邻苯氨基苯甲酸指示剂,用$(NH_4)_2Fe(SO_4)_2 \cdot 6H_2O$ 标准溶液滴定至亮绿色即为终点。计算不锈钢中铬的百分含量。

说明

如果只用稀 H_2SO_4 溶液溶解不锈钢样品,将会留有碳化铬沉淀,这些碳化物需加入 HNO_3 等氧化剂使其氧化后才能溶解。但氧化剂必须在 H_2SO_4 溶解过程将近结束时才能加入,否则铁将被氧化剂钝化致使溶解延缓或停止。

危险化学品安全信息

表 3.16　本实验中涉及的危险化学品安全信息

危险化学品	安全信息	
$K_2Cr_2O_7$ 重铬酸钾(红矾钾) potassium dichromate CAS:7778-50-9	危险化学品标识: O:氧化性物质 N:环境危险物质 T+:极高毒性物质 危险类别码: R8:遇到易燃物会导致起火 R21:与皮肤接触有害 R25:吞咽有毒 R26:吸入极毒 R34:会导致灼伤 R42/43:吸入和皮肤接触会导致过敏 R45:可能致癌 R46:可能引起遗传基因损害 R50/53:对水生生物极毒,可能导致对水生环境的长期不良影响	安全说明: S45:出现意外或者感到不适,立刻到医生那里寻求帮助(最好带去产品容器标签) S53:避免暴露——使用前先阅读专门的说明 S60:本物质残余物和容器必须作为危险废物处理 S61:避免排放到环境中。参考专门的说明/安全数据表

思考题

(1) 溶解不锈钢时,加入硝酸的目的是什么? 反应后为什么要除去硝酸? 本实验用什么方法除去硝酸? 如何判断硝酸已除净?

(2) 用过硫酸铵氧化 Cr^{3+}时,为什么要加入几滴 $MnSO_4$ 溶液? 加热煮沸至没有小气泡冒出为止的目的是什么?

(3) 如何消除 MnO_4^- 的干扰?

(4) 氧化还原滴定反应中指示剂选择的依据是什么?

实验24 抗坏血酸含量的测定

目的

1. 掌握碘和硫代硫酸钠溶液的配制方法及保存条件。
2. 了解标定碘和硫代硫酸钠溶液浓度的基本原理和方法。
3. 掌握直接碘量法测定维生素 C 药片中抗坏血酸含量的原理和方法。
4. 学习碘量法的实验操作。

原理

碘量法中常用的标准溶液主要有碘标准溶液和硫代硫酸钠标准溶液两种。

碘可以通过升华法制得纯的试剂,但因其升华及对天平有腐蚀性,故不宜直接配制 I_2 标准溶液,一般是先配成近似浓度,然后再进行标定。标定 I_2 溶液浓度最简单的方法是用三氧化二砷作基准物,但因为 As_2O_3 为剧毒品,所以多采用 $Na_2S_2O_3$ 标准溶液进行标定。I_2 标准溶液应储存于棕色瓶中放置在冷暗处保存,I_2 能缓慢腐蚀橡胶和其他有机物,因此 I_2 溶液应避免与这些物质接触。

固体 $Na_2S_2O_3 \cdot 5H_2O$ 试剂一般都含有少量 Na_2SO_3、Na_2SO_4、Na_2CO_3、NaCl、S 等杂质,并且放置过程中易风化和潮解,因此不能直接配制标准浓度的溶液。$Na_2S_2O_3$ 溶液由于受水中微生物的作用、空气和水中二氧化碳的作用、空气中 O_2 的氧化作用、光线及微量的 Cu^{2+}、Fe^{3+}等作用的影响不稳定,容易分解。基于上述原因,配制 $Na_2S_2O_3$ 溶液的水必须是新煮沸并冷却的去离子水,并且应在溶液中加入少量 Na_2CO_3(浓度约 0.02%),因为 $S_2O_3^{2-}$ 在碱性溶液中较稳定且 pH=9 ~ 10 时微生物活力较低,配好的溶液应保存在洁净的棕色试剂瓶中,放置 8 ~ 14 d,待溶液浓度趋于稳定后再标定。

$Na_2S_2O_3$ 溶液浓度的标定,用 KIO_3 作基准物,新配制的淀粉为指示剂,采用间接碘量法测定,其反应式为:

$$IO_3^- + 5I^- + 6H^+ \longrightarrow 3I_2 + 3H_2O$$

$$I_2 + 2S_2O_3^{2-} \longrightarrow S_4O_6^{2-} + 2I^-$$

碘量法在有机物分析中的应用十分广泛。一些具有能直接氧化 I^- 或还原 I_2 的官能团的有机物，或通过取代、加成、置换等反应后能与碘定量反应的有机物都可以采用直接或间接碘量法进行测定。

抗坏血酸，又称维生素 C，简称 Vc，分子式为 $C_6H_8O_6$，相对分子质量为 176.13。由于其分子中的烯二醇基具有还原性，能被 I_2 定量地氧化为二酮基，故可用直接碘量法测定其含量，其反应如下：

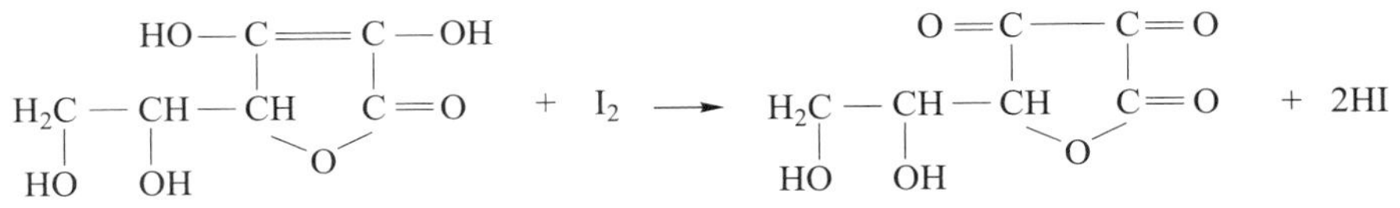

```
         HO—C═══C—OH                          O═C———C═O
            |    |                              |     |
H2C — CH — CH    C═O   +  I2  ——→   H2C — CH — CH     C═O   +  2HI
 |     |      \ /                    |     |      \  /
 HO    OH      O                     HO    OH      O
```

抗坏血酸的还原性很强，在空气中极易被氧化，尤其在碱性介质中更甚，因此在测定时加入 HAc 使溶液呈弱酸性，以减少维生素 C 的副反应。

抗坏血酸在分析化学中常用于分光光度法和配位滴定法中作掩蔽剂和还原剂。

试剂

$Na_2S_2O_3 \cdot 5H_2O$ 固体（AR）

HCl 溶液：6 $mol \cdot L^{-1}$

H_2SO_4 溶液：1 $mol \cdot L^{-1}$

I_2 固体（AR）

KIO_3 固体（AR）

KI 固体（AR）

Na_2CO_3 固体（AR）

HAc 溶液：2 $mol \cdot L^{-1}$

I_2 标准溶液：0.05 $mol \cdot L^{-1}$，配制、标定见实验 24

淀粉指示剂：0.5% 水溶液，称取 5 g 淀粉，置于小烧杯中，用水调成糊状，在搅拌下缓慢加入煮沸的 1 L 水中，继续煮沸至透明。冷却至室温，转移到洁净的试剂瓶中，夏天一周内有效，冬天两周内有效

维生素 C 药片

橙汁：统一鲜橙多、汇源橙汁

步骤

（1）0.05 $mol \cdot L^{-1}$ I_2 溶液的配制　称取 14 g KI 于 400 mL 烧杯中，加 40 mL 水和约4 g I_2，充分搅拌使 I_2 溶解完全，加水稀释至 300 mL，搅拌均匀。转移至棕色细口瓶中，放置于暗处。

(2) 0.1 mol·L^{-1} $Na_2S_2O_3$ 溶液的配制　称取约 10 g $Na_2S_2O_3·5H_2O$,溶于 400 mL 煮沸并冷却的水中,加入约 0.1 g Na_2CO_3,搅拌均匀后转入棕色细口瓶中,放置于暗处两周后标定。

(3) 0.017 mol·L^{-1} KIO_3 标准溶液的配制　准确称取(?)g KIO_3,置于 100 mL 烧杯中,用水溶解后定量转移至 250 mL 容量瓶中,定容,摇匀。

(4) 0.1 mol·L^{-1} $Na_2S_2O_3$ 溶液的标定　移取 25.00 mL 0.017 mol·L^{-1} KIO_3 标准溶液于锥形瓶中,加入 2 g KI,溶解后加入 5 mL 1 mol·L^{-1} H_2SO_4 溶液及 100 mL 水,立即用 $Na_2S_2O_3$ 溶液滴定至由红棕色变为浅黄色,加入 5 mL 0.5% 淀粉指示剂,继续滴定至溶液的蓝色消失变为无色即为终点。平行滴定三次,极差应≤0.04 mL,计算 $Na_2S_2O_3$ 标准溶液的浓度。

(5) 0.05 mol·L^{-1} I_2 溶液的标定　移取 25.00 mL 0.1 mol·L^{-1} $Na_2S_2O_3$ 标准溶液于 250 mL 锥形瓶中,加入 50 mL 水及 2 mL 淀粉指示剂,用 I_2 溶液滴定至溶液呈现稳定的蓝色(30 s 内不褪色),即为终点。平行滴定三次,极差应≤0.04 mL,计算 I_2 标准溶液的浓度。

(6) 维生素 C 药片中抗坏血酸含量的测定　准确称取维生素 C 药片 0.2 g 左右,置于 250 mL 锥形瓶中,加入新煮沸并冷却的 100 mL 去离子水、10 mL HAc 溶液,轻摇使之溶解,加入 2 mL 淀粉指示剂,立即用 I_2 标准溶液滴定至稳定的蓝色即为终点。平行滴定三次,计算抗坏血酸的百分含量。

(7) 橙汁中抗坏血酸含量的测定　移取 25.00 mL 0.05 mol·L^{-1} I_2 标准溶液,加入 250 mL 容量瓶中,定容摇匀。移取 50.00 mL 橙汁样品,置于 250 mL 锥形瓶中,加入新煮沸并冷却的 50 mL 去离子水、2 mL 淀粉指示剂,立即用稀释 10 倍的 I_2 标准溶液滴定至稳定的蓝色即为终点。平行滴定三次,计算抗坏血酸的百分含量。

说明

(1) 淀粉指示剂应选用含直链淀粉多的可溶性淀粉配制,因为碘与淀粉形成的蓝色配合物的颜色与淀粉的结构有关。含直链淀粉多的淀粉与 I_3^- 配离子(必须有 I^- 存在)作用形成蓝色吸附配合物的灵敏度高;含支链淀粉成分多的淀粉,其灵敏度低,且颜色多为紫红色,使滴定终点变色不明显。此外,溶液 pH 小于 2 时,淀粉易水解成糊精,糊精遇 I_2 呈红色且在滴定终点时亦不易消失。凡配成的指示剂遇 I_2 呈红色的均不能使用。

(2) 用 $Na_2S_2O_3$ 滴定生成的 I_2 时应保持溶液呈中性或弱酸性。所以常在滴定前加水稀释,降低酸度。

(3) 在接近终点时才能加入淀粉指示剂。如果过早加入,大量的碘与淀粉会反应形成蓝色吸附配合物,碘就难以快速地与 $Na_2S_2O_3$ 反应。

(4) 凡能被 I_2 直接氧化的物质均干扰测定,因此药片平行测定的精密度有所降低。

思考题

(1) 溶解维生素 C 药片为什么要用新煮沸并冷却的纯水?

(2) 为什么要在弱酸性介质中测定维生素 C 药片中抗坏血酸的含量?

实验25　铜矿中铜含量的测定

目的

1. 掌握间接碘量法测定铜的原理、方法及操作。
2. 掌握铜矿样的处理方法。

原理

铜矿、铜盐、铜合金等很多含铜物质中铜的含量常采用间接碘量法进行测定。

在酸性溶液中 Cu^{2+} 与过量 I^- 反应，Cu^{2+} 被 I^- 还原为 CuI，同时析出等量的 I_2，产生的 I_2 用 $Na_2S_2O_3$ 标准溶液滴定，以淀粉为指示剂，蓝色消失时即为终点，反应式如下：

$$2Cu^{2+}+5I^- \longrightarrow 2CuI\downarrow +I_3^-$$

$$I_3^-+2S_2O_3^{2-} \longrightarrow S_4O_6^{2-}+3I^-$$

为了使反应进行完全，必须加入过量的 I^-。因 I_2 在水中溶解度较小，过量的 I^- 存在，使 I_2 形成 I_3^-，增加 I_2 的溶解度。此外，因生成 CuI 沉淀，提高了 Cu^{2+}/Cu^+ 的氧化还原电位。

上述反应需在弱酸性溶液（pH = 3.5 ~ 4.0）中进行。若在强酸性溶液中，I^- 易被空气中的氧氧化为 I_2，Cu^{2+} 的存在还会催化此反应；若在碱性溶液中，Cu^{2+} 会水解，I_2 也会分解。所以通常用 NH_4HF_2 控制溶液 pH 在 3.5 ~ 4.0 的范围，同时铜矿中的 Fe、As、Sb 和铜合金中的 Fe 都干扰铜的测定，F^- 还可掩蔽 Fe^{3+}，pH>3.5 时，五价的 As、Sb 的氧化性可以降低至不能氧化 I^-。

CuI 沉淀表面易吸附少量的 I_2，使终点变色不敏锐并导致测定结果偏低。为此，在用 $Na_2S_2O_3$ 标准溶液滴定 I_2 至近终点时加入 KSCN，将 CuI 沉淀转化为溶解度更小的 CuSCN 沉淀，它基本上不吸附 I_2，使终点变色敏锐。但是只能在滴定至接近终点时才能加入 KSCN，否则 KSCN 将直接还原 I_2，使测定结果偏低。

试剂

$Na_2S_2O_3$ 溶液：0.05 mol · L^{-1}，称取约 5 g $Na_2S_2O_3 \cdot 5H_2O$，溶于 400 mL 煮沸并冷却的去离子水中，加入约 0.1 g Na_2CO_3，搅拌均匀后转入棕色细口瓶中，放置暗处两周后标定

KI 固体（AR）

浓 HNO_3（AR）ρ = 1.42 g · mL^{-1}

浓 HCl（AR）ρ = 1.19 g · mL^{-1}

H_2SO_4 溶液：1 ∶ 1

H_2SO_4 溶液：1 mol · L^{-1}

氨水溶液：1 ∶ 1

KSCN 溶液:20%

乙酸溶液:2 mol · L^{-1}

淀粉指示剂:0.5% 水溶液

NH_4HF_2 固体(AR)

KIO_3 固体(AR)

淀粉指示剂:0.5% 水溶液,称取 5 g 淀粉,置于小烧杯中,用水调成糊状,在搅拌下缓慢加入煮沸的 1 L 水中,继续煮沸至透明。冷却至室温,转移到洁净的试剂瓶中,夏天一周内有效,冬天两周内有效

步骤

(1) 0.0085 mol · L^{-1} KIO_3 标准溶液的配制　准确称取 0.45 ~ 0.48 g KIO_3,置于 100 mL 烧杯中,用水溶解后定量转移至 250 mL 容量瓶中,定容,摇匀。

(2) 0.05 mol · L^{-1} $Na_2S_2O_3$ 溶液的标定　移取 25.00 mL KIO_3 标准溶液于锥形瓶中,加入 2 g KI,溶解后加入 5 mL 1 mol · L^{-1} H_2SO_4 溶液及 100 mL 水,立即用 $Na_2S_2O_3$ 溶液滴定至由红棕色变为浅黄色,加入 5 mL 淀粉指示剂,继续滴定至溶液的蓝色消失变为无色即为终点。平行滴定三次,极差应≤0.04 mL,计算 $Na_2S_2O_3$ 标准溶液的浓度。

(3) 矿样的溶解　准确称取约 0.4 g 矿样 3 份,分别置于 3 个编号的 250 mL 锥形瓶中,用少量水润湿后加入 10 mL 浓 HCl,低温加热 5 min,稍冷,加入 10 mL 浓 HNO_3,加热至不再产生红棕色气体、样品残渣中没有黑色小颗粒,稍冷后,加入 2 mL 1 : 1 H_2SO_4 溶液,继续加热蒸发至出现 SO_3 白烟,溶液蒸至近干(注意:防止溶液溅出)。冷却,用去离子水冲洗瓶壁并加入 30 mL 水,加热至沸。

(4) 铜矿中铜含量的测定　将样品溶液冷却至室温,在摇动下滴加氨水至刚刚有稳定的沉淀出现[$Fe(OH)_3$ 沉淀],加入 10 mL 乙酸溶液、1.5 g NH_4HF_2 和 1.5 g KI,立即用 $Na_2S_2O_3$ 标准溶液滴定至浅黄色,加入 5 mL 淀粉指示剂,继续滴定至浅蓝紫色,加入 5 mL KSCN 溶液,摇动数秒钟后继续滴定至蓝色消失,此时因有白色沉淀存在,终点颜色呈现灰白色(或浅肉色)。平行测定三次,相对平均偏差应≤0.2%,计算铜矿样品中铜的含量(%)。

说明

(1) 测定完毕后应马上将锥形瓶中的溶液倒掉,以免 NH_4HF_2 腐蚀锥形瓶。

(2) 淀粉溶液最好能在终点前 0.5 mL 时再加入,在滴定第二份溶液时应做到这一点。第一次滴定时应注意观察终点前后溶液颜色的变化。

(3) 含 Cu^{2+} 和 Fe^{3+} 试液中 Cu^{2+} 含量的测定方法为:准确移取 25.00 mL 试液于锥形瓶中,在摇动下滴加氨水至刚刚出现浑浊,加入 1 g NH_4HF_2,待沉淀溶解后再加入 1 g KI,立即用 $Na_2S_2O_3$ 标准溶液滴定至溶液由黄褐色变为浅黄色(略带粉红色),加入 2 mL 淀粉指示剂,继续滴定至浅蓝色,再加入 3 mL KSCN 溶液,摇动数秒钟后继续滴定至蓝色消失呈白色或略带粉红色即为终点。平行滴定三次,计算试液中 Cu^{2+} 的浓度(mol · L^{-1})。

(4) 如果样品为铜合金,亦可按下面的方法溶样:准确称取铜合金样品约 0.15 g 于250 mL

锥形瓶中，加入 10 mL 1∶1 HCl 溶液，加热至近沸，分数次加入约 2 mL 30% H_2O_2 溶液，待合金溶解完全后，煮沸 2 min 以赶尽 H_2O_2（加热赶 H_2O_2 时，火不要太大，若体积太少，可加几毫升水）。继续煮沸 1～2 min，但不要使溶液蒸干，冷却后加入 50 mL 水。

危险化学品安全信息

表 3.17　本实验中涉及的危险化学品安全信息

危险化学品	安全信息	
NH_4HF_2 氟化氢铵（二氟化铵） ammonium hydrogen fluoride CAS：1341-49-7	危险化学品标识： C：腐蚀性物质 T：有毒性物质 危险类别码： R25：吞咽有毒 R34：会导致灼伤	安全说明： S22：不要吸入粉尘 S26：万一接触眼睛，立即使用大量清水冲洗并送医诊治 S37：使用合适的防护手套 S45：出现意外或者感到不适，立刻到医生那里寻求帮助（最好带去产品容器标签）

思考题

（1）测定中加 NH_4HF_2 的作用是什么？

（2）测定中加入 KSCN 溶液的作用是什么？为什么不能太早加入？

（3）测定时反应的 pH 范围是多少？酸度偏高或偏低对测定结果有何影响？

实验26　莫尔法测定酱油中NaCl的含量

目的

1. 掌握 $AgNO_3$ 标准溶液的配制和标定方法。
2. 掌握莫尔法测定氯含量的原理和方法。

原理

莫尔（Mohr）法是在中性或弱碱性溶液中，以 K_2CrO_4 为指示剂，用 $AgNO_3$ 标准溶液直接滴定 Cl^-，稍过量的 $AgNO_3$ 与 K_2CrO_4 反应生成砖红色沉淀以指示终点：

$$Ag^+ + Cl^- \longrightarrow AgCl\downarrow$$

$$2Ag^{+}+CrO_4^{2-} \longrightarrow Ag_2CrO_4\downarrow(\text{砖红色})$$

溶液的 pH 应控制在 6.5 ~ 10.5 之间。

若试液中存在铵盐，则 pH 上限不能超 7.2。试液中若存在较大量的 Cu^{2+}、Co^{2+}、Cr^{3+} 等有色离子，因影响目视观察终点可采用电位滴定法确定终点。莫尔法的选择性较差，凡是能与 Ag^{+} 生成沉淀的阴离子（如 S^{2-}、PO_4^{3-}、AsO_4^{3-} 等）和与 CrO_4^{2-} 生成沉淀的阳离子（如 Ba^{2+}、Pb^{2+}）都干扰测定。指示剂的浓度一般以 5×10^{-3} mol · L^{-1} 为宜。

莫尔法的应用较广泛，生活饮用水、工业用水、环境水质监测以及一些化工产品、药品、食品中氯的测定都使用莫尔法。

试剂及仪器

NaCl 固体：基准试剂，在高温炉中于 550 ℃ 下灼烧 1 h 后，存放于干燥器中，一周内有效。也可将 NaCl 放在瓷坩埚中加热并不断搅拌，待爆鸣声停止后再加热 15 min，稍冷，放入干燥器中冷却后备用

$AgNO_3$ 固体（AR）

K_2CrO_4 溶液：5%

移液器：5 mL

移液管：15 mL、25 mL

步骤

（1）0.1 mol · L^{-1} NaCl 标准溶液的配制　准确称取（?）g 基准试剂 NaCl 于小烧杯中，加少量水溶解后转移至 100 mL 容量瓶中，稀释至标线，摇匀。

（2）0.1 mol · L^{-1} $AgNO_3$ 溶液的配制　称取（?）g $AgNO_3$ 溶解于 200 mL 去离子水中，在棕色瓶中避光保存。

（3）$AgNO_3$ 溶液的标定　准确移取 15.00 mL NaCl 标准溶液于锥形瓶中，加 25 mL 水和 1 mL K_2CrO_4 溶液，在不断摇动下，用 0.1 mol · L^{-1} $AgNO_3$ 溶液滴定至刚刚出现稳定的浅橙色即为终点。平行滴定三次，极差应≤0.04 mL，计算 $AgNO_3$ 溶液的准确浓度。

（4）酱油中 NaCl 含量的测定　用移液器移取 5.00 mL 酱油样品于已准确称重的小烧杯中，准确称量出酱油的质量后定量转移至 250 mL 容量瓶中，加水稀释至刻度，摇匀。准确移取 25.00 mL 酱油样品溶液于 250 mL 锥形瓶中，加 50 mL 水和 1.7 mL K_2CrO_4 溶液，在不断摇动下，用 $AgNO_3$ 标准溶液滴定至刚刚出现稳定的浅橙色即为终点。平行测定三次，极差应≤0.04 mL，计算酱油中 NaCl 的百分含量。

说明

（1）莫尔法最适宜的 pH 范围为 6.5 ~ 10.5，因为 CrO_4^{2-} 在溶液中存在下式的平衡：

$$2H^{+}+2CrO_4^{2-} \longrightarrow 2HCrO_4^{-} \longrightarrow Cr_2O_7^{2-}+H_2O$$

在酸性溶液中，平衡向右移动，CrO_4^{2-} 浓度降低，使 Ag_2CrO_4 沉淀过迟或不出现从而影响分析结果。在强碱性或氨性溶液中，滴定剂 $AgNO_3$ 会生成 Ag_2O 或 $Ag(NH_3)_2^+$。因此，若被测定的 Cl^- 溶液的酸性太强，应用 $NaHCO_3$ 或 $Na_2B_4O_7$ 中和；碱性太强，则应用稀 HNO_3 中和，调至适宜的 pH 后，再进行滴定。

（2）沉淀滴定中，为减少沉淀对被测离子的吸附，一般滴定的体积以大些为好，故需加水稀释被滴定液。同时滴定时必须充分振荡，使被吸附的 Cl^- 释放出来，以获得准确的终点。

（3）K_2CrO_4 的用量对滴定有影响。如果 K_2CrO_4 浓度过高，终点提前到达，同时 K_2CrO_4 本身呈黄色，若溶液颜色太深，影响终点的观察；如果 K_2CrO_4 浓度过低，终点延迟到达。

（4）滴定至近终点时，AgCl 沉淀开始凝聚下沉，乳浊液有所澄清，终点时白色沉淀中混有很少量的砖红色 Ag_2CrO_4 沉淀，透过黄色溶液观察浅砖红色，近乎浅橙色，要仔细观察，以免滴过量。

（5）银是贵重金属，因此凡含 AgCl 的滴定废液应予回收。

（6）实验前需认真预习 3.4.5 移液器的使用。

危险化学品安全信息

表 3.18　本实验中涉及的危险化学品安全信息

危险化学品	安全信息	
$AgNO_3$ 硝酸银 silver nitrate CAS:7761-88-8	危险化学品标识： O：氧化性物质 N：环境危险物质 C：腐蚀性物质 危险类别码： R8：遇到易燃物会导致起火 R34：会导致灼伤 R50/53：对水生生物极毒，可能导致对水生环境的长期不良影响	安全说明： S26：万一接触眼睛，立即使用大量清水冲洗并送医诊治 S45：出现意外或者感到不适，立刻到医生那里寻求帮助（最好带去产品容器标签） S60：本物质残余物和容器必须作为危险废物处理 S61：避免排放到环境中。参考专门的说明/安全数据表
K_2CrO_4 铬酸钾 potassium chromate CAS:7789-00-6	危险化学品标识： O：氧化性物质 N：环境危险物质 T：有毒物质	安全说明： S45：出现意外或者感到不适，立刻到医生那里寻求帮助（最好带去产品容器标签） S53：避免暴露——使用前先阅读专门的说明

续表

危险化学品	安全信息	
	危险类别码： R8：遇到易燃物会导致起火 R22：吞咽有害 R36/37/38：对眼睛、呼吸道和皮肤有刺激作用 R43：皮肤接触会产生过敏反应 R46：可能引起遗传基因损害 R49：吸入会致癌 R50/53：对水生生物极毒，可能导致对水生环境的长期不良影响	S60：本物质残余物和容器必须作为危险废物处理 S61：避免排放到环境中。参考专门的说明/安全数据表

思考题

(1) 用莫尔法测定 Cl^-，为什么不能在酸性溶液或强碱性溶液中进行？

(2) 为什么要控制指示剂 K_2CrO_4 溶液加入量？

(3) 滴定过程中为什么要充分摇动溶液？

(4) 样品是 $BaCl_2$ 水溶液时，能否用莫尔法测定 Cl^-？

沉淀重量法的基本操作 3.7

沉淀重量法是利用沉淀反应将待测组分在适当的条件下沉淀析出，再转化为称量型物质进行称量，通过称量型物质与待测组分之间的定量关系进行分析测定的方法。适用于常量分析，准确度高，是测定某些物质公认可靠的仲裁分析方法。

沉淀重量法的分析过程包括样品分解制成试液后，加入适当的沉淀剂，将被测组分沉淀析出（称为沉淀型），之后沉淀型经过滤、洗涤、一定温度下的烘干或灼烧，转化成为称量型，最后进行称量。过程中所涉及的沉淀型获得、沉淀过滤和洗涤的相关基本操作，可参看 3.6 节沉淀分离法的基本操作。本节着重介绍只属于沉淀重量法的基本操作及仪器。

3.7.1 沉淀的转移

为了把沉淀全部转移到滤纸上，先加入滤纸一次能容纳量的洗涤液将沉淀搅起，将悬浮液立即按上述方法转移到滤纸上，此时，大部分沉淀可从烧杯中移出，这一步骤最容易引起沉淀的损失，必须严格遵守操作规范。然后用洗瓶中的水冲下烧杯壁和玻璃棒上的沉淀，转移到滤纸上，这样重复几次就可基本上将沉淀全部转移到漏斗中去，剩下的极少量沉淀，可把烧杯倾斜着拿在漏斗上方，烧杯嘴向着漏斗，将玻璃棒架在烧杯口上，下端对着滤纸三层部分，用洗瓶的水从上到下冲洗烧杯内壁，将沉淀冲到滤纸上，注意观察漏斗中滤液的量，这对于黏在烧杯壁上以及沉在烧杯底部的沉淀更为有效（见图 3.28）。

加热陈化的过程会使一些细小的沉淀黏附在烧杯壁上致使水冲不下来，因此需要用一小块定量滤纸（折叠时撕下的纸角），用水润湿后，先擦拭玻璃棒上的沉淀，再用玻璃棒顶住此纸片沿烧杯壁自上而下旋转着把沉淀擦“活”直至杯底，然后将纸片放入漏斗中，与主要沉淀合并。再用洗瓶按图 3.28 的方法吹洗烧杯，把擦“活”的沉淀微粒冲洗到漏斗中。最后在明亮处仔细检查烧杯内壁、玻璃棒是否存在肉眼可见的沉淀，若仍有沉淀的痕迹，应再擦拭和转移，直至完全转移为止。

图 3.28　冲洗转移沉淀的方法

转移至滤纸中的沉淀，需要进一步洗涤至不挥发的杂质完全除去为止。具体的洗涤方法请参见 3.6.3 节沉淀的过滤和洗涤。

3.7.2 沉淀的灼烧与恒重

1. 坩埚的准备

沉淀的灼烧需在预先已经洗净并经过两次以上灼烧至恒重的坩埚中进行。

坩埚分别用自来水冲洗（必要时可放入热盐酸中浸泡 10 min 以上再用洁净的玻璃棒夹

出，用自来水冲洗）和去离子水洗净，擦干外壁后放在电陶炉上低温烤干，洗净烤干后的坩埚必须用坩埚钳夹取。坩埚钳常用铁或铜合金制作，表面镀镍或铬，使用前要检查钳尖是否干净，如有沾污用细砂纸磨光后方可使用，坩埚钳放在桌面上时注意钳尖应朝上。烤干后的坩埚，放入干燥器中备用。

灼烧坩埚时会引起坩埚瓷釉组分中的铁发生氧化而增重、水及某些其他物质被烧失而减重，因此必须在灼烧沉淀时的条件下预先将空坩埚灼烧至恒重。将烤干后的坩埚放入高温电炉（又称马弗炉），从低温开始逐渐升温灼烧。注意，高温电炉的炉膛内各处的温度并不完全一致，有微小的差别，因此，应固定坩埚摆放的位置，以便于灼烧恒重。空坩埚灼烧 15 ~ 30 min 后取出，红热的坩埚不得立即放进干燥器中，否则与冷的瓷板接触会造成破裂，应放在干净的石棉网上，在空气中稍稍冷却至红热退去（约 30 s）后再移入干燥器中。热的坩埚放入干燥器后，会引起其中空气的膨胀，压力较大，有时甚至会将干燥器的盖胀开并摔落。但当放置一段时间后，由于其中空气冷却，压力降低，又会将盖吸住而打不开。因此灼热的坩埚放入干燥器后，不要马上完全盖严，先留一约 2 mm 的小缝，让膨胀的气体逸出，约 1 min 后立即盖严。在冷却过程中可开启一至两次，每次 2 mm 的小缝，等待 2 ~3 s，然后立即盖严。

冷却所需的时间要视坩埚的大小、厚薄、个数及干燥器的大小而定，在 800 ℃左右灼烧的 30 mL 坩埚于直径为 16 ~ 20 cm 的干燥器中冷却 40 ~ 50 min 即可。冷却坩埚时，干燥器应先放在实验室 20 min，然后再放到天平室中冷却至室温，这样可保证天平室的温度没有较大波动，无论是空的还是装有沉淀的坩埚，每次冷却的时间、地点等必须基本相同。不允许将坩埚放在干燥器中过夜后再进行称量。

坩埚完全冷却后才能进行称量，灼烧过的坩埚易吸潮，必须快速称量。称量后，再将坩埚按上述的程序灼烧、冷却、称量，直到连续两次称得的质量之差不超过 0. 2 ~ 0. 3 mg（一般以不超过沉淀质量的千分之一为标准），就可以认为坩埚已达到恒重了。第一次灼烧的时间应该长一些，使坩埚第一次就能够烧透，第二次时间可短些。

2. 沉淀的包裹

沉淀和滤纸都洗净后，用顶端细而烧圆的玻璃棒，由滤纸的三层部分将其挑起，再用洗净的手将滤纸取出。包裹沉淀时不要将滤纸完全打开，结晶形沉淀可按图 3.29 所示的方法包好，应包得稍紧些，但不要用手指挤压沉淀。最后用不接触沉淀的那部分滤纸将漏斗内壁轻轻擦一下，擦下可能黏在漏斗上部的沉淀微粒。把滤纸包放入已恒重的坩埚中，尽量贴近坩埚底部。

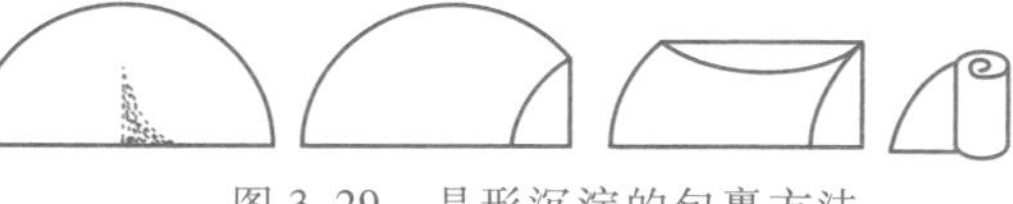

图 3. 29　晶形沉淀的包裹方法

若包裹胶状蓬松的沉淀，可在漏斗中用玻璃棒将滤纸周边向内折，把锥体的开口封住如图 3. 30 所示，然后取出，倒转过来尖头朝上放入坩埚中。

图 3. 30　胶状沉淀的包裹方法

3. 沉淀的灼烧

将装有沉淀包的坩埚放在电陶炉上，低温使其均匀而缓慢地受热，避免坩埚骤热而破裂。然后缓慢升高温度，把滤纸和沉淀烘干，这一步不能太快，若加热太猛，沉淀内部水分迅速汽化，会挟带沉淀溅出坩埚，造成实验失败。当滤纸包烘干后即开始冒烟，此时要注意防止着火，因为火焰卷起的气流会将沉淀微粒带走，万一着火只需用坩埚钳夹住坩埚盖将坩埚盖住，火焰就会熄灭。

滤纸全部炭化后，将电陶炉温度调到最大，以便把炭完全烧掉，这一步叫作灰化。炭黑基本消失、沉淀出现本色后，稍稍转动坩埚，让沉淀在坩埚内轻轻翻动，借此可把沉淀各部分烧透、使大块黏结物散落，并把包裹住的滤纸残片以及坩埚壁上的炭黑烧掉，灰化时空气要充足。灰化好后，将坩埚放入干燥器，拿到电炉室放入高温电炉内，摆放位置应同灼烧空坩埚时的一致。在规定的温度下灼烧 30 min，灼烧好后，从高温电炉内取出的坩埚，先放在干净的石棉网上稍冷约 30 s，再放入干燥器中，按照恒重坩埚时的操作，冷却至天平室温度，称量之。

当打开干燥器取出装有沉淀的坩埚时，应先把盖慢慢移向一边，以免进入干燥器的空气流把一部分沉淀吹散。沉淀第二次灼烧 15 min，冷却、称量至恒重。

4. 灼烧后沉淀的称量

称量方法基本上与称量空坩埚时相同。但应尽可能快些，特别是对灼烧后吸湿性很强的沉淀更应如此。灼烧带沉淀的坩埚时，连续两次称量的结果相差在 0.3 mg 以内即可认为恒重。

3.7.3 干燥器

干燥器是具有磨口盖子的密闭厚壁玻璃器皿，常用来保存干坩埚、称量瓶、样品等，它的磨口边缘涂一薄层凡士林，使之能与盖子密合。干燥器底部盛放干燥剂，最常用的干燥剂是变色硅胶和无水氯化钙，其上搁置洁净的带孔瓷板，物品放在瓷板上。

干燥剂吸收水分的能力都是有一定限度的。例如硅胶，20 ℃时被其干燥过的 1 L 空气中残留的水分为 6×10^{-3} mg；无水氯化钙 25 ℃时被其干燥过的 1 L 空气中残留的水分小于 0.36 mg。因此，干燥器中的空气并不是绝对干燥的，只是湿度较低而已。

使用干燥器时应注意下列事项：

(1) 干燥剂不可放得太多，加到下室的一半即可，以免沾污坩埚底部。加入干燥剂时，应用纸筒装入干燥器的底部，如图 3.31 所示。

(2) 搬动干燥器时，要用双手拿着，用大拇指紧紧按住盖子，其他手指托住下沿，如图 3.32 所示，禁止用单手捧其下部，以防盖子滑落。

(3) 打开干燥器时，不能向上掀盖，应用左手按住干燥器，右手小心地将盖子稍微推开，等冷空气徐徐进入后，才能完全推开，如图 3.33 所示，盖子必须仰放在桌面上。

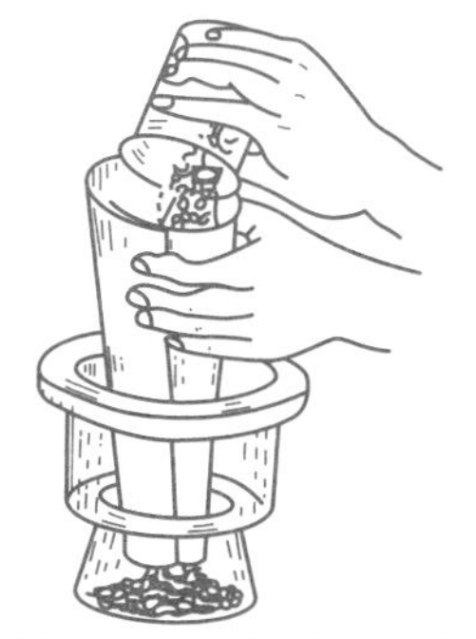
图 3.31 干燥剂的装入

图 3.32 干燥器的搬移

图 3.33 干燥器的开启与关闭

(4) 干燥剂一般为变色硅胶,变色硅胶干燥时为蓝色,受潮后变为粉红色,可以在 120 ℃烘干受潮的硅胶待其变蓝色后重复使用。

3.7.4 马弗炉

马弗炉是一种隔焰加热炉,其炉膛为由耐火材料制成的箱式或隧道式结构,采用电阻丝、硅碳棒等作为加热元件在炉膛外围加热,间接传热于被加热的材料或原件。由于是间接加热,炉内的温度和气氛易于控制,是实验室常用的高温加热仪器,主要用于灼烧沉淀、灰分测定等,温度可达 1000 ℃以上。

马弗炉的使用较为简单,放入需要加热的器皿和样品后设定好加热时间温度即可,使用时需要做好防护工作,使用坩埚叉(图 3. 34)或钳移取样品并注意佩戴好隔热手套。

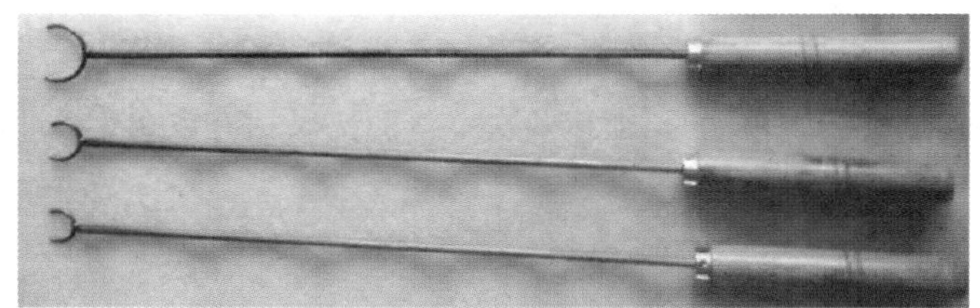

图 3. 34　马弗炉专用坩埚叉

图 3. 35 中的马弗炉,其保温材料采用了陶瓷纤维,质量轻、绝热性能好,升温快,有效降低了能耗,热污染小。马弗炉使用注意事项:

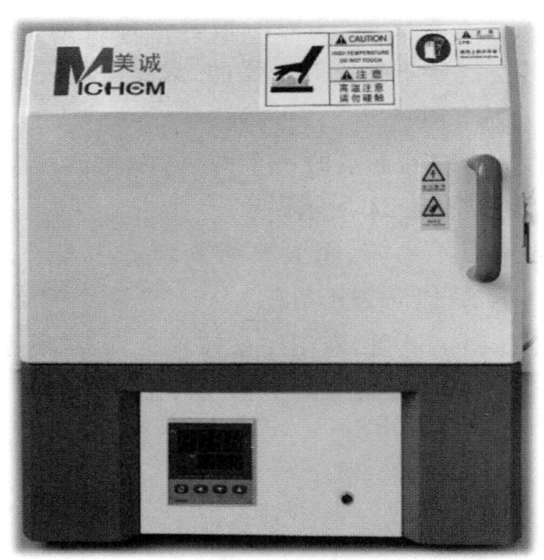

图 3. 35　陶瓷纤维马弗炉

(1) 马弗炉和控制器必须在相对湿度不超过 85%、没有易燃易爆物品、没有导电尘埃、没有爆炸性气体或腐蚀性气体存在的场所工作。凡附有油脂之类的金属材料需进行加热时,有大量挥发性气体将影响和腐蚀电热元件表面,使之销毁和缩短寿命。因此,加热时应及时预防和做好密封容器或适当开孔加以排除。

（2）禁止向炉膛内直接灌注各种液体及熔解金属，经常保持炉膛内的清洁。确保使用耐高温的器皿盛放实验样品，以免器皿在设定温度内因结构变形或损坏，造成炉膛的污染及损伤。

（3）膨胀类及液化类样品不可放置于密闭容器内进行加热；此外，应确认实验样品不会产生易燃易爆或对人体有害的气体。

（4）使用时炉温最高不得超过额定温度，也不得在额定温度下长时间工作，马弗炉最好在低于最高温度 50 ℃下工作。实验过程中，使用人不得离开，随时注意温度的变化，如发现异常情况，应立即断电，并由专业维修人员检修。

（5）当马弗炉第一次使用或长期停用后再次使用时，必须进行烘炉。烘炉的时间应为室温至 200 ℃ 4 h，200 ℃至 600 ℃ 4 h。其控制器应限于在环境温度 0 ~ 40 ℃范围内使用，热电偶不要在高温时骤然拔出，以防外套炸裂。

（6）使用时炉门要轻关轻开，以防损坏机件。坩埚钳取样品时要轻拿轻放，以保证安全和避免损坏炉膛。

（7）实验完毕后，样品退出加热并关掉电源，在炉膛内取放样品时，应先微开炉门，待样品稍冷却后再小心取出样品，防止烫伤。

实验27　$BaCl_2 \cdot 2H_2O$中Ba含量的测定

目的

1. 掌握沉淀、过滤、洗涤及灼烧等重量分析的基本操作。
2. 加深理解结晶形沉淀的沉淀理论。

原理

重量分析法通过直接沉淀和称量得到分析结果，不需要基准物质（或标准样品）进行比较，其测定结果准确度高，相对误差一般为 0.1% ~0.2%。尽管重量法操作烦琐且过程较长，但由于它有着不可替代的特点，目前在常量的 Si、S、P、Ni 等元素或其化合物的定量分析中仍采用重量法。

在含有 Ba^{2+} 的试液中加入稀 HCl 溶液，一方面是为了防止产生 $BaCO_3$、$Ba_3(PO_4)_2$、$Ba(OH)_2$ 等共沉淀，另一方面可降低溶液中 SO_4^{2-} 的浓度，有利于获得较粗大的晶形沉淀。加热至近沸，在不断搅拌下缓慢滴加热的稀 H_2SO_4 溶液，形成 $BaSO_4$ 晶形沉淀，经陈化、过滤、洗涤、烘干、炭化、灰化、灼烧后以 $BaSO_4$ 形式称量，即可求得 $BaCl_2 \cdot 2H_2O$ 中钡的含量。

为了获得颗粒较大、纯净的结晶状沉淀，应在酸性、较稀的热溶液中缓慢加入沉淀剂，以降低过饱和度，沉淀完全后还需陈化，为保证 $BaSO_4$ 沉淀完全，沉淀剂 H_2SO_4 必须过量（可过量 50% ~100%），并在自然冷却后再过滤。选用稀 H_2SO_4 溶液为洗涤剂可以减少溶解损失，由于 H_2SO_4 在灼烧时可被分解除掉，因此不致引入误差。

试剂及仪器

$BaCl_2 \cdot 2H_2O$ 固体：基准试剂

HCl 溶液：2 $mol \cdot L^{-1}$

H_2SO_4 溶液：1 $mol \cdot L^{-1}$

$AgNO_3$ 溶液：0.1 $mol \cdot L^{-1}$

HNO_3 溶液：2 $mol \cdot L^{-1}$

马弗炉

步骤

（1）瓷坩埚的准备　洗净两个瓷坩埚，在电陶炉上烤干，放入干燥器中，移至电炉室，放入 800 ℃马弗炉中灼烧，第一次灼烧 30 min，第二次灼烧 15 min。注意：每次灼烧时应使坩埚放在马弗炉的同一位置。坩埚先放在实验室冷却 20 min，然后放到天平室冷至室温（两次灼烧后冷却的时间要相同），迅速在分析天平上准确称量。两次灼烧后的质量之差不超过 0.3 mg，即可认为已恒重；否则还要再烧 15 min，冷却、称量，直至恒重。

（2）沉淀的制备　准确称取 0.4 ~ 0.6 g $BaCl_2 \cdot 2H_2O$ 两份，分别置于两个已编号的 250 mL 烧杯中，各加入约 70 mL 水和 2 mL HCl 溶液，盖上表面皿，加热至近沸，但勿使试液沸腾，以防溅失。配制 0.05 $mol \cdot L^{-1}$ H_2SO_4 溶液 150 mL，加热至近沸。将近沸的稀 H_2SO_4 溶液用滴管逐滴平均加入两份热的试液中，并用玻璃棒不断搅拌（搅拌时，玻璃棒不要碰触烧杯内壁和底部，以免划损烧杯致使沉淀黏附在烧杯上难以洗下），直至沉淀剂全部加入为止。待沉淀下降溶液变清时，沿烧杯壁向清液中加 2 滴 H_2SO_4 溶液，仔细观察沉淀是否完全，若清液变为浑浊，则应补加沉淀剂。用表面皿盖好烧杯（玻璃棒不要取出），放置过夜陈化（或置于微沸的水浴中陈化 1 h，并不时搅动）。

（3）称量型 $BaSO_4$ 的获得　陈化冷却后的沉淀，用慢速定量滤纸以倾泻法过滤（要求做“水柱”）。滤去上层清液后用 0.01 $mol \cdot L^{-1}$ H_2SO_4 洗涤液洗涤沉淀 6 次，每次用 10 mL，然后将沉淀小心转移到滤纸上，再用滤纸角擦净黏在烧杯和玻璃棒上的细微沉淀，并将滤纸角放在漏斗内的滤纸上，而后用洗瓶反复冲洗烧杯和玻璃棒，直至转移完全。最后再用水淋洗滤纸和沉淀数次，至滤液中无 Cl^- 为止。将滤纸取出把沉淀包裹好，放进已恒重的坩埚中，在电炉上经小火烘干、中火炭化、大火灰化（不能着火）后，放入在 800 ℃马弗炉中灼烧，第一次灼烧 30 min，冷却、称量。第二次灼烧 15 min，冷却、称量。灼烧及冷却的条件应与空坩埚恒重时操作相同。

由所得称量型 $BaSO_4$ 的质量，分别计算两份 $BaCl_2 \cdot 2H_2O$ 固体样品中 Ba 的含量（%）。

说明

实验前必须认真预习本书 3.6、3.7 节：沉淀分离法的基本操作、沉淀重量法的基本操作。

实验数据记录表格

表 3.19　$BaCl_2 \cdot 2H_2O$ 中 Ba 含量的测定数据记录

平行测定		1	2
坩埚 + $BaSO_4$ 恒重质量/g	坩埚号		
	第一次灼烧		
	第二次灼烧		
	第三次灼烧		
	平均		
烧杯号			
样品质量/g			
空坩埚恒重质量/g	第一次灼烧		
	第二次灼烧		
	第三次灼烧		
	平均		
$BaSO_4$ 质量/g			
样品中 Ba 的含量/%			
平均/%			

思考题

（1）为什么要在稀 HCl 溶液介质中沉淀 $BaSO_4$？加入过量稀 HCl 溶液对结果有无影响？

（2）用重量法测定 $BaSO_4$ 中的 Ba^{2+} 和测定 SO_4^{2-} 时，沉淀剂的过量程度是否相同？为什么？

（3）能否把经过滤、洗涤后的 $BaSO_4$ 沉淀用滤纸包裹好后放入已恒重的坩埚中直接送入马弗炉中灼烧？为什么？

3.8 电分析化学仪器

3.8.1 pH计——梅特勒FE28

梅特勒 FE28 pH 计如图 3.36 所示。

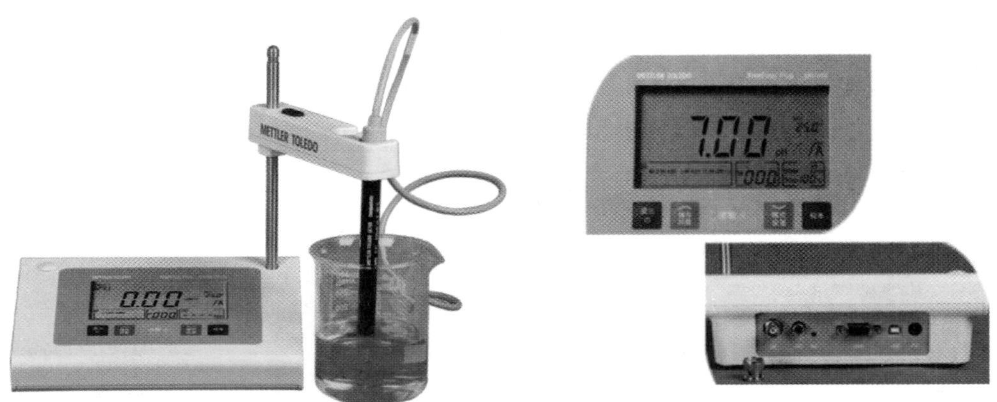

图 3.36　梅特勒 FE28 pH 计

1. pH 计按键及部分图标说明

按键	名称	短按(测量模式)	长按(测量模式)	短按(其他模式)
退出 ⏻	开/关/退出	打开仪表	关闭	返回至测量界面
︿ 储存 回显	储存/回显	储存	调用内存数据	增大数据 查看上一条内存
读数 /A	读数/终点方式	开始或终止测量	设置自动终点 打开/关闭	确认设置
﹀ 模式 设置	模式/设置	更改测量模式 (pH/mv)	输入设置模式	减少数值 查看下一条内存
校准	校准	启动校准	调用校准数据	
/A / /M	终点方式:自动/手动			

续表

按键	名称	短按(测量模式)	长按(测量模式)	短按(其他模式)
	校准模式:表示校准模式,在执行校准或审核校准数据时出现			
	测量模式			
	电极性能 斜率:95% ~105%/偏移值:±0~20 mV(电极处于良好状态) 斜率:90% ~94%/偏移值:±20~35 mV(电极需要清洁) 斜率:85% ~89%/偏移值:≥35 mV 或者≤-35 mV(电极出现故障)			

2. 梅特勒 FE28 的主要技术性能

(1) 测量范围:pH 0.00~14.00;mV -2000~2000 mV

(2) 分辨率:0.01 pH;1 mV

(3) 精度:±0.01 pH;±1 mV

(4) 操作温度范围:0~40 ℃

(5) 电极输入阻抗:$>10^{12}\ \Omega$

3. pH 计测定 pH 前的校准

为了获得更高准确性,确保最准确的 pH 读数,电极需要用校准缓冲液校准,缓冲液的 pH:4.01、6.86(7.00)、9.21。

(1) 1 点校准　将配套的电极连接到 pH 计上,并插入校准缓冲液中,选择 pH 测量模式,按下"校准"键,显示屏上显示 和 ,在测量过程中,显示上次校准的 pH。终点时, 从显示屏消失,屏幕显示已识别缓冲液在当前温度下的 pH。① 若只是 1 点校准,则按下"读数"键,完成 1 点校准;② 若要退出 1 点校准,则按"退出"键;③ 若要继续下一个校准点,请查看 2 点校准。

采用 1 点校准,仅调节偏移。如果之前采用多点校准方法对电极进行了校准,则会保持以前存储的斜率。否则,将使用理论斜率 100%。

(2) 2 点校准　1 点校准在终点时屏幕显示已识别缓冲液在当前温度下的 pH 后,用去离子水冲洗电极,并吸干去离子水,将电极插入下一个校准缓冲液中,按下"校准"键,显示屏上显示 和 ,在测量过程中,显示上次校准的 pH。终点时, 从显示屏消失,屏幕显示已识别缓冲液在当前温度下的 pH。① 若只是 2 点校准,则按下"读数"键,完成 2 点校准；② 若要退出 2 点校准，则按“退出”键；③ 若要继续下一个校准点，则参照 2 点校准的方法进行后续的 3 点校准。

采用 2 点校准，斜率和偏移值均得以更新，并显示在显示屏的相应位置。若采用 3 点校准，斜率和零点均得以更新，并显示在显示屏的相应位置。使用最小二乘法通过三个校准点（线性校准）计算偏移和斜率值。梅特勒 FE28 pH 计提供线段校正选项，其中每对邻近缓冲液的斜率和偏移值都会单独计算。线段校正仅对 3 点或更多点校准有意义。

4. pH 的测量

校准好电极后，将电极插入待测液中，然后按“读数”键开始测量，小数点将开始闪烁，显示屏上显示出样品的 pH。当选择了自动终点方式并且信号稳定后，显示屏将自动锁定，出现/A，且小数点停止闪烁。如果在自动终点之前按下“读数”键，显示屏将锁定，出现/M。长按“读数”键可在自动和手动终点模式之间进行切换。

5. mV 值的测量

连接好电极，选择 mV 模式，将电极插入待测液中，然后按“读数”键开始测量，小数点将开始闪烁，显示屏上显示样品的 mV 值。当选择了自动终点方式并且信号稳定后，显示屏将自动锁定，出现/A，且小数点停止闪烁。如果在自动终点之前按下“读数”键，显示屏将锁定，出现/M。

3.8.2 复合离子选择性电极的使用方法

离子选择性电极又称膜电极，这类电极有一层特殊的电极膜，电极膜对特定的离子具有选择性响应，当它和含待测离子的溶液接触时，在它的敏感膜和溶液的相界面上产生与该离子活度直接有关的膜电势。电极膜的电位与待测离子含量之间的关系符合能斯特公式。因此，离子选择性电极是一类利用膜电势测定溶液中离子的活度或浓度的电化学传感器。这类电极由于具有选择性好、平衡时间短的特点，是电位分析法用得最多的指示电极。

离子选择性电极分为原离子电极和敏化离子电极两大类，其中原离子电极又分为晶体膜电极（如 1966 年美国的 M. S. 弗兰特和 J. W. 罗斯用氟化镧单晶制成的高选择性氟离子电极）和非晶体膜电极（如德国的 F. 哈伯等人制成的测量 pH 的玻璃电极是第一种离子选择性电极）两类。离子选择性电极的基本结构为：电极的敏感膜固定在电极管的底端，管内装有内充溶液，其中插入内参比电极（通常为 Ag | AgCl 电极），内充溶液的作用在于保持膜内表面和内参比电极电势的稳定。

离子选择性电极是一个半电池（气敏电极例外），它的电势不能单独测量，而必须和适当的外参比电极组成完整的电化学电池，然后测量电池的电动势。将离子选择性电极与外参比电极组合在一起的电极称为复合离子选择性电极。下面，将介绍外参比电极均为 Ag | AgCl 的复合玻璃电极和复合氟离子选择性电极的使用方法。

1. 复合玻璃电极——梅特勒 LE438 复合 pH 电极（图 3.37）

（1）电极的主要技术参数　参比系统：Ag | AgCl；参比电解液：凝胶电解质；温度范围：

0 ~ 80 ℃；pH 测量范围：0 ~ 14；薄膜电阻（25 ℃）：<250 MΩ；存储：3 mol · L^{-1} KCl 溶液；电极体材质：POM（聚甲醛树脂）。

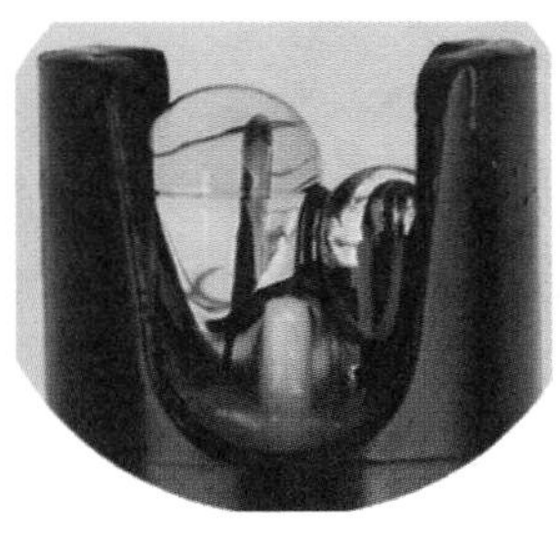

图 3.37　梅特勒 LE438 复合 pH 电极

（2）调试

① 移除保湿帽［图 3.38（a）］，目视检查电极有无损坏；② 若要去除盐晶体，请用去离子水冲洗电极杆；③ 若电极头内部存在气泡，请向下甩动电极头，直至气泡消失［图 3.38（b）］；④ 将电极连接至 pH 计。

（3）测量

① 用去离子水冲洗电极；② 使用吸水纸小心吸干电极头；③ 将电极插入校准缓冲溶液中，校准电极，确保校准及后续测量期间，玻璃敏感膜与液络（电极内溶液与外溶液之间的结合界面）都完全浸入测量液体中；④ 校准好的电极，用去离子水冲洗并用纸吸干，之后即可进行溶液 pH 的测定。

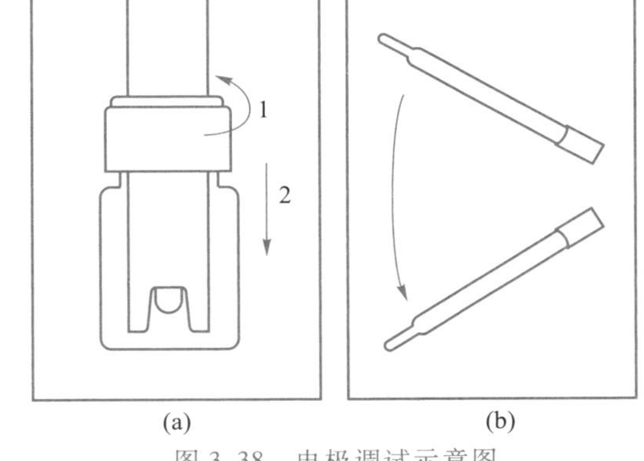

图 3.38　电极调试示意图

（4）存储

① 用去离子水冲洗电极后用吸水纸小心吸干电极头；② 保湿帽中加满适合的电解液（3 moL · L^{-1} KCl 溶液）；③ 将保湿帽套于电极上；④ 在室温条件下竖直存放电极。

2. 复合氟离子选择性电极——罗素 7102 型复合氟离子选择性电极

罗素 7102 型复合氟离子选择性电极（图 3.39）为可充式复合电极。

（1）电极的主要技术参数　氟离子检测范围：10^{-1} ~ 10^{-6} mol · L^{-1}；pH 范围：5 ~ 7；温度范围：5 ~ 60 ℃；斜率：（56 ±4）mV（20 ~ 25 ℃）；响应时间：≤2 min；内阻：≤50 kΩ；电极填充液：2 mol · L^{-1} KCl 溶液。

（2）电极的准备

① 检查电极内充液中是否有气泡附于氟电极内膜表面，应采取措施排除，否则会造成

电极内导体接触不良而影响电位的正确测量，可以通过插拔电极下端保护套排除。② 从电极底端取下电极存储瓶，打开电极上端硅胶塞，加入电极填充液，高度略低于加液口。使用时，一定要高于测试样品液面 2～3 cm 以上，方可保证电极填充液的流速。③ 测量过程中，加液口硅胶塞一直保持打开状态。④ 初次使用应将电极插入 10^{-3} mol·L^{-1} NaF 溶液活化 2 h，经常使用的电极活化时间为 30 min 或直接使用电极。

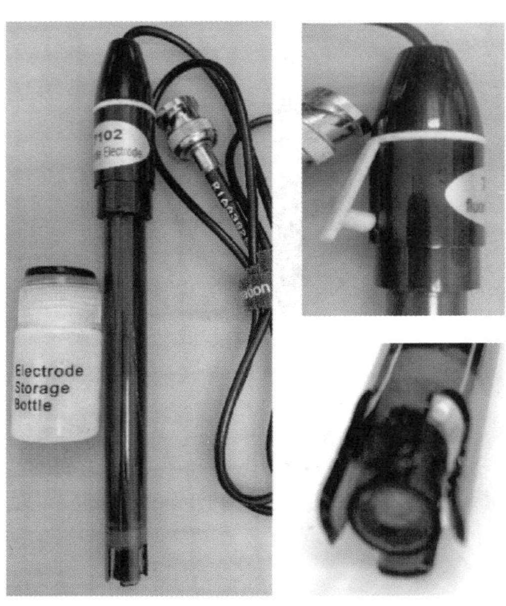

图 3.39　罗素 7102 型复合氟离子选择性电极

（3） 测量

① 用去离子水冲洗电极后用吸水纸小心吸干电极头；② 将电极连接上 pH 计；③ 将电极插入盛有去离子水的烧杯中，烧杯置于搅拌器上，清洗电极至空白电位（也称本底值，即出厂时的标注电位），其间一般需更换 2～3 次去离子水；④ 用吸水纸小心吸干电极头，插入含氟标准溶液中开始测定。注意：(a) 标准溶液的测定应从浓度低的溶液到浓度高的溶液顺序测定，即从 10^{-6} mol·L^{-1}～10^{-1} mol·L^{-1} NaF 进行测定，(b) 测量过程中应保持稳定的搅拌速率，且电极插入溶液的深度基本相同，在搅拌中读取稳定的测量数值，(c) 测量样品前，应将电极重新洗至空白电位后，再测定。

（4） 电极的保存

① 将电极清洗至空白电位，并用吸水纸小心吸干水分；② 电极底端套上电极存储瓶，室温条件下竖直存放；③ 若长时间储存，还应清空内填充液，并用去离子水清洗电极内腔。

3.8.3 作图法处理数据

作图法可以形象、直观地表示出各个数据连续变化的规律性，以及极大、极小、转折点等特征，并能从图上求得内插值、外推值、切线的斜率以及周期性变化等。

为了得到与实验数据偏差最小而又光滑的曲线图形，必须遵照以下规则：

(1) 一般以横轴表示自变量、纵轴表示因变量，选择合理的比例尺，确定图形的最大值与最小值的大致位置。坐标分度值要等距标示，分度以 1、2、5 等分为好，切忌 3、7、9 或小数，使分度能表示出测量的全部有效数字，不可随意增加或降低读数精确度。坐标起点不一定从“0”开始，应充分合理地利用图纸的全部面积。

(2) 坐标轴旁注明该轴代表变量的名称及单位，纵轴左面及横轴下面每隔一定距离标出该处变量的数值，横轴从左向右，纵轴自下而上。

(3) 将数据点以十字、圆圈、三角或其他符号标注于图中，各图形中心点及面积大小要与所测数据及其误差相适应，不能过大或过小。在一张图中若有数组不同测量值，应以不同符号表示，并在图上注明。

(4) 用作图工具(直尺或曲线尺)将各点连成光滑的线，当曲线不能完全通过所有点时，应尽量使其两边数据点个数均等，且各点离曲线距离的平方和最小。曲线与代表点的距离应尽可能近，其距离表示了测量的误差。

(5) 数据点上不要标注数据(除从图上求未知时)，报告上应有完整的数据表。整个图形应清晰，大小、位置合理。

(6) 利用计算机作图时，也要遵循上述原则。

实验28 离子选择性电极测定水中氟的含量

目的

1. 掌握离子选择性电极测定离子含量的原理和方法。
2. 掌握用氟离子选择性电极进行测定的原理、方法及操作。
3. 了解总离子强度调节缓冲液的意义和作用。

原理

氟含量的高低对人体健康有一定影响。例如，饮用水中氟的含量太低易得龋齿，过高则会发生氟中毒现象，适宜的含量为 0.5 $mg \cdot L^{-1}$左右。用氟离子选择性电极测定溶液中氟的含量，是一种简便、快速的标准分析方法。

为了保持溶液中总离子强度不变，通常在标准溶液和被测溶液中同时加入等量的“总离子强度调节缓冲溶液”(total ionic strength adjustment buffer，简写为 TISAB)，TISAB 使溶液中离子平均活度系数 γ 保持定值，并控制溶液的 pH 和消除共存离子的干扰。

测定 F^-时，控制氟电极的最佳使用条件，TISAB 的组成为柠檬酸钠、硝酸钾(或氯化钠)和 HAc-NaAc。

氟电极的选择性较好，但能与 F^-形成配合物的阳离子如 Al^{3+}、Fe^{3+}、Th^{4+}等以及能与 La^{3+}形成配合物的阴离子都对测定有不同程度的干扰。为了消除金属离子的干扰，可以加入掩蔽剂如柠檬酸钾(K_3Cit)、EDTA 等，但 Cit^{3-}的浓度不宜过高，因为 La^{3+}与 Cit^{3-}可生成极其稳定的可溶性柠檬酸盐配合物，这样将使 LaF_3 单晶薄膜在溶液中溶解度增加而造成测量误差。

为了使测定过程中 F^- 的活度系数、液接电位 φ_j 保持恒定，试液要维持一定的离子强度，因此常在试液中加入一定浓度的惰性电解质如 KNO_3、NaCl、$KClO_4$ 等，以控制试液的离子强度。

溶液的酸度对氟电极的电位响应影响较大。在水溶液中存在下列平衡：

$$F^- + H^+ \longrightarrow HF \qquad F^- + HF \longrightarrow HF_2^-$$

在低 pH 的溶液中，由于形成 HF、HF_2^- 等在氟电极上不响应的型体，降低了 $a(F^-)$；pH 高时，OH^- 浓度增大，OH^- 在氟电极上与 F^- 产生竞争响应，此外，由于 OH^- 离子半径及电荷与 F^- 相似，OH^- 能与 LaF_3 晶体膜发生交换作用：

$$LaF_3 + 3OH^- \longrightarrow La(OH)_3 + 3F^-$$

这样释放出的 F^- 使试液中 F^- 浓度增加，从而干扰了电位响应。因此测定需要在 pH 5～6 的缓冲溶液中进行，常用的缓冲溶液为 HAc-NaAc。

仪器与试剂

pH 计：梅特勒 FE28

磁力搅拌器：大龙 Flatspin

复合氟离子选择性电极：罗素 7102 型

磁子、聚四氟磁力棒

移液器：1 mL、5 mL

移液管：25 mL 1 支

容量瓶：50 mL 7 个

烧杯：50 mL 7 个

TISAB 溶液：102 g KNO_3、83 g NaAc、32 g K_3Cit 放入 1 L 烧杯中，再加入冰醋酸 13 mL，用 600 mL 去离子水溶解，溶液的 pH 应为 5.0～5.5，如超出此范围应加 NaOH 或 HAc 调节，调好后加去离子水至总体积为 1 L

NaF 标准溶液（1.00 $mol \cdot L^{-1}$）：准确称取于 120 ℃ 下干燥 2 h 并冷却的分析纯 NaF 41.99 g，用去离子水溶解后，转移至 1 L 容量瓶中，用去离子水稀释至标线，摇匀，存于聚乙烯塑料瓶中备用

步骤

（1）电极的准备　将 pH 计的模式调至 mV，安装好复合氟离子选择性电极，取下电极底端的保护套，打开电极加液口硅胶塞，将电极插入装有去离子水的小烧杯中，加入磁子，置于磁力搅拌器上，清洗电极的空白电位值达到电极本底值（该电位值由电极的生产厂标明），其间可更换烧杯中的去离子水数次。

（2）标准溶液系列的配制　取 6 个 50 mL 容量瓶，编号，用移液器在每个容量瓶中各加入 10 mL TISAB 溶液。用 5 mL 移液器吸取 5.00 mL 1.00 $mol \cdot L^{-1}$ NaF 标准溶液加入第一个

容量瓶中，加去离子水稀释至标线，摇匀即为 1.0×10^{-1} mol · L^{-1} NaF 溶液。用逐级稀释法配制 10^{-2} ~ 10^{-6} mol · L^{-1} NaF 标准溶液。

(3) 标准曲线的测绘　将配制好的系列 NaF 标准溶液分别倒入干燥的 50 mL 烧杯中，放入磁子，插入复合氟离子选择性电极，注意电极底端不要碰到磁子，调好磁力搅拌器转速，搅拌 3 min 后记录 mV 值(浓度为 10^{-6} mol · L^{-1} NaF 标准溶液，搅拌 5 min 后记录 mV 值)，电位测定及数值记录过程始终保持磁力搅拌器的转速一致。测量的顺序应从稀到浓，这样在转换溶液时不必用去离子水清洗电极，仅用滤纸吸去电极上的溶液即可。以测得的电位值(mV)为纵坐标、pF 为横坐标，在坐标纸上作出标准曲线。

(4) 水样中氟离子含量的测定　准确移取 25.00 mL 水样于 50 mL 容量瓶中，加入 10 mL TISAB 溶液，用去离子水稀释至标线，摇匀。复合氟离子选择性电极先用去离子水淋洗，再按照步骤(1)清洗电极的空白电位值至与起始本底值接近，方能进行水样中含氟量的测定。将水样倒入 50 mL 干燥烧杯中，插入电极，测定其电位值。从标准曲线上查出样品溶液中的 pF 值，再换算出水样中的含氟量并用 mg · L^{-1} 表示。

(5) 清洗电极　测定结束后，先用去离子水淋洗电极，再按照步骤(1)清洗电极的电位值至与起始本底值接近，用吸水纸吸干电极表面，盖好加液口硅胶塞，套上电极保护套。

说明

(1) 复合离子选择性电极，当它和含被测离子的溶液接触时，能对溶液中特定离子选择性地产生能斯特响应，其电极电位是一种膜电位，“+”为阳离子选择性电位，“-”为阴离子选择性电位，因此使用复合氟离子选择性电极需在测定的电位值前加“-”负号。

(2) 复合氟离子选择性电极，一般洗至空白电位值-320 mV 即可使用。

危险化学品安全信息

表 3.20　本实验中涉及的危险化学品安全信息

危险化学品	安全信息	
NaF 氟化钠 sodium fluoride CAS:7681-49-4	危险化学品标识: C:腐蚀性物质 T:有毒性物质 危险类别码: R25:吞咽有毒 R32:与酸接触会释放出毒性很高的气体 R36/38:对眼睛和皮肤有刺激作用	安全说明: S22:不要吸入粉尘 S36:穿戴合适的防护服装 S45:出现意外或者感到不适，立刻到医生那里寻求帮助(最好带去产品容器标签)

思考题

(1) 本实验为什么要加入 TISAB 溶液？它由哪些成分组成？各起什么作用？

(2) 用氟离子选择性电极时溶液的酸度应控制在什么范围内？pH 过高或过低有什么影响？

实验29 电位滴定法测定谷氨酸的解离常数及相对分子质量

目的

1. 了解用电位滴定法滴定多元酸的原理和方法。
2. 掌握滴定曲线的测绘及利用曲线求出谷氨酸的解离常数及相对分子质量的原理和方法。

原理

用电位滴定法进行酸碱滴定，实际就是用 pH 计、复合玻璃电极测定出酸碱滴定过程中溶液 pH 的变化。随着滴定剂不断加入，被测物与滴定剂发生反应，溶液的 pH 不断变化，到达终点附近，电位随溶液 pH 的突变而突变，从而确定出滴定终点。

用电位滴定法可以研究极弱酸（碱）、多元酸（碱）或混合酸（碱）是否能滴定。例如，氨基酸（一元或多元）是肽类及蛋白质基元的重要组分，它的结构通式为

$$\begin{array}{c} R \\ | \\ H_2N—C—COOH \\ | \\ H \end{array}$$

其中 R 是有机基团，随各种氨基酸而不同。如果氨基酸中的—NH_2 连接在邻近—COOH 的碳原子上，称为 α-氨基酸。氨基酸的种类很多，可用 NaOH 进行电位滴定的方法来验证是哪一种氨基酸。通常是从滴定结果估计该氨基酸的 pK_a 值，并求得该酸的相对分子质量，再与有关性质对照后确定出氨基酸的种类。

谷氨酸是一种酸性氨基酸，分子内含两个羧基，化学名称为 α-氨基戊二酸。左旋谷氨酸，即 L-谷氨酸，本实验欲测定 L-谷氨酸的解离常数和相对分子质量。L-谷氨酸的解离常数（见图 3.40）：pK_{a1}(COOH) 为 2.19，pK_{a2}(γ-COOH) 为 4.25，pK_{a3}(NH_3^+) 为 9.67，相对分子质量为 147.13。电位滴定法可以准确测定 L-谷氨酸的 pK_{a2}，同时通过滴定曲线推算出 pK_{a3}，并计算出其相对分子质量。

方法为首先确定滴定终点：以 NaOH 溶液加入的体积（mL）为横坐标，相应的 pH 为纵坐标作图，得到滴定曲线，如图 3.41 所示。曲线的拐点即为滴定终点，此点可用下面的方法较准确地求得，作两条与滴定曲线相切且成 45°倾斜角的切线，在两切线之间作一垂线，通过垂线中点作一条与切线相平行的直线，它与曲线相交的一点（图 3.41 中 A 点）为曲线的拐点，

与拐点相应的横坐标值，即为滴定至终点所需的 NaOH 溶液体积。

L-谷氨酸的 $K_{a2}/K_{a3}>10^4$，滴定曲线应有两个滴定突跃。因为 $c_aK_{a2}=0.1\times10^{-4.25}>10^{-8}$，在滴定曲线上第一个突跃很明显，$V_{终1}$很容易确定；但 $c_aK_{a3}=0.1\times10^{-9.67}<10^{-8}$，第二个突跃不明显，因此不能用上述方法来确定第二个滴定终点。然而，对同一个 L-谷氨酸溶液来说，两个滴定终点所消耗 NaOH 溶液体积间存在着 $V_{终2}=2V_{终1}$的关系，所以在曲线上找出与$2V_{终1}$相应的 pH，即为第二个终点时溶液的 pH。

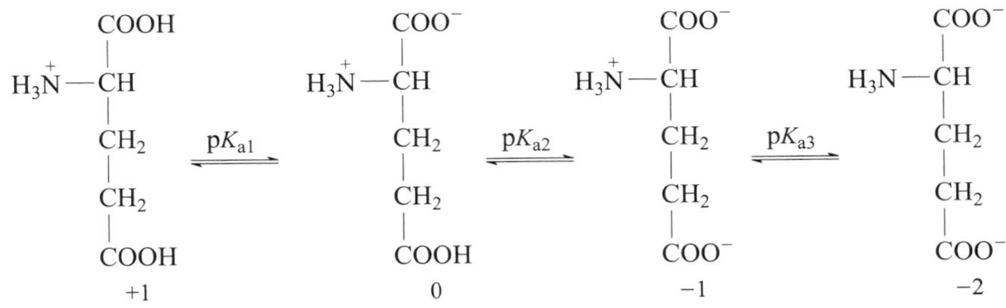

图 3.40 谷氨酸解离图

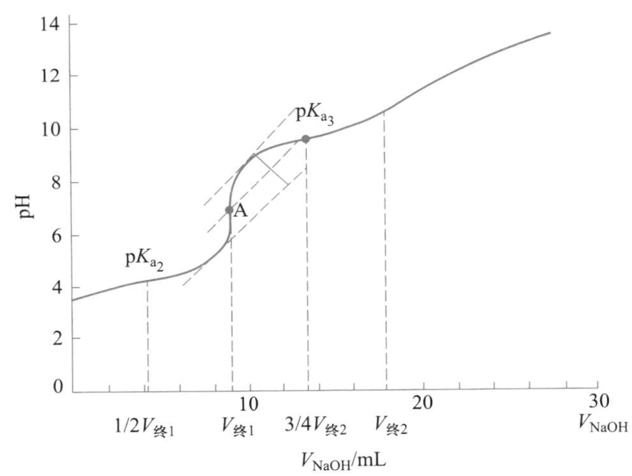

图 3.41 L-谷氨酸的滴定曲线

从滴定曲线上找出滴定到 $1/2V_{终1}$时溶液的 pH，即为 pK_{a2}值。同理在滴定曲线上找出滴定到 $3/4V_{终2}$时溶液的 pH，即为 pK_{a3}。

由于电位滴定法测量的是 H^+活度，而非浓度，实际上测得的是混合解离常数。严格的测定还应校正溶液中离子强度的影响，将混合解离常数换算成活度解离常数，活度系数可根据终点时溶液中离子强度进行计算。

根据消耗的 NaOH 溶液的体积，可以计算出 L-谷氨酸的相对分子质量。

试剂及仪器

NaOH 饱和溶液：50%（ ~19 mol · L^{-1}）

L-谷氨酸标准溶液：0.040 mol · L^{-1}

标准缓冲溶液:pH=4.01、9.21
pH 计:梅特勒 FE28
电极:梅特勒 LE438
磁力搅拌器:大龙 Flatspin
磁子、聚四氟磁力棒
聚四氟乙烯塞滴定管:50 mL
移液管:25 mL
烧杯:50 mL 3 个

步骤

(1) 0.1 $mol \cdot L^{-1}$ NaOH 标准溶液的配制及标定:参照实验 14 相关内容。

(2) 按照说明书安装好 pH 计和电极,并用 pH=4.01、9.21 的两种标准缓冲溶液校正电极。

(3) NaOH 和谷氨酸的电位滴定

① 先试滴一份,找到终点的大致位置。准确移取 L-谷氨酸溶液 25.00 mL 于 50 mL 烧杯中,放入磁子,置于磁力搅拌器上,将电极浸入溶液中,调整好搅拌速度,打开装有 NaOH 标准溶液并已调好零点的滴定管旋塞,控制好 NaOH 标准溶液的滴入量,开始加入 5.00 mL NaOH 标准溶液后每次加入 1.00 mL,直至到达终点。每次加入 NaOH 标准溶液后测一下 pH,将所加 NaOH 的量及相应的 pH 记录下来。当溶液 pH=11.0 时,停止实验。

由于等当点附近氢离子浓度突变而引起 pH 的大幅度变化,应据此来判断溶液终点是否到达,并注意滴定过程中有几个终点。

② 正式滴定。再准确移取 L-谷氨酸溶液 25.00 mL 于 50 mL 烧杯中,放入磁子,置于磁力搅拌器上,将电极浸入溶液中,测定 L-谷氨酸溶液的初始 pH 后,在上述 L-谷氨酸溶液中逐滴加入 NaOH 标准溶液,每次加入 1.00 mL,当加到测试的终点附近时,每次的加入量改为 0.50 mL。每加一次 NaOH 标准溶液,应及时记录所加 NaOH 溶液的体积和溶液相应的 pH,一直加到溶液的 pH=11.0 为止。

测量完毕,用去离子水清洗电极后用吸水纸吸干,套入装有 3 $mol \cdot L^{-1}$ KCl 溶液的保护套中,同时按照 pH 计说明书复原 pH 计。

(4) 数据处理

① 将 pH 对 NaOH 溶液体积(mL)作图。

② 从 NaOH-L-谷氨酸的滴定曲线中找出 $V_{终1}$ 和 $V_{终2}$。

③ 从图上读出 $1/2V_{终1}$ 和 $3/4V_{终2}$ 相应的 pH,确定谷氨酸的 pK_{a2} 和 pK_{a3},并与手册中查得的数据进行比较。

④ 根据配制 L-谷氨酸溶液时称取的 L-谷氨酸质量及配制体积,计算 L-谷氨酸的相对分子质量。

说明

(1) L-谷氨酸是一种鳞片状或粉末状晶体,呈微酸性,无毒。微溶于冷水,易溶于热水，几乎不溶于乙醚、丙酮中，也不溶于乙醇和甲醇。L-谷氨酸的用途广泛，它本身作为药品，能治疗肝昏迷症，也可用来生产味精、食品添加剂、香料和用于生物化学的研究。L-谷氨酸在不同温度水中的溶解度：20 ℃ 0.72 g/100 g H_2O、40 ℃ 1.51 g/100 g H_2O、60 ℃ 3.17 g/100 g H_2O、80 ℃ 6.66 g/100 g H_2O。

（2）实验测得的相对分子质量相对误差约为2%，pK_a 值可与理论值相差0.2个单位。

3.9 分光光度法

分光光度法是基于物质在特定波长处或一定波长范围内对光的吸收度，对该物质进行定性或定量分析。分光光度法测定的理论依据是朗伯-比尔定律：当一束平行单色光通过单一均匀的、非散射的吸光物质溶液时，溶液的吸光度与溶液浓度和液层厚度的乘积成正比。如果固定比色皿厚度测定有色溶液的吸光度，则溶液的吸光度与浓度之间有简单的线性关系，可根据相对测量的原理，用标准曲线法进行定量分析。

分光光度法常用的波长范围为：(1) 200～380 nm 的紫外光区，(2) 380～780 nm 的可见光区，(3) 2.5～25 μm 的红外光区。所用仪器为紫外分光光度计、可见分光光度计、红外分光光度计或原子吸收分光光度计。

分光光度法灵敏度较高，适用于微量组分的测定，一般情况下测定浓度的下限可达到 $10^{-4}\%$～$10^{-5}\%$；准确度能满足微量组分测定的要求，通常的相对误差为 2%～5%。分光光度法应用广泛，既可测定绝大多数无机离子，也能测定具有共轭双键的有机物。

3.9.1 分光光度计

分光光度计主要由光源、单色器、样品室、检测器、信号处理器和显示与存储系统组成。下面介绍 V-1200 型可见分光光度计的性能与结构、使用方法及注意事项。

1. 性能与结构

V-1200 型可见分光光度计的主要技术指标：单光束光路系统、12 V/20 W 钨灯光源、320～1020 nm 波长范围、≤0.1%T 杂散光、4 nm 带宽、-0.301～3.0 A(0～200%)测量范围、±1.0 nm 波长准确度、≤0.2 nm 波长重复性、±0.4%T 透射比准确度、0.001 A/h 稳定性。仪器的外观及面板按键说明如图 3.42、图 3.43 所示。

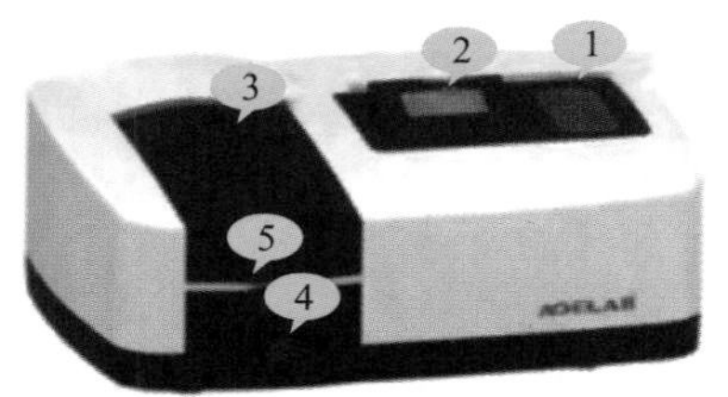

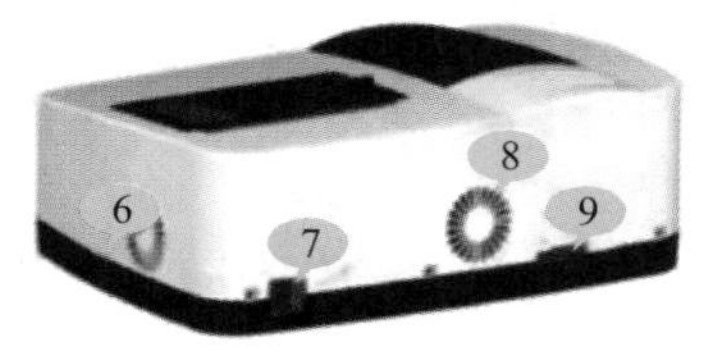

1—薄膜按键；2—液晶显示器；3—样品室盖；4—样品架拉杆；5—减震垫；

6—电源开关；7—电源插口；8—出风口；9—计算机板

图 3.42 V-1200 型可见分光光度计外观

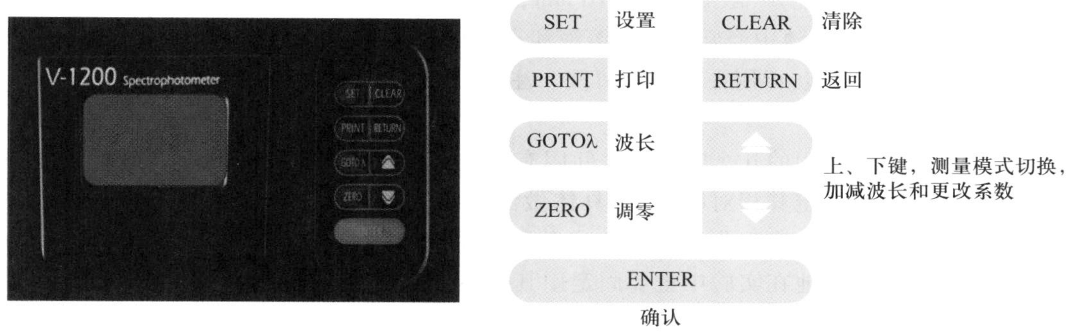

图 3.43　V-1200 型可见分光光度计面板按键说明

2. 使用方法

(1) 打开电源，仪器自检。自检完成后，预热 30 min，自检及预热时样品室盖处于关闭状态。

(2) 按 ENTER 键选定“光度模式”。

(3) 按 GOTO λ 键，用▼▲键选定测试波长后按 ENTER 键确认。

(4) 将放有“参比”的样品槽置于光路中，按 ZERO 键校准。

(5) 将放有“样品”的样品槽置于光路中，读取吸光度值。

(6) 若欲将测试数据全部显示于屏幕上，需在完成步骤(4)后按 ENTER 键，再进行步骤(5)的测定，且每次测定均需按 ENTER 键。

(7) 测试结束，打开样品室的样品盖，取出装有空白液和样品的比色皿，盖上样品盖。将比色皿清洗干净后备用。

注意：当测试波长发生改变时，应重新按 ZERO 键校准。

3. 使用注意事项

(1) 热机不要随意搬动，以免灯丝损坏和光路偏离。

(2) 仪器应避免阳光直射，更要避免直吹风。

(3) 远离磁场、电场、高频波电器装置及有振动的设备。

(4) 仪器正常使用的室内温度应控制在 10～35 ℃、湿度在 25%～80% 范围内，远离高温高湿。

3.9.2 吸收池和比色管

1. 吸收池

吸收池亦称比色皿，可见光和紫外光分光光度分析中使用的吸收池为长方形容器，其中两面由透明材料制成(可见光度分析采用光学玻璃、紫外光度分析则采用石英材料)、另两面由毛玻璃制成。拿吸收池时，手指拿住毛玻璃面，以免沾污光学面。石英材质的吸收池一般都带有盖子，以防止溶剂挥发，分子荧光光度分析中用的吸收池四面均由石英制成。

吸收池的厚度(内径)一般有 5 mm、10 mm、20 mm、30 mm、40 mm 等规格,其中以 10 mm 厚的应用最普遍。吸收池中经常盛有色溶液和有机化合物,洗涤吸收池时应先用盐酸-乙醇(1∶2)洗涤剂进行浸泡,再用去离子水清洗。注意,用后应及时清洗,以免着色后不易彻底洗净。

在一般实验中,所用的几个吸收池之间固有的吸光度之差应不大于 0.005。如果差别过大,可在一定波长下测定其相对吸光度,具体做法为:都盛满纯水,以其中的一只为参比,测定其他几只的吸光度,作为吸收池空白在实验数据中加以扣除。但这几个吸收池一定要编号,作参比的那只吸收池在实验中也要固定用其盛参比溶液。

吸收池在使用中要注意保护光学面,避免擦伤或被硬物划伤。测定时先用待测液润洗吸收池 2 ~ 3 次,以免改变待测溶液的浓度,装溶液不要太满,以防振动时溢出溶液腐蚀光度计,一般装液至 3/4 容积即可,然后用吸水纸轻轻吸掉外面的溶液,即可放入样品槽架进行测量。

石英吸收池价格高,使用时要特别小心,以防损坏。

2. 比色管

比色管主要用于半定量或限量分析的目视比色分析,这种分析方法的操作简便、快速,广泛应用于工业产品的杂质限量分析中。

比色管是直形透明玻璃管,管身一般有两条环形刻线,上面的环线标称总容量,下面的环线标称半容量或部分容量。常用比色管的规格有 10 mL、25 mL、50 mL、100 mL。

半定量比色分析要求所用的一套比色管的直径、线高、色度、壁厚等要基本一致,以利于纵向或横向观察、比较各管中溶液的颜色差别或浊度差别(比浊分析)。生产厂家通常会生产不同数量一组的产品,如 6 支、12 支、25 支、50 支一组等规格,同一组的比色管上述几种性质基本一致,组数越大的产品价格越高。

进行目视比色分析时,应将比色管放在底部嵌有反光镜的白色木架上进行比较,当溶液颜色的梯度不明显时,应结合室内光线的情况,找到一个最佳视线方向进行观察、比较。

在分光光度分析实验中,有时也用比色管代替容量瓶配制溶液,因为比色管的容量精度能满足一般光度分析实验的要求,而且用它往吸收池中倒溶液时较用容量瓶方便。比色管如被有色溶液染色,可用盐酸-乙醇洗液浸泡,用完应尽快倒掉废液,洗净盖好。

实验30　邻二氮菲分光光度法测定微量铁

目的

1. 掌握测定微量铁的通用方法。
2. 学习使用分光光度计的基本操作及数据处理方法。
3. 学习通过吸收曲线确定测量波长。

原理

应用吸光光度法进行定量分析，是基于用显色剂与被测物质反应，生成有色配合物，在可见光区进行光度测定。为了使测定获得较高的灵敏度和准确度，应合理选择显色剂和显色条件，并选用合适的波长和参比溶液，在符合朗伯-比尔定律的浓度范围内进行测定。

邻二氮菲（又称邻菲啰啉）是测定微量铁（Ⅱ）的灵敏度高、选择性强的试剂，邻二氮菲分光光度法是化工产品中微量铁测定的通用方法。在酸度为 pH 2～9 的溶液中，邻二氮菲与 Fe^{2+} 生成稳定的橘红色配合物：

$$Fe^{2+} + 3\,\text{phen} \longrightarrow \{[\text{phen}]_3 Fe\}^{2+}$$

该配合物 $\lg \beta_3 = 21.3$（20 ℃），$\varepsilon_{508} = 1.1 \times 10^4$。

在 pH 2～9 范围内，反应生成的配合物颜色深度迅速恒定。酸度过高，反应速率缓慢；酸度过低，Fe^{2+} 水解。此外，邻二氮菲与 Fe^{3+} 也生成 3∶1 的淡蓝色配合物，其 $\lg \beta_3 = 14.1$，因此，在显色之前 pH<3 时应用盐酸羟胺将 Fe^{3+} 全部还原为 Fe^{2+}：

$$2Fe^{3+} + 2NH_2OH \cdot HCl \longrightarrow 2Fe^{2+} + N_2 \uparrow + 2H_2O + 4H^+ + 2Cl^-$$

然后加入邻二氮菲及缓冲液控制到测定的 pH。

本方法的选择性很高，相当于含 Fe 量的 40 倍的 Sn^{2+}、Al^{3+}、Ca^{2+}、Mg^{2+}、Zn^{2+}、SiO_3^{2-}；20 倍的 Cr^{3+}、Mn^{2+}、VO_3^-、PO_4^{3-}；5 倍的 Co^{2+}、Cu^{2+} 等均不干扰测定。

分光光度法测定物质的含量，一般采用标准曲线法（又称工作曲线法），即配制一系列浓度由小到大的标准溶液，在规定条件下依次测出各标准溶液的吸光度（A），在被测物质的一定浓度范围内，溶液的吸光度与其浓度呈直线关系，以溶液的浓度为横坐标、相应的吸光度（A）值为纵坐标，在坐标纸上绘制出标准曲线。

测定未知样时，操作条件应与测绘标准曲线时相同，根据测得吸光度值从标准曲线上查出相应的浓度值，就可计算出样品中被测物质的含量。通常应以试剂空白溶液为参比溶液，调节仪器的吸光度零点。

仪器与试剂

仪器与试剂

可见分光光度计：V-1200，使用方法见 3.9.1

容量瓶：50 mL 7 个

移液器：5 mL 1 支、1 mL 1 支

标准铁溶液（100 μg · mL^{-1}）：准确称取 0.8634 g 分析纯硫酸铁铵（$NH_4Fe(SO_4)_2 \cdot 12H_2O$），

置于 100 mL 烧杯中,加入 50 mL 1 : 1 H_2SO_4 溶液,溶解后定量转移至 1 L 容量瓶中,用水稀释至标线,摇匀备用

盐酸羟胺($NH_2OH \cdot HCl$)溶液:10% 水溶液,两周内有效

邻二氮菲溶液:0. 15% ,少量乙醇溶液溶解后加去离子水稀释,避光保存,两周内有效

乙酸钠(CH_3COONa)溶液:1. 0 mol · L^{-1}

未知铁溶液

步骤

1. 测绘吸收曲线

用 1 mL 移液器移取标准铁溶液 0、1. 0 mL 分别注入 50 mL 容量瓶中,再用 5 mL 移液器依次加入 1 mL 盐酸羟胺溶液(混匀后放置 2 min)、2 mL 邻二氮菲溶液、5 mL 乙酸钠溶液,用水稀释至标线并摇匀。在 V-1200 型可见分光光度计上,使用 10 mm 比色皿,以空白溶液为参比,在 460 ~560 nm 波长范围内每间隔 10 nm 测量一次相应的吸光度值,其中在 500 ~ 520 nm,每间隔 5 nm,测量一次吸光度。然后在坐标纸上,以波长为横坐标、吸光度值为纵坐标绘制吸收曲线,选用吸收曲线的峰值波长为本实验的工作波长(即 λ_{max})。

2. 标准曲线的绘制

取 6 个 50 mL 容量瓶,依次加入 0. 0、0. 2 mL、0. 4 mL、0. 6 mL、0. 8 mL、1. 0 mL 标准铁溶液,再依次加入 1 mL 盐酸羟胺溶液(混匀后放置 2 min)、2 mL 邻二氮菲溶液及 5 mL 乙酸钠溶液,用水稀释至标线并摇匀。在选定的工作波长下,以空白溶液为参比,测量各溶液的吸光度。在坐标纸上,以铁的浓度(μg/ mL 或 μg/50 mL)为横坐标、吸光度值为纵坐标绘制标准曲线。

3. 样品中微量铁的测定

取含铁样品 1.0 mL,按步骤 2 进行操作,测定其吸光度,利用标准曲线计算出样品中微量铁的含量(μg · mL^{-1})。此步骤与步骤 2 中的标准溶液同时配制。

说明

(1) 铁含量在 0. 1 ~5 μg · mL^{-1}范围内符合朗伯-比尔定律。

(2) 测绘标准曲线一般要配制 5 个浓度递增的标准溶液,测出的吸光度值至少有三个在一条直线上。

思考题

(1) 用此法测定出的铁含量是否为样品中亚铁的含量?

(2) 根据实验结果,计算在适宜波长下的摩尔吸光系数。

实验31　紫外分光光度法测定蛋白质含量

目的

1. 掌握紫外吸收法测定蛋白质含量的原理和方法;
2. 学习紫外-可见分光光度计的使用方法。

原理

蛋白质分子中含有的酪氨酸、色氨酸以及苯丙氨酸等芳香族氨基酸残基,因其结构中含有共轭双键,使得蛋白质溶液在 280 nm 处具有一个紫外最大吸收峰。当蛋白质的浓度在 0.1 ~ 1.0 mg/ mL 时,蛋白质溶液在 280 nm 波长处的吸光度与其浓度成正比,服从朗伯-比尔定律,故可用作蛋白质的定量测定。由于不同种类蛋白质中芳香族氨基酸残基含量的不同,所处的微环境也不同,所以不同种类蛋白质溶液在 280 nm 的吸光度值也不同,据初步统计,浓度为 1.0 mg/ mL 的 1800 种蛋白质及蛋白质亚基在 280 nm 的吸光度值在 0.3 ~ 3.0 之间,因此需用同种蛋白质作对照,结果才可靠。在半定量测定和纯蛋白质的定量测定时,可选用 280 nm 的紫外分光光度计。

此外,部分纯化的蛋白质常含有核酸,核酸、核苷酸及其衍生物的分子结构中的嘌呤、嘧啶碱基具有共轭双键,能够强烈吸收波长在 250 ~ 280 nm 的紫外光,对蛋白质的测定有较大干扰。不过,核酸类物质的最大紫外吸收值在 260 nm,因此可利用 280 nm 及 260 nm 的吸收差来计算蛋白质的含量,从而消除对蛋白质含量测定的影响。

紫外分光光度法操作简便、快捷,低浓度的盐类不干扰测定,广泛应用于蛋白质和酶的生化制备过程的检测,尤其适合于柱色谱分离中蛋白质洗脱情况的检测。

仪器与试剂

紫外可见分光光度计:752

石英比色皿

移液枪:100 ~ 1000 μL

容量瓶:10 mL 7 个

标准蛋白质溶液(10.0 $mg \cdot mL^{-1}$):准确称取 1 g 牛血清白蛋白,置于 100 mL 烧杯中,加入少量水,溶解后定量转移至 100 mL 容量瓶中,用水稀释至标线,摇匀备用

NaCl 溶液:0.9%

蛋白质待测溶液:牛血清白蛋白

步骤

（1）标准曲线的绘制　取 6 个 10 mL 容量瓶，用移液枪依次加入 0.00 mL、0.20 mL、0.40 mL、0.60 mL、0.80 mL、1.00 mL 的 10.0 $mg \cdot mL^{-1}$ 标准蛋白质溶液，用 0.9% NaCl 溶液稀释至标线并摇匀。用 1 cm 石英比色皿，以空白溶液为参比，在 280 nm 波长下测定各标准溶液的吸光度值。以蛋白质浓度为横坐标、吸光度值为纵坐标绘制标准曲线。

（2）未知蛋白质含量样品的测定　移取待测蛋白质样品 1.00 mL，按步骤（1）进行操作，在 280 nm 处测定其吸光度值，利用标准曲线确定未知样品中蛋白质的含量（$mg \cdot mL^{-1}$）。

说明

（1）未知样品的测定应与标准曲线的测定条件相同，步骤（1）和步骤（2）可同步进行。

（2）有嘌呤、嘧啶等核酸类干扰时的经验公式：

$$蛋白质浓度(mg \cdot mL^{-1}) = 1.45A_{280} - 0.74A_{260}$$

其中，A_{280}和 A_{260}分别为蛋白质溶液在 280 nm 和 260 nm 波长下测得的吸光度值。

思考题

（1）紫外分光光度法测定蛋白质方法的优缺点。

（2）若样品中含有核酸类杂质，应如何校正？

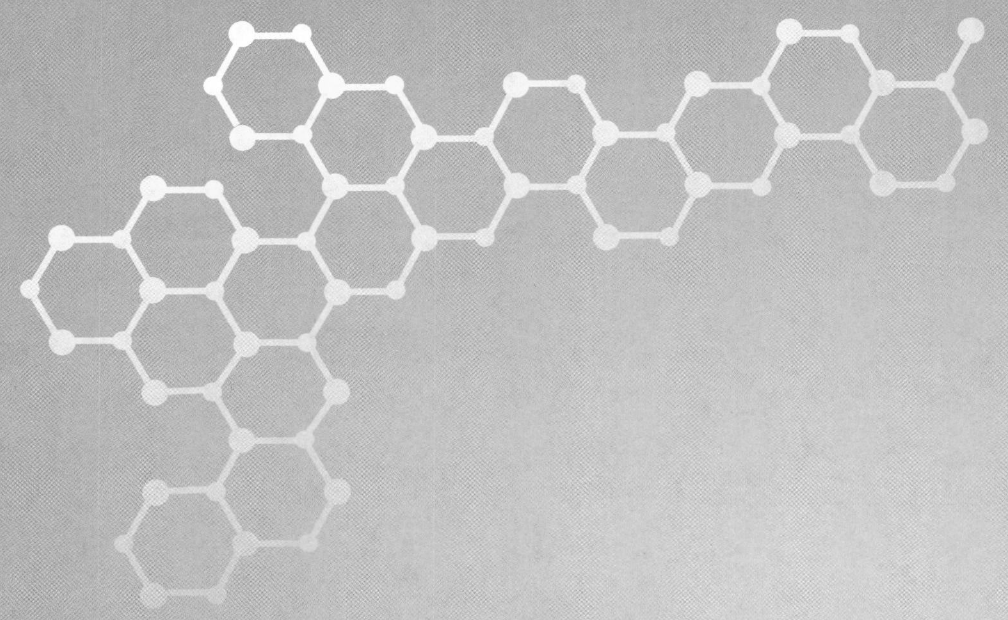

第四部分

无机物制备基本操作、仪器及实验

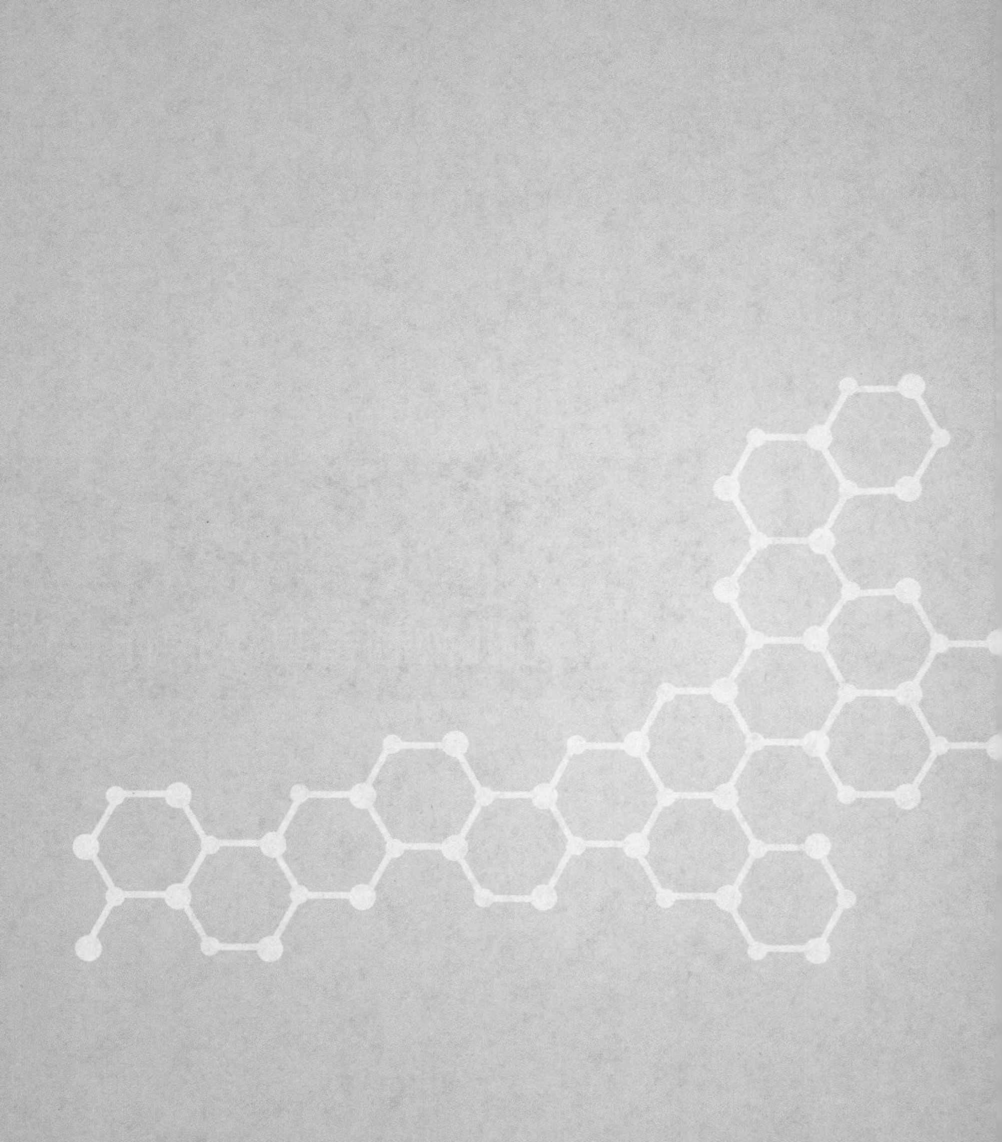

无机物制备实验的预习报告撰写要求 4.1

认真预习实验内容，明确无机物制备实验所涉及的化学反应，了解实验中包含的基本操作及相关仪器的正确使用方法，根据实验内容，在实验记录本上写出相关反应方程式、画出制备无机物的流程图、相关数据记录表格。

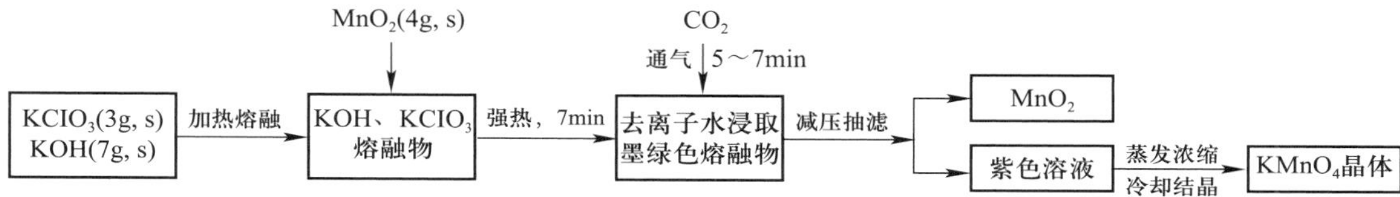

4.2 无机物制备实验常用仪器及使用方法

4.2.1 无机物制备实验常用仪器

无机物制备实验常用仪器见表 4.1。

表 4.1 无机物制备实验常用仪器

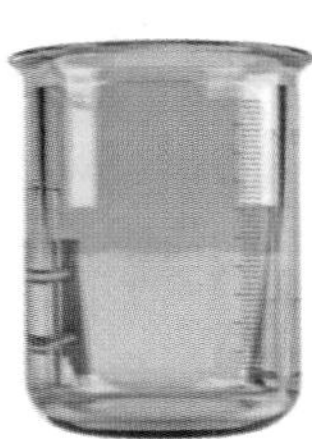 烧杯 beaker	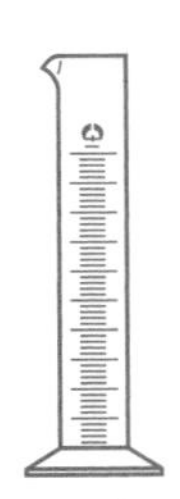 量筒 measuring cylinder	 蒸发皿 evaporating utensils
 抽滤瓶及布氏漏斗 suction filter bottle, brinell funnel	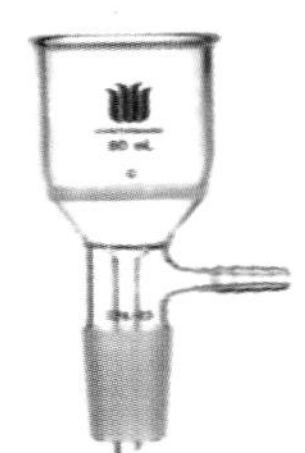 玻璃砂芯漏斗 glass sand funnel	 真空泵 vacuum pump
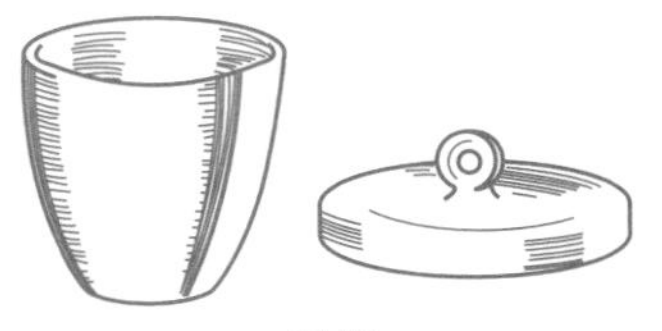 坩埚 crucible	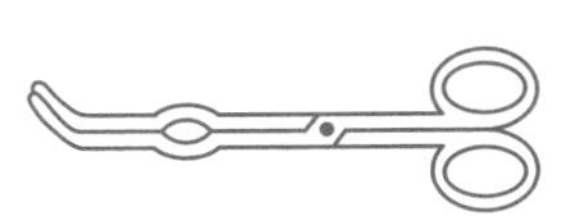 坩埚钳 crucible pliers	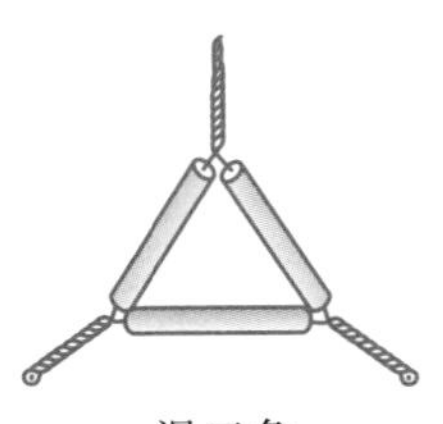 泥三角 wire/clay triangle

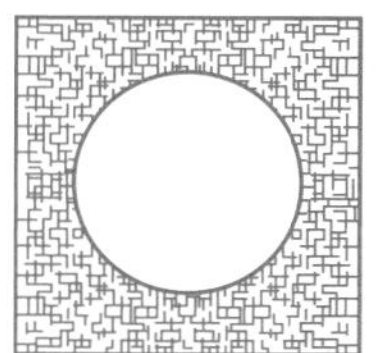 石棉网 asbestos net	 酒精喷灯 alcohol blowtorch	 电陶炉 radiant-cooker

4.2.2 蒸发浓缩与重结晶

蒸发浓缩是指蒸发溶液中的溶剂,从而提高溶质浓度的方法。常用的蒸发器是蒸发皿。蒸发皿内盛放液体的量不应超过其容积的2/3。蒸发浓缩的过程中,加热温度应控制在溶液不沸腾的范围内。

重结晶是将物质溶于溶剂或熔融后,又重新从溶液或熔融体中结晶的过程。重结晶可以使不纯净的物质获得纯化,或使混合在一起的物质彼此分离。利用重结晶可提纯固体物质。某些金属或合金重结晶后可使晶粒细化,或改变晶体结晶,从而改变其性能。

固体混合物在溶剂中的溶解度与温度有密切关系。一般是温度升高,溶解度增大。若把溶质溶解在热的溶剂中达到饱和,冷却时由于溶解度降低,溶液变成过饱和而析出晶体。由于不同的物质常会形成不同的晶格结构,相同晶格结构的物质与不同晶格结构的物质一同结晶的概率很低;相同晶格结构的物质又以半径相近的更易一同结晶。利用溶剂对被提纯物质及杂质的溶解度不同,可以使被提纯物质从中析出。而让杂质全部或大部分仍留在溶液中(若在溶剂中的溶解度极小,则配成饱和溶液后被过滤除去),从而达到提纯目的。

重结晶一般包括以下步骤:首先选择适宜的溶剂,制成热的饱和溶液,然后除去不溶性杂质,经冷却结晶、抽滤,最终经过洗涤除去附着物和溶剂后得到纯净的产物。

4.2.3 减压抽滤——真空泵

减压抽滤操作是利用抽滤泵使抽滤瓶中的压强降低,以达到固液分离的目的。减压抽滤装置(见图4.1)包括:真空泵、抽滤瓶、布氏漏斗(滤纸)/玻璃砂芯漏斗、硅胶管、缓冲瓶、三通阀。

图4.2为活塞式无油真空泵,型号:HP-01,技术指标:流量10 L/min、压力-0.08 MPa、功率20 W。具体的使用方法如下:

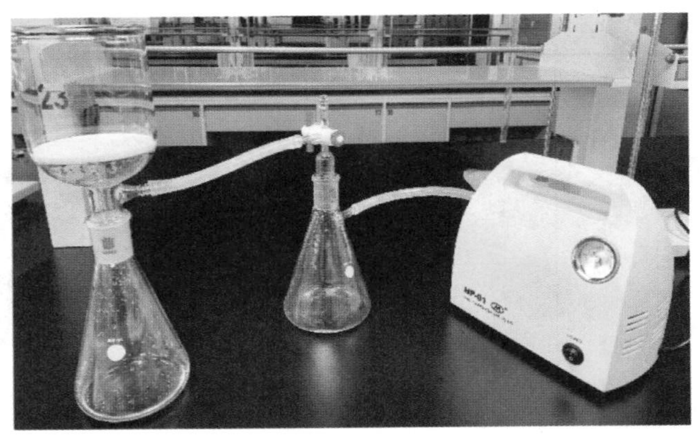
图 4.1　减压抽滤装置

(1) 用真空硅胶管将缓冲瓶与真空泵的抽气口(IN)连接，缓冲瓶上的三通用真空硅胶管与抽滤瓶连接，抽滤瓶上安装好漏斗(布氏漏斗/玻璃砂芯漏斗)。若使用的是布氏漏斗，加入的滤纸应略小于布氏漏斗，但要把漏斗上所有的孔都覆盖住，并滴加去离子水使滤纸与漏斗紧密贴合。漏斗下端短斜口应朝着抽滤瓶抽气嘴。

(2) 将电源插好，按下电源开关，调节缓冲瓶上的旋塞，连通真空泵与抽滤瓶，观察泵的运转情况并检查各连接处的气密性。

(3) 抽滤完成后，先打开缓冲瓶上的旋塞至连通大气(或取下漏斗)，后关闭真空泵开关。

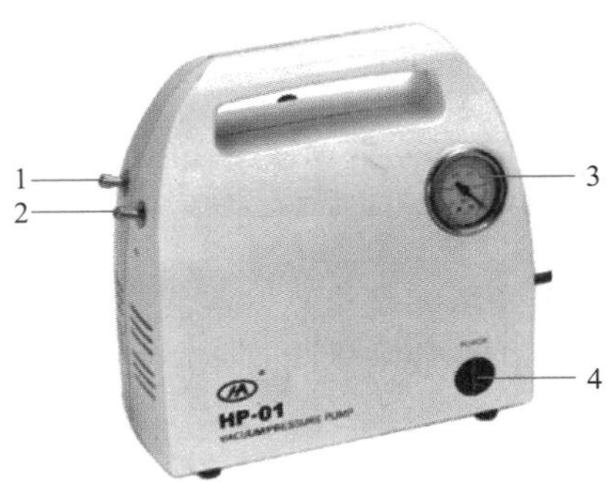

1—排气口(OUT);2—抽气口(IN);
3—压力表;4—电源开关
图 4.2　活塞式无油真空泵

4.2.4 砂芯漏斗

玻璃砂漏斗也称砂芯漏斗，是一种耐酸玻璃过滤仪器，采用优良硬质高硼玻璃制成，其砂芯滤板是由烧结玻璃料制成，根据孔径大小，分成 G1 ~ G6 六种规格，见表 4.2。

表 4.2　砂芯漏斗的规格及用途

国际牌号	原牌号	微孔平均直径/μm	用途
P70	G1	50 ~ 70	滤除粗沉淀及胶状沉淀物
P50	G2	30 ~ 50	滤除大颗粒沉淀及气体洗涤
P30	G3	16 ~ 30	滤除细沉淀物(一般化学溶液中杂质)
P7	G4	4.0 ~ 7.0	滤除溶液中细或极细沉淀杂质，减压过滤方法
P4	G5	2.0 ~ 4.0	滤除极细沉淀或较大细菌，减压过滤方法
P2	G6	1.2 ~ 2.0	滤除细菌(大肠杆菌及葡萄球菌)，减压过滤方法

新购置的砂芯漏斗使用前需用热的 HCl 溶液(1 : 1)浸泡以除去砂芯孔隙间的颗粒物，

然后再经抽滤、水洗、抽滤、晾干或烘干处理。对于除菌滤器，使用前还需高压灭菌。使用后的砂芯漏斗应及时处理砂芯滤板上的沉淀物以免堵塞微孔，如过滤高锰酸钾溶液的砂芯漏斗，可用硫酸-草酸的混合液浸泡处理；过滤 AgCl 后，要用氨水或 $Na_2S_2O_3$ 溶液浸泡；过滤 $BaSO_4$ 后，要用 EDTA-氨水浸泡；有机物用铬酸洗液浸泡、细菌用浓 H_2SO_4 与 $NaNO_3$ 洗液浸泡。

实验32　硫酸亚铁铵的制备与限量分析

目的

1. 学习制备复盐硫酸亚铁铵的方法。
2. 熟悉无机物制备的基本操作。
3. 学习产品中杂质的限量分析方法。

原理

硫酸亚铁铵（$(NH_4)_2SO_4 \cdot FeSO_4 \cdot 6H_2O$）又称摩尔盐，为浅绿色单斜晶体。它在空气中比一般亚铁盐稳定，不易被空气中的氧气氧化，但仍具有还原性，易溶于水难溶于乙醇，而且价格低，制备工艺简单，容易得到较纯净的晶体，因此，其应用广泛，工业上常用作废水处理的混凝剂，在农业上既是农药又是肥料，在定量分析中也常用作氧化还原滴定的基准物质。

利用复盐的溶解度比组成它的简单盐的溶解度都要小的性质，即硫酸亚铁铵在水中的溶解度比组成它的任一组分 $FeSO_4$ 或 $(NH_4)_2SO_4$ 的溶解度都要小，将含有 $FeSO_4$ 和 $(NH_4)_2SO_4$ 的溶液经蒸发浓缩、冷却结晶可得到硫酸亚铁铵晶体。

本实验首先用过量的铁屑与稀 H_2SO_4 反应制备 $FeSO_4$ 溶液：

$$Fe+H_2SO_4 \longrightarrow FeSO_4+H_2\uparrow$$

然后在 $FeSO_4$ 溶液中加入硫酸铵并使其全部溶解，加热浓缩制得混合溶液，再冷却即可得到溶解度较小的硫酸亚铁铵盐晶体：

$$FeSO_4+(NH_4)_2SO_4+6H_2O \longrightarrow (NH_4)_2SO_4 \cdot FeSO_4 \cdot 6H_2O$$

由于 $FeSO_4$ 在弱酸性溶液中容易发生水解和氧化反应：

$$4FeSO_4+O_2+2H_2O \longrightarrow 4Fe(OH)SO_4\downarrow$$

因此，在制备硫酸亚铁铵的过程中溶液应保持足够的酸度。

硫酸亚铁铵产品中的杂质主要是 Fe^{3+}，所以产品质量等级也常以 Fe^{3+} 含量的多少来确定。其检验方法是：取一定量产品配成一定浓度的溶液，加入 KSCN 后，溶液所呈现的颜色与规定级别的标准溶液进行目视比色，以确定 Fe^{3+} 杂质的含量范围及产品等级，这种检验方法通常称为限量分析。硫酸亚铁铵产品的纯度可采用氧化还原滴定法定量测定。

试剂及仪器

Na_2CO_3 溶液:10%

H_2SO_4 溶液:2 mol · L^{-1}

$(NH_4)_2SO_4$ 固体(AR)

KSCN 溶液:25%

铁屑

电子天平、小烧杯、蒸发皿、吸滤瓶、布氏漏斗(瓷或玻璃)、真空泵、电陶炉、25 mL 比色管

步骤

(1) 铁屑表面油污的去除　称取 2 g 铁屑置于小烧杯中,加入 20 mL 10% Na_2CO_3 溶液,小火加热至沸腾 1 ~2 min,以去除铁屑上的油污,用倾析法倒掉碱液,将铁屑用水洗净备用。

(2) 硫酸亚铁的制备　向盛有铁屑的小烧杯中加入 25 mL 2 mol · L^{-1} H_2SO_4 溶液,在电陶炉上低温加热,使铁屑与 H_2SO_4 充分反应至不再冒气泡为止。加热过程应控制烧杯中温度为 60 ~70 ℃,且需经常补充水,但应注意控制小烧杯中的溶液总体积不超过 40 mL。趁热减压过滤,滤液立即转入蒸发皿中。将留在小烧杯内和滤纸上的铁屑残渣洗净,收集在一起用滤纸吸干后称量。由已发生反应的铁屑质量计算出溶液中 $FeSO_4$ 的产量。

(3) 硫酸亚铁铵的制备　根据溶液中 $FeSO_4$ 的质量,按 $FeSO_4 : (NH_4)_2SO_4 = 1 : 0.75$ 的质量比,称取 $(NH_4)_2SO_4$ 固体加入 $FeSO_4$ 溶液中,搅拌溶解(必要时可小火加热),得到澄清的溶液。在 250 mL 的烧杯中装 4/5 的水于电陶炉上加热至沸,将装有溶液的蒸发皿置于 250 mL 烧杯上蒸发浓缩,注意蒸发浓缩过程中不可使溶液沸腾、不可搅动溶液。蒸发浓缩至溶液表面出现一些小晶片为止,切忌将溶液蒸干,自然冷却,即可析出浅绿色 $(NH_4)_2SO_4 \cdot FeSO_4 \cdot 6H_2O$ 晶体,减压过滤,尽可能抽干,观察晶体的形状和颜色,用滤纸吸干晶体上残留的母液。

(4) Fe^{3+}的限量分析　称取 1.0 g 产品置于 25 mL 比色管中,用 15 mL 煮沸并冷却的去离子水溶解,分别加入 1 mL 2 mol · L^{-1} H_2SO_4 溶液及 1 mL 25% KSCN 溶液,并用煮沸并冷却的去离子水稀释至比色管标线,摇匀后,与标准溶液进行目视比色,确定出产品的等级。

说明

(1) 铁屑与硫酸作用的过程中,会产生大量的 H_2 及少量的有毒气体,如 H_2S、PH_3 等,因此,反应必须在通风橱中进行。

(2) 产品中 Fe^{3+}的含量 $<0.005\%$ 为Ⅰ级产品、$<0.01\%$ 为Ⅱ级产品、$<0.02\%$ 为Ⅲ级产品。

思考题

(1) 浓缩硫酸亚铁铵溶液时,能否浓缩至干?

(2) 本实验的反应过程中是铁过量还是硫酸过量?

实验33　三草酸合铁(Ⅲ)酸钾的制备和应用

目的

1. 了解配合物制备的一般方法。
2. 掌握无机合成中的一般操作技术。
3. 通过实验加深对物质性质的认识。

原理

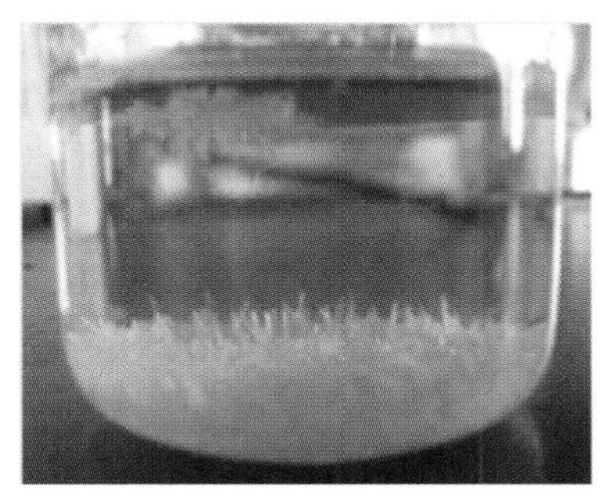

三草酸合铁(Ⅲ)酸钾 $K_3[Fe(C_2O_4)_3]\cdot 3H_2O$,翠绿色单斜晶体,是制备负载型活性铁催化剂的主要原料,也是一些有机反应的催化剂,具有工业生产价值。其相对分子质量为 491.26,易溶于水(溶解度:0 ℃时 4.7 g/100 g H_2O;100 ℃时 117.7 g/100 g H_2O),难溶于乙醇,110 ℃下失去结晶水、230 ℃分解。该配合物对光敏感,遇光照发生分解:

$$2K_3[Fe(C_2O_4)_3] \xrightarrow{光} 3K_2C_2O_4 + 2FeC_2O_4(黄色) + 2CO_2\uparrow$$

因其具有光敏性,所以常用来作为化学光量计。它在日光直射或强光下分解生成的草酸亚铁遇六氰合铁(Ⅲ)酸钾生成滕氏蓝,实验室中可做成感光纸,进行感光实验,其反应为:

$$3FeC_2O_4 + 2K_3[Fe(CN)_6] \longrightarrow Fe_3[Fe(CN)_6]_2 + 3K_2C_2O_4$$

制备三草酸合铁(Ⅲ)酸钾的工艺路线有多种。例如,可以铁为原料制得硫酸亚铁铵,加草酸钾制得草酸亚铁后经氧化制得三草酸合铁(Ⅲ)酸钾;亦可以硫酸铁或三氯化铁与草酸钾为原料直接合成三草酸合铁(Ⅲ)酸钾。本实验采用硫酸亚铁铵为原料来制备三草酸合铁(Ⅲ)酸钾,具体反应如下,首先制备草酸亚铁:

$$(NH_4)_2Fe(SO_4)_2\cdot 6H_2O + H_2C_2O_4 \longrightarrow FeC_2O_4\cdot 2H_2O\downarrow + (NH_4)_2SO_4 + H_2SO_4 + 4H_2O$$

然后,在过量草酸根存在下,用 H_2O_2 氧化草酸亚铁可得到三草酸合铁(Ⅲ)酸钾,同时生成氢氧化铁沉淀:

$$6FeC_2O_4\cdot 2H_2O + 3H_2O_2 + 6K_2C_2O_4 \longrightarrow 4K_3[Fe(C_2O_4)_3] + 2Fe(OH)_3\downarrow + 12H_2O$$

再加入适量草酸将 $Fe(OH)_3$ 转化为三草酸合铁(Ⅲ)酸钾:

$$2Fe(OH)_3 + 3H_2C_2O_4 + 3K_2C_2O_4 \longrightarrow 2K_3[Fe(C_2O_4)_3] + 6H_2O$$

最后加入乙醇,放置于暗处,析出产物的结晶。

试剂及仪器

$(NH_4)_2Fe(SO_4)_2\cdot 6H_2O$ 固体(AR)

H_2SO_4 溶液:3 mol · L^{-1}

$H_2C_2O_4$ 溶液:1 mol · L^{-1}

饱和 $K_2C_2O_4$ 溶液: ~40%

H_2O_2:3%

95% 乙醇(AR)

$K_3[Fe(CN)_6]$固体(AR)

电子天平、电陶炉、水浴箱、真空泵、布氏漏斗、抽滤瓶、红外灯、烧杯(100 mL)、量筒(10 mL、50 mL)、玻璃棒、滴管

步骤

(1) $FeC_2O_4 \cdot 2H_2O$ 的制备　称取 5.0 g $(NH_4)_2Fe(SO_4)_2 \cdot 6H_2O$ 固体于 100 mL 烧杯中，加入 15 mL 去离子水和 1 mL 3 mol · L^{-1} H_2SO_4 溶液，加热使其溶解，然后加入 25 mL 1 mol · L^{-1} $H_2C_2O_4$ 溶液，不断搅拌，加热至沸，静置得到黄色 $FeC_2O_4 \cdot 2H_2O$ 颗粒，待沉淀沉降后用倾析法弃去上层溶液。在沉淀中加 20 mL 去离子水，稍加热至温热并搅拌，静置后用倾析法尽可能将上层清液弃去，以除去可溶性杂质，如此洗涤沉淀三次。

(2) $K_3[Fe(C_2O_4)_3] \cdot 3H_2O$ 的制备　在上述沉淀中加入 15 mL 饱和 $K_2C_2O_4$ 溶液，水浴加热至 40 ℃，在此温度下边搅拌边用滴管滴加 20 mL 3% H_2O_2 溶液，此时有 $Fe(OH)_3$ 沉淀生成。滴加完后，取出烧杯，擦干外壁，在电陶炉上加热溶液至沸，保持微沸以除去过量的 H_2O_2 并控制烧杯中溶液的量约 25 mL。一次性加入 7 mL 1 mol · L^{-1} $H_2C_2O_4$ 溶液，继续加热，在近沸的温度下再滴加 1 mol · L^{-1} $H_2C_2O_4$ 溶液直至变成绿色透明溶液。将烧杯从电陶炉上取下，沿烧杯壁快速加入体积为烧杯中溶液量 2/3 的 95% 乙醇，放于暗处继续冷却结晶。减压过滤，抽干，称量，计算产率。

(3) $K_3[Fe(C_2O_4)_3] \cdot 3H_2O$ 的感光实验　称取 0.3 g 产品、0.4 g $K_3[Fe(CN)_6]$固体，加5 mL 去离子水配成溶液，涂在滤纸上即制成黄色感光纸。附上图案，在红外灯光下(紫外灯光或日光均可)直照，曝光部分呈深蓝色，被遮盖部分没有曝光即显影出图案。

思考题

(1) 制备 $FeC_2O_4 \cdot 2H_2O$ 时，为什么要控制温度在 40 ℃不能太高?

(2) 在溶液中加入乙醇的作用是什么? 能否用蒸发浓缩的方法替代?

4.2.5 酒精喷灯的使用

酒精喷灯为实验室加强热用仪器，火焰温度可达 1000 ℃左右，燃料为 95% 乙醇。常用的酒精喷灯有酒精储存在灯座内的座式喷灯和酒精储罐挂于高处的挂式喷灯。下面以全铜座式酒精喷灯为例介绍喷灯的构造、工作原理、使用方法及注意事项。

1. 酒精喷灯的构造(图 4.3)

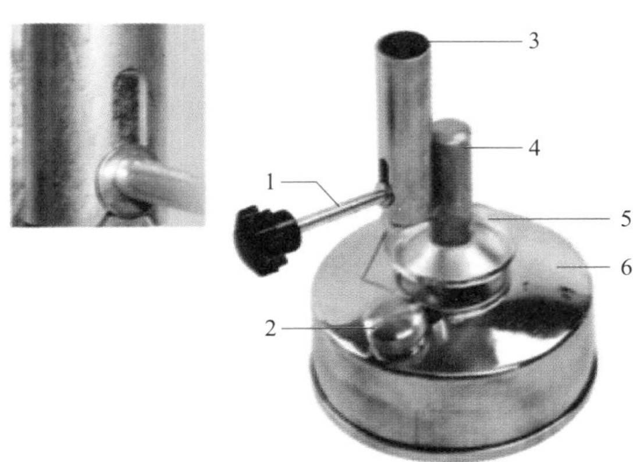

1—空气调节杆;2—酒精加入口;3—喷管;4—预热管;5—预热盘;6—酒精灯体

图 4.3 酒精喷灯的构造

2. 酒精喷灯的工作原理

首先,在预热盘内加入乙醇并点燃,乙醇燃烧产生的热量加热了预热管内沿灯芯上升的乙醇并使乙醇大量汽化。由于预热管内没有空气,被高温汽化的乙醇蒸气并不能燃烧。因此,在压强驱动下,乙醇蒸气自喷嘴喷入喷管,并在喷管内与空气混合,启动了燃烧。因喷灯的导热性能,一旦其被点燃,喷管口火焰的温度足以维持乙醇源源不断地汽化并通过喷嘴进入喷管。

火焰温度很大程度上受喷管内混合物空燃比的影响。空燃比是指空气与燃料混合物内空气与燃料的量之比。空气调节杆可以调节酒精喷灯喷管的进气量,从而调节空燃比。在适当的范围内增加空气进气量,可以使火焰温度达到很理想的高温。

酒精喷灯和普通酒精灯均利用乙醇蒸气的汽化燃烧做热源,但酒精喷灯的温度可以达到更高,其原因是酒精喷灯利用灯管将蒸气及其燃烧产生的热量富集,并可通过空燃比的调整获得最大的燃烧和加热效率。而酒精灯燃烧产生的热量大多随火焰周围气流的对流耗散了。因此,酒精灯的温度虽然也有达到 800 ℃ 的情况,但一般其加热要温和得多。

3. 酒精喷灯的使用方法

(1) 准备工作　由于喷管内的酒精蒸气喷口较细(常见型号直径为 0.55 mm),易被灰粒等堵塞,从而难以引燃。因此,每次使用前要检查喷口,如发现堵塞,应该用通针或细钢针将喷口刺通,并将喷灯倒置,轻敲台面,将灰粒等未燃烧完全的杂质敲出。

(2) 加装酒精　旋开壶体上的旋塞,通过漏斗把酒精加入储存酒精的灯体中,加入量不超过总容量的 80%(约 200 mL),不能加满,也不能过少(过满易发生危险,过少则灯芯线会被烧焦,影响燃烧效果)。将盖旋紧,避免漏气。然后把灯身倾斜 70°,使灯管内的灯芯浸透酒精,以免灯芯烧焦(新灯或长时间未使用的喷灯,点燃前需将灯体倒转 2 ~ 3 次,使灯芯浸透酒精)。

(3) 预热和点火　将喷灯放在石棉板或大的石棉网上(防止预热时喷出的酒精着火),松开空气调节杆至最低,将入气口调至最小,向预热盘中注入约 2/3 容量的酒精并将其点燃。待预热管内酒精受热汽化并从喷管喷出时,预热盘内燃着的火焰就会将喷出的酒精蒸气点燃。当喷管口火焰点燃后，会伴有燃烧的声响，此时用空气调节杆调节进气量，使火焰达到所需的温度（燃烧产生的声响非常大）。一般情况下，进入的空气越多，火焰温度越高。

（4）熄灭喷灯　停止使用时，用石棉网平压覆盖灯管口，并调大进气量，灯焰一般即可熄灭。稍后，垫一块布（防烫伤）拧松酒精加入口盖（铜帽），使灯壶内的酒精蒸气放出。

4. 注意事项和维护

（1）严禁使用开焊的喷灯。

（2）喷灯工作时，灯座下绝不能有任何热源，环境温度一般应在 35 ℃以下，周围不要有易燃物。

（3）若经过两次预热后，喷灯仍然不能点燃时，应暂时停止使用。应检查接口处是否漏气（可用火柴点燃检验），喷出口是否堵塞（可用探针进行疏通）和灯芯是否完好（灯芯烧焦，变细应更换），待修好后方可使用。

（4）在开启开关、点燃管口气体前必须充分灼热喷管，否则酒精不能全部汽化，会有液态酒精由管口喷出，可能形成“火雨”，甚至引起火灾。

（5）酒精喷灯连续使用时间为 30 min 左右为宜。使用时间过长，灯壶的温度逐渐升高，导致灯壶内部压强过大，喷灯会有崩裂的危险，可用冷湿布包住喷灯下端以降低温度。

（6）当罐内酒精耗剩 20 mL 左右时，应停止使用，如需继续工作，要把喷灯熄灭后，待冷却至室温后，添加酒精后再继续使用。不能在喷灯燃着时向灯体内加注酒精，以免引燃罐内的酒精蒸气！

（7）使用喷灯时如发现罐底凸起，要立即停止使用，检查喷口有无堵塞，酒精有无溢出等。待查明原因，排除故障后再使用。

4.2.6 气体钢瓶

气体钢瓶是储存压缩气体的特制耐压钢瓶。使用时，通过减压阀（气压表）控制，放出气体。因为钢瓶的内压很大（有些高达 15 MPa），且有些气体易燃或有毒，所以一定要注意气体钢瓶的正确使用。

1. 气体钢瓶使用注意事项

（1）气体钢瓶应直立摆放于钢瓶固定架上或用链条与固定物绑定。禁止敲击、碰撞。

（2）开启气体钢瓶时，操作者应立于气瓶出气口的侧面，然后缓缓旋开瓶阀。气体必须经减压阀减压，不得直接放气。

（3）气体钢瓶应远离热源、火种，置于通风阴凉处，避免日光暴晒，严禁受热；可燃性气体钢瓶必须与氧气钢瓶分开存放；周围不得堆放任何易燃物品，易燃气体严禁接触火种。

（4）使用前要注意检查钢瓶及连接气路的气密性，确保气体不泄漏。使用钢瓶中的气体时，要用减压阀，各种气体的减压阀不得混用，以防爆炸。

（5）不可将钢瓶内的气体全部用完，一定要保留 0.05 MPa 以上的残留压力（减压阀表压）。可燃性气体如乙炔应剩余 0.2～0.3 MPa。

（6）绝不可使油或其他易燃性有机物沾在气体钢瓶上，尤其是气门嘴和减压阀。也不得用棉、麻等物堵住，以防燃烧引起事故。

(7) 各种气瓶必须按国家规定进行定期检验，使用过程中必须注意观察钢瓶的状态，如发现有严重腐蚀或其他严重损伤，应停止使用并提前报检。

(8) 为了避免各种气体混淆而用错气体，通常在气体钢瓶外面涂以特定的颜色以便区别，并在瓶上写明瓶内气体的名称，见表 4.3。

表 4.3　国家规定的气体钢瓶(部分)颜色标识

气体名称	钢瓶颜色	字体颜色	气体名称	钢瓶颜色	字体颜色
氮气	黑色	黄色	氧气	天蓝色	黑色
压缩空气	黑色	白色	二氧化碳	铝白色	黑色
氢气	浅绿色	红色	氨气	黄色	黑色

2. 二氧化碳气体钢瓶的使用方法

(1) 使用前检查连接部位是否漏气，可涂上肥皂液进行检查，调整至确实不漏气后方可进行实验。

(2) 先逆时针打开气体钢瓶的总开关，观察压力表读数，记录钢瓶内总的二氧化碳压力，然后顺时针转动低压表压力调节螺杆，使其压缩主弹簧将阀门打开，进口的高压气体由高压室经节流减压后进入低压室，并经出口通往工作系统。使用后，先关闭顺时针关闭钢瓶总开关，再逆时针旋送减压阀。

实验34　高锰酸钾的制备

目的

1. 掌握碱熔法由二氧化锰制备高锰酸钾的原理和方法。
2. 学习、掌握酒精喷灯的使用。

原理

$KMnO_4$ 是良好的氧化剂，用来漂白毛、棉和丝，或使油类脱色。它是一种大规模生产的无机盐。$KMnO_4$ 的制备以软锰矿为原料，分两步进行，第一步是将+4 价锰氧化为+6 价锰，第二步是使+6 价锰歧化制得含+7 价锰的 $KMnO_4$。具体过程如下：

首先将软锰矿和苛性碱混合，在空气中加热熔融，可制得墨绿色的锰酸钾 K_2MnO_4。如果加入氧化剂 $KClO_3$ 共熔，以代替空气中的氧，转化反应可以进行得更快：

$$2MnO_2+4KOH+O_2 \longrightarrow 2K_2MnO_4+2H_2O$$

$$3MnO_2+6KOH+KClO_3 \longrightarrow 3K_2MnO_4+KCl+3H_2O$$

下一步是如何使锰酸钾转变为高锰酸钾。MnO_4^{2-} 有进行歧化反应的倾向：

$$3MnO_4^{2-}+2H_2O \longrightarrow MnO_2+2MnO_4^-+4OH^-$$

或 $$3MnO_4^{2-}+4H^+ \longrightarrow MnO_2+2MnO_4^-+2H_2O$$

在碱性溶液中，平衡移向左方，溶液呈绿色，MnO_4^{2-} 歧化的倾向很小。在强碱性介质中，锰酸钾是稳定的，不会转变为高锰酸钾。但如果向溶液中加酸，使溶液的碱性降低，则平衡就向右移动，绿色的 MnO_4^{2-} 歧化成紫色的 MnO_4^- 和 MnO_2，这样便可制得高锰酸钾。常用的方法是向 MnO_4^{2-} 的碱性溶液中通入 CO_2：

$$3MnO_4^{2-}+2CO_2 \longrightarrow 2MnO_4^-+MnO_2+2CO_3^{2-}$$

但是此方法在最理想的条件下，产率最高只有 66.7%，因为有 1/3 的锰被还原为 MnO_2。制备高锰酸钾最好的方法是电解锰酸钾，以镍板为阳极，铁板为阴极，这种电解氧化法不但产率高，而且副产品 KOH 可用于锰矿的氧化焙烧，比较经济。

优良的 $KMnO_4$ 应为针状或正方形、鳞片状的颗粒，表面呈紫红色，有金属光泽。若产品颜色暗淡、细碎、灰黑色等则说明含有较多的 MnO_2 及其他杂质。

试剂及仪器

氯酸钾固体（AR）

KOH 固体（AR）

MnO_2 固体（AR）

CO_2 气体

电子天平、电陶炉、真空泵、布氏漏斗、抽滤瓶、烧杯（250 mL）、铁坩埚、铁棒、坩埚钳、酒精喷灯、小石棉网、泥三角、蒸发皿、马弗炉

步骤

（1）锰酸钾溶液的制备　将 3 g 固体氯酸钾与 7 g 固体 KOH 置于铁坩埚中，混合均匀，用酒精喷灯加热，待混合物熔融后，将铁坩埚移出火焰，放在石棉网上，在铁棒大力搅拌下加入 4 g MnO_2，重新用酒精喷灯强火加热 7 min，其间熔融物的黏度增大，更应保持大力搅拌，以防结块。停止加热，待熔融物稍冷后，将铁坩埚放入已加热近沸的约 75 mL 去离子水的 250 mL 烧杯中，进行浸取。浸取过程中应不断搅拌，并加热以加速其溶解，浸取完成后用坩埚钳取出坩埚。

（2）锰酸钾转化为高锰酸钾　趁热向锰酸钾溶液中通入 CO_2，直至锰酸钾全部转化为高锰酸钾和二氧化锰为止（可用玻璃棒蘸溶液，滴在滤纸上，如果只显紫色而无绿色痕迹，即可认为转化完毕，通气 5 ~7 min，此时溶液 pH 在 9 ~10 之间）。将溶液用玻璃砂芯漏斗抽滤，弃去 MnO_2 残渣，溶液转入瓷蒸发皿中，放于电陶炉上，浓缩至表面析出少量高锰酸钾晶体（此时溶液蒸发至 25 mL 左右），停止加热，快速冷却，温度降至近室温时将产品抽滤至干。

说明

（1）铁坩埚，铁的熔点为 1300 ℃，铁坩埚的最高使用温度为 1100 ℃，适用于碱性溶剂熔融。铁坩埚在使用前应先进行钝化处理：先用稀 HCl 溶液洗，之后用细砂纸将坩埚擦净，再用热水洗净，然后放入 5% H_2SO_4 和 1% HNO_3 的混合液中，浸泡数分钟后用水洗净，烘干后在

300～400 ℃的马弗炉中灼烧 10 min。铁坩埚用完后用冷的稀 HCl 溶液清洗。

（2）制备锰酸钾时，酒精喷灯的火应该调至强火，具体特征为：火焰连续，焰色橘黄至橘红，声音很响。

（3）浓缩 $KMnO_4$ 溶液时，电陶炉的温度应控制在浓缩溶液不沸腾的范围内。最终的产品必须取自母液中析出的晶体，蒸发皿壁上的物质应全部扔掉。

思考题

（1）制备锰酸钾时是否可以用瓷坩埚？

（2）减压抽滤高锰酸钾溶液，为什么不能用布氏漏斗？

（3）实验中用过的容器，常有棕色物质，请问如何清洗？

实验35 锌铁氧体的制备

目的

1. 了解铁氧体的组成性质与主要用途。
2. 掌握湿法氧化法制备铁氧体的基本方法。
3. 了解电镀废液中锌离子的处理方法。

原理

铁氧体是一种具有铁磁性的金属氧化物，同时铁氧体在电性上属于半导体范畴，所以又称磁性半导体。在通信广播、计算技术、自动控制、雷达导航、宇宙航行、卫星通信、仪表测量、印刷显示、污染处理、生物医学、高速运输等领域广泛应用。

铁氧体是由铁和其他一种或多种金属组成的复合氧化物，可分为软磁铁氧体和永磁铁氧体。其中，软磁铁氧体有锰铁氧体（$MnO \cdot Fe_2O_3$）、锌铁氧体（$ZnO \cdot Fe_2O_3$）、镍锌铁氧体（$Ni\text{-}Zn \cdot Fe_2O_4$）、锰镁锌铁氧体（$Mn\text{-}Mg\text{-}Zn \cdot Fe_2O_4$）等单组分或多组分铁氧体；永磁铁氧体有钡铁氧体（$BaO \cdot 6Fe_2O_3$）和锶铁氧体（$SrO \cdot 6Fe_2O_3$）。

铁氧体的制备方法有很多种，其中一种较为简单的是湿法氧化法：将含有 Fe^{2+} 和 M^{2+}（离子半径与 Fe^{2+} 相近的二价金属离子，如 Mn^{2+}、Zn^{2+}、Cu^{2+}、Ni^{2+}、Mg^{2+}、Co^{2+} 等）等阳离子的溶液，置于一定的温度、pH、氧化性的氛围条件下即可制备获得，以锌铁氧体为例：

$$Zn^{2+} + Fe^{2+} \xrightarrow{O_2, OH^-} (Zn_x^{II} Fe_{1-x}^{II}) Fe_2^{III} O_4$$

试剂及仪器

$FeSO_4 \cdot 7H_2O$（AR）

NaOH 溶液:2 mol · L^{-1}

$Zn(NO_3)_2 \cdot 6H_2O$(AR)

HAc–NaAc 缓冲溶液(pH≈4.2):将 32 g 无水 NaAc 溶于水中,加入 80 mL 冰乙酸,用水稀释到 1 L。

二苯硫腙–CCl_4 溶液:0.01 g 二苯硫腙溶于 1000 mL CCl_4 溶液

pH 试纸

电子天平、加热磁力搅拌器(大龙 MS–H280–Pro)、迷你增氧泵、真空泵、电热鼓风干燥箱、布氏漏斗、抽滤瓶、锥形瓶(250 mL)、量筒(10 mL、50 mL)、玻璃棒、滴管、试管、磁铁

步骤

(1)锌铁氧体的制备　在 250 mL 锥形瓶中加入 2.0 g $FeSO_4 \cdot 7H_2O$、0.21 g $Zn(NO_3)_2 \cdot 6H_2O$ 和 40 mL 去离子水,磁力搅拌溶解后,开启迷你增氧泵向溶液中鼓入空气,同时加热溶液至 70 ℃,然后加入 2 mol · L^{-1} NaOH 溶液,将溶液的 pH 调至 9 ~ 11,并在此条件下反应约 1 h,沉淀逐渐变成深黑色。将锥形瓶中的产物进行减压抽滤,滤液转入 100 mL 小烧杯中,产物用 60 mL HAc–NaAc 缓冲溶液分 3 次洗涤,再用去离子水洗涤数次,80 ℃烘干,得到产物。

(2)锌铁氧体的磁性测试　取一块磁铁,测试产品的磁性。

(3)产品滤液中锌离子的定性分析　取 1 支试管,加入 2 滴滤液和 8 滴二苯硫腙–CCl_4 溶液,振荡试管,观察水溶液层和 CCl_4 层颜色的变化。

说明

锌、镍是五金生产厂主要的电镀原料,工艺生产中会产生大量含 Zn^{2+}、Ni^{2+} 的重金属废水,本实验的合成方法亦可应用于此重金属废水处理。以 Zn^{2+} 为例,常见的处理方法是氢氧化物沉淀法,然而 $Zn(OH)_2$ 是一种两性化合物,pH 过高或者过低都会造成 $Zn(OH)_2$ 沉淀返溶从而影响废水处理效率,铁氧体法可以有效克服这个缺点。只是工业废水处理还需考虑投资成本问题,因此可将氧化法改为中和法,即在废水中同时加入摩尔比为 1 : 2 的 Fe^{2+}、Fe^{3+},通过调节 pH,使 Fe^{2+}、Fe^{3+} 在此环境中反应形成铁氧体,形成铁氧体的过程中重金属离子通过包裹、夹带作用填充在铁氧体的晶格中,最终共同沉淀离开溶液,从而实现除去废水中重金属离子的目的。废水处理过程中得到的铁氧体可以作为磁性功能材料使用,这一处理方法实现了废水的回收利用,对于环境保护非常有意义。

实验36　纳米硫酸四氨合铜的制备与尺寸控制

目的

1. 学习制备硫酸四氨合铜的方法。

2. 了解沉淀法制备纳米材料的基本原理及影响因素。

3. 学习通过控制反应条件获取不同尺寸纳米材料的方法。

原理

硫酸四氨合铜为蓝色正交晶体,常带有一个结晶水,化学式为$[Cu(NH_3)_4]SO_4 \cdot H_2O$,相对分子质量245.74,相对密度1.81,易溶于水,不溶于乙醇,在150 ℃时分解:

$$[Cu(NH_3)_4]SO_4 \cdot H_2O \xrightarrow{150\ ℃} CuSO_4 + 4NH_3 \uparrow + H_2O$$

硫酸四氨合铜可用于印花、电镀、杀虫剂等领域,实验室采用沉淀法制备硫酸四氨合铜。沉淀法是将不同原料在溶液中混合后加入沉淀剂使产物析出的合成方法,它是一种重要的无机材料制备方法。沉淀法制备硫酸四氨合铜的具体操作为:以硫酸铜为原料,向硫酸铜水溶液中加入氨水,首先生成蓝色沉淀:

$$Cu^{2+} + 2NH_3 \cdot H_2O \longrightarrow Cu(OH)_2 + 2NH_4^+$$

继续加入氨水,则沉淀溶解,溶液变为深蓝色:

$$Cu(OH)_2 + 2NH_3 \cdot H_2O + 2NH_4^+ \longrightarrow [Cu(NH_3)_4]^{2+} + 4H_2O$$

由于硫酸四氨合铜不溶于乙醇,溶液中加入乙醇后立刻析出深蓝色晶体:

$$[Cu(NH_3)_4]^{2+} + SO_4^{2-} + H_2O \xrightarrow{C_2H_5OH} [Cu(NH_3)_4]SO_4 \cdot H_2O \downarrow$$

沉淀生成的过程可以分为晶粒的形成(形核)和晶粒的长大(生长)两个过程,形核和生长过程受过饱和度(包括浓度和沉淀剂比例)、表面活性剂、搅拌、温度等因素影响,通过控制不同的条件可以获取不同形貌、尺寸的产物。

本次实验中,将通过控制合成流程中乙醇的加入量、搅拌条件、表面活性剂等要素,获取不同尺寸的硫酸四氨合铜产物,并观察其形貌差异。

试剂及仪器

$CuSO_4 \cdot 5H_2O$ 固体(AR)

氨水:6 mol/L

乙醇:95%

$Na_2S_2O_3 \cdot 5H_2O$ 固体(AR)

十二烷基三甲基氯化铵(AR)

冰水混合物

电子天平、100 mL烧杯、250 mL烧杯、量筒、吸滤瓶、布氏漏斗(瓷或玻璃)、真空泵、磁力搅拌器

步骤

(1)纳米硫酸四氨合铜的制备　5.0 g五水硫酸铜加入15 mL 6 mol/L氨水中,充分搅拌后倾析分离,倾析出的溶液保存备用。再用5 mL 6 mol/L氨水将剩余的固体溶解,与之前的

倾析溶液合并后过滤，盛于 100 mL 烧杯中，在滤液中加入 0.1 g 十二烷基三甲基氯化铵，搅拌溶解，继续在磁力搅拌下逐滴向滤液中加入 20 mL 乙醇，加入完全后用冰水混合物冷却反应体系 15 min，抽滤得到蓝紫色晶体产物，用 10 mL 乙醇洗涤两次，50 ℃干燥两小时。

（2）不同尺寸的硫酸四氨合铜制备

① 去掉步骤（1）中的 0.1 g 十二烷基三甲基氯化铵，其他制备条件不变。

② 将步骤（1）中“在磁力搅拌下逐滴向滤液中加入 20 mL 乙醇”改为一次性加入 20 mL 乙醇，此外不加 0.1 g 十二烷基三甲基氯化铵，其他制备条件不变。

③ 将步骤（1）中所用 100 mL 烧杯改为 250 mL 烧杯，加入乙醇的量增加至 120 mL，此外不加 0.1 g 十二烷基三甲基氯化铵，其他制备条件不变。

*④ 可将①～③的改变条件复合使用，由学生们自拟方案进行探究。

（3）对不同尺寸硫酸四氨合铜形貌差别的观察　不同尺寸的硫酸四氨合铜材料会呈现出晶体、碎晶、粉末、胶体等形态。同时也可以使用 zeta 电位和激光粒度分析仪来测定不同条件下制得的硫酸四氨合铜的粒度。

说明

对于硫酸四氨合铜晶体的生成，搅拌会使颗粒难以团聚从而降低产物的尺寸；表面活性剂的加入能影响离子间的作用从而使产物尺寸变小；加入更多的沉淀剂会使得溶液的过饱和度变大，从而使得材料的尺寸变小，通过控制不同的反应条件可以得到具有合适尺寸的材料。

思考题

（1）实验步骤（2）②中将溶液：乙醇比例从 1：1 提升到了 1：6，如果进一步提升至 1：10，得到的产物尺寸反而会变大，为什么？

（2）如果想要测定产品中的 Cu 和 NH_3 含量可以使用什么方法？

4.2.7 水热与溶剂热合成

水热与溶剂热合成是指在一定温度（100～1000 ℃）和压强（1～100 MPa）的密闭体系中利用溶液中物质化学反应所进行的合成。它最早是矿物学家在实验室中研究超临界条件下矿物形成过程的方法，经过一个多世纪的发展，水热与溶剂热合成已成为无机合成化学中一个重要的合成方法，广泛应用于微孔晶体材料、非线性光学材料、铁氧体磁性材料、复合氧化物电子材料、纳米材料等无机物材料的制备，一些常规条件下难以进行的新化学反应在高温、高压下得以实现，此时能获得亚稳相、不定比化合物、新物相、多元复合纳米材料等各种新材料。水热与溶剂热合成还有利于生成晶向完美、取向规则的材料，且合成的产物纯度较高，通过选择和调整反应温度、溶剂、表面活性剂等，可以对材料的形状、尺寸、结构进行精细调控，为新材料的探索和研究奠定基础。

水热与溶剂热合成按照反应温度进行分类，可以分为亚临界和超临界合成反应。亚临界反应温度范围是在 100～240 ℃之间，实验室及工业合成多在此温度区间；超临界合成，又称高温高压水热与溶剂热合成,实验温度已高达 1000 ℃、压强高达 0.3 GPa,常用于制备非线性光学材料、声光晶体、激光晶体、具有特殊功能的氧化物晶体及铁电、磁电、光电固体材料。

基于水热与溶剂热合成在高温、高压的密闭体系中进行的特殊技术要求,需要使用相应的耐高温高压与化学腐蚀的反应器,以实验室中亚临界水热与溶剂热合成为例,使用的反应器为反应釜,如图 4.4 所示,反应釜由聚四氟乙烯内胆和不锈钢外套两部分组成,内胆和外套均包含一个主体和顶盖,其中不锈钢釜体和釜盖均配有压力垫片。

图 4.4　水热与溶剂热反应釜

使用反应釜注意事项:

(1) 反应物总体积应低于聚四氟乙烯内胆容积的 80%;

(2) 确保釜体下垫片位置正确(凸起面朝下),然后将聚四氟乙烯内胆放入并覆盖上垫片,拧紧釜盖,如配有螺杆可使用螺杆把釜盖旋钮拧紧。

(3) 将装配完成的反应釜置于加热器(通常为烘箱)内,按照设计的升温条件升至所需的反应温度(鉴于聚四氟乙烯材料的耐热性及反应本身的安全性,一般控制温度在 200 ℃以内)。

(4) 设定的加热程序结束后,待确认釜内温度降至室温后方能打开釜盖进行后续操作。

(5) 每次使用后,要及时清洗反应釜,以免对釜体、釜盖造成锈蚀。

实验37　光致变色型钨酸铋纳米片的制备

目的

1. 了解纳米化学的基础知识。
2. 学习水热法制备纳米材料的基本操作。
3. 了解光致变色、褪色过程与光催化的基本原理。

原理

20 世纪 90 年代初,纳米化学作为化学一个新的分支学科开始出现在现代化学研究领域中。纳米化学是在纳米尺度上研究物质的结构、组成等化学问题,纳米是非常微小的尺度,1 nm 等于 10^{-9} m,纳米化学研究的对象尺寸在 1 ~ 100 nm 之间,一般将这一尺度范围内的材料统称为纳米材料。根据维度约束的不同纳米材料可分为:三个维度上都处于纳米尺度的零维纳米材料如量子点;有两个维度在纳米尺度的一维纳米材料纳米线、纳米带、纳米棒、纳米管;只有一维在纳米尺度的二维材料纳米片等。这些纳米结构的化学组成包括单质、金属氧化物、硫属化合物、合金、硅酸盐等种类。这些不同维度不同种类的纳米材料表现出不同于体相材料的独特的光、电、磁、力学、生物及化学等方面的性质。

光致变色材料指受光照射后会发生着色现象的材料,从化学角度来看,是物质受到一定能量的光辐照后发生反应由状态 C_1 转化为状态 C_2 的过程,同时此过程可逆,C_2 可以自发或者通过加热途径恢复 C_1 状态,两者由于电子结构不同导致了吸收光谱的不同,在转化的过程会表现出明显的颜色变化,因此称为光致变色。具有非晶相组分的 WO_3 是目前研究得最多的光致变色材料之一,其内部存在大量因 W ═ O 键而畸变的 WO_6 八面体,因而易于产生光致变色效应。

Bi_2WO_{6-x}/非晶-BiOCl 纳米片是一种光致变色型 $BiWO_3$ 纳米片,该材料在可见光的辐照下具有快速可逆的光致变色性质,同时这一过程可以有效分离光生电子和空穴,有助于其在光催化中的应用。

光致变色型 $BiWO_3$ 纳米片的制备采用水热法,以 $Bi(NO_3)_3 \cdot 5H_2O$ 和 $Na_2WO_4 \cdot 2H_2O$ 为前驱体,十八烷基三甲基氯化铵(OTAC)为表面活性剂。

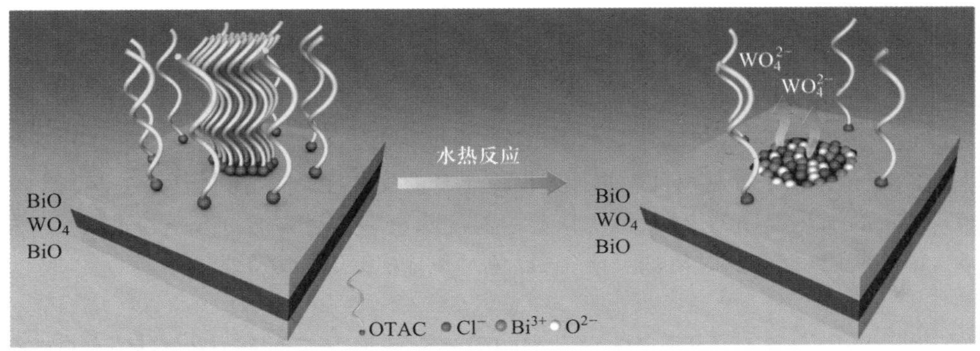

首先,$Bi(NO_3)_3 \cdot 5H_2O$ 不溶于水,在水中根据 pH 不同水解为不同的碱式盐,这些碱式盐具有在 c 轴方向上堆叠$[Bi_2O_2]^{2+}$片层的特点,以 $Bi_2O_2(OH)NO_3$ 为例:

$$2Bi(NO_3)_3+3H_2O \longrightarrow Bi_2O_2(OH)NO_3+5H^++5NO_3^-$$

随后在水热合成条件下,$[Bi_2O_2]^{2+}$与 WO_4^{2-} 发生自组装,WO_4^{2-} 四面体开始向 WO_6 八面体转化,生成结晶的 Bi_2WO_6 或$(Bi_2O_2)(WO_4)$:

$$[Bi_2O_2]^{2+}+WO_4^{2-} \longrightarrow Bi_2WO_6$$

同时,在生长过程中浓度足够高的 Cl^-会与 WO_4^{2-} 发生沉淀溶解平衡的竞争反应并部分取代 WO_4^{2-},破坏原本结晶结构,最终形成了由 Bi、Cl、O 三种元素组成的非晶区域:

$$Bi_2WO_6+2Cl^- \longrightarrow 2BiOCl+WO_4^{2-}$$

试剂及仪器

$Na_2WO_4 \cdot 2H_2O$ 固体(AR)

$Bi(NO_3)_3 \cdot 5H_2O$ 固体(AR)
十八烷基三甲基氯化铵固体(AR)
无水乙醇(AR)
电子天平、100 mL 烧杯、50 mL 水热反应釜、高速离心机、鼓风干燥箱、真空烘箱

步骤

(1) 光致变色型钨酸铋纳米片的制备　将 0.20 g $Na_2WO_4 \cdot 2H_2O$(0.6 mmol) 及 0.080 g 十八烷基三甲基氯化铵(OTAC)(0.23 mmol)完全溶解于 40 mL 去离子水(可以加热至 50 ℃以促进溶解),之后将 0.486 g $Bi(NO_3)_3 \cdot 5H_2O$(1 mmol)粉末加入溶液中,并保持搅拌,60 min 后将得到的混合物转移至 50 mL 水热反应釜中,放入鼓风干燥箱,140 ℃反应 24 h。之后将得到的产物经离心分离后,用无水乙醇和去离子水洗涤 3 遍以除去未反应的试剂,而后在真空烘箱中以 60 ℃干燥。

(2) 光致变色的观察　称取 50 mg 烘干后的光致变色型钨酸铋纳米片粉末,溶于 30 mL 乙醇中,将溶液置于空气中观察颜色变化,待出现明显的颜色变化后将溶液置于暗处 1 min,取出观察颜色变化。

说明

(1) 本实验内容来源于清华大学理学博士学位论文《光致变色无机半导体纳米材料合成于光催化有机反应研究》,作者曹兴,指导教师彭卿教授。相关研究成果发表于 *Nature Catalysis*,2018,1,704"A photochromic composite with enhanced carrier separation for the photocatalytic activation of benzylic C–H bonds in toluene", X. Cao, Z. Chen, R. Lin, W. C. Cheong, S. J. Liu, J. Zhang, Q. Peng*, C. Chen*, T. Han, X. J. Tong, R. A. Shen, W. Zhu, D. S. Wang, Y. D. Li*

(2) 表面活性剂 OTAC 可以使得合成的纳米片变薄,提高了载流子的扩散速度,同时在反应中作为 BiOCl 的氯源与光致变色型 $BiWO_3$ 的生成反应竞争,共同构筑了非晶 BiOCl 和结晶 Bi_2WO_6 交界区域缺陷,提升 p-BWO 纳米片的光致变色性质。

(3) 对非晶 BiOCl 和结晶 Bi_2WO_6 交界区域缺陷的构筑使光致变色型 $BiWO_3$ 纳米片内部产生了大量 W(Ⅵ)O_{6-x}单元,受到光照后其中的 W(Ⅵ)会被产生的光生电子部分还原为蓝色的 W(Ⅴ),实现变色,氧气分子又可以将还原后的 W(Ⅴ)氧化至 W(Ⅵ)实现褪色。此过程可以快速俘获并消耗光生电子,因此光致变色型 $BiWO_3$ 纳米片具有独特、灵敏、可逆的光致变色性质。

思考题

(1) 如果不将光致变色型 $BiWO_3$ 纳米片配成溶液而是直接使用粉末的话能观察到变色现象吗?

(2) 增加或者减少 OTAC 的使用量会对纳米片造成什么样的影响?

第五部分

附录

附录 1

常见阳离子的主要鉴定反应

离子	试剂	鉴定反应	介质条件	说明
NH_4^+	萘斯勒试剂[四碘合汞(Ⅱ)酸钾的碱性溶液]	$NH_4^+ + 2[HgI_4]^{2-} + 4OH^- \longrightarrow Hg_2NH_2OI\downarrow$(棕色)$+ 7I^- + 3H_2O$	碱性	Fe^{3+}、Cr^{3+}、Co^{3+}、Ni^{2+}、Ag^+、Hg^{2+}等离子能与萘斯勒试剂生成有色沉淀，干扰 NH_4^+ 的鉴定
Na^+	醋酸铀酰锌	$Na^+ + Zn^{2+} + 3UO_2^{2+} + 9Ac^- + 9H_2O \longrightarrow NaZn(UO_2)_3(Ac)_9 \cdot 9H_2O\downarrow$(淡黄绿色)	中性或乙酸溶液中	Ag^+、Hg_2^{2+}、Sb^{3+}、大量 K^+ 存在干扰鉴定
	焰色反应	挥发性钠盐在煤气灯的无色火焰(氧化焰)中灼烧时，火焰呈黄色		
K^+	$Na_3[Co(NO_2)_6]$	$2K^+ + Na^+ + [Co(NO_2)_6]^{3-} \longrightarrow K_2Na[Co(NO_2)_6]\downarrow$(亮黄色)	中性或弱酸性	Rb^+、Cs^+、NH_4^+ 能与试剂形成相似的化合物，干扰鉴定
	焰色反应	挥发性钾盐在煤气灯的无色火焰(氧化焰)中灼烧时，火焰呈紫色		Na^+存在时，K^+所显示的紫色被黄色掩盖，可透过蓝色玻璃观察
Mg^{2+}	镁试剂Ⅰ[对硝基苯偶氮间苯二酚]	在碱性介质中反应生成蓝色螯合物沉淀	强碱性	1. 除碱金属外，在强碱性介质中能形成有色沉淀的离子如 Ag^+、Hg^{2+}、Cr^{3+}、Co^{3+}、Ni^{2+}、Cu^{2+}、Mn^{2+}、Fe^{3+} 等离子对反应均有干扰 2. 大量 NH_4^+ 存在会降低 OH^-的浓度，从而降低 Mg^{2+} 鉴定反应的灵敏度
Ba^{2+}	K_2CrO_4	$Ba^{2+} + CrO_4^{2-} \longrightarrow BaCrO_4\downarrow$(黄色)	中性或弱酸性	1. $BaCrO_4\downarrow$不溶于乙酸 2. Pb^{2+}、Ag^+、Hg^{2+} 等离子与 CrO_4^{2-} 能生成有色沉淀干扰检出，可加 Zn 粉还原除去

续表

离子	试剂	鉴定反应	介质条件	说明
Ba^{2+}	焰色反应	挥发性钡盐使火焰呈黄绿色		
Ca^{2+}	$(NH_4)_2C_2O_4$	$Ca^{2+}+C_2O_4^{2-} \longrightarrow CaC_2O_4\downarrow$（白色）	中性或弱酸性	1. 沉淀溶于强酸，不溶于乙酸 2. Ag^+、Pb^{2+}、Cd^{2+}、Hg^{2+}、Hg_2^{2+} 等离子均能与 $C_2O_4^{2-}$ 生成沉淀对反应有干扰，可在氨性溶液中加入 Zn 粉将它们还原除去
	焰色反应	挥发性钙盐在煤气灯的无色火焰（氧化焰）中灼烧时，火焰呈砖红色		
Al^{3+}	铝试剂（金黄色素三羟酸铵）	$Al^{3+}+$铝试剂$\xrightarrow[水浴]{\triangle}$红色絮状沉淀	pH = 6 ~ 7	Fe^{3+}、Cr^{3+}、Ca^{2+}、Pb^{2+}、Cu^{2+} 等离子也能生成与铝相类似的红色沉淀而有干扰
Sb^{3+}	Sn 片	$2Sb^{3+}+3Sn \longrightarrow 2Sb\downarrow$（黑色）$+3Sn^{2+}$	酸性	Ag^+、Hg^{2+}、AsO_2^-、Bi^{3+} 等离子也能与 Sn 发生氧化还原反应，析出黑色金属，妨碍鉴定
Bi^{3+}	$Na_2[Sn(OH)_4]$	$2Bi^{3+}+3Sn(OH)_4^{2-}+6OH^- \longrightarrow 2Bi\downarrow$（黑色）$+3Sn(OH)_6^{2-}$	强碱性	1. 所用试剂必须临时配制 2. Ag^+、Hg^{2+}、Pb^{2+} 存在时，也会慢慢地被 $Sn(OH)_4^{2-}$ 还原而析出黑色金属，干扰鉴定
Sn^{2+}	$HgCl_2$	$Sn^{2+}+2HgCl_2+4Cl^- \longrightarrow Hg_2Cl_2\downarrow$（白色）$+SnCl_6^{2-}$ $Sn^{2+}+2HgCl_2+4Cl^- \longrightarrow Hg\downarrow$（黑色）$+SnCl_6^{2-}$	酸性	
Cr^{3+}（或 CrO_4^{2-}）	用 H_2O_2 氧化后加可溶性 Pb^{2+} 盐（或 Ag^+ 盐、Ba^{2+} 盐）	$Cr^{3+}+4OH^- \longrightarrow Cr(OH)_4^-$ $2Cr(OH)_4^-+3H_2O_2+2OH^- \longrightarrow 2CrO_4^{2-}+8H_2O$	碱性	凡与 CrO_4^{2-} 生成有色沉淀的金属离子均有干扰
		$Pb^{2+}+CrO_4^{2-} \longrightarrow PbCrO_4\downarrow$（黄色） $2Ag^+ + CrO_4^{2-} \longrightarrow Ag_2CrO_4\downarrow$（砖红色） $Ba^{2+}+CrO_4^{2-} \longrightarrow BaCrO_4\downarrow$（黄色）	乙酸酸化呈弱酸性	

离子	试剂	鉴定反应	介质条件	说明
Cr^{3+}(或 CrO_4^{2-})	在 NaOH 条件下用 H_2O_2 氧化后再酸化并用乙醚(或戊醇)萃取	$Cr^{3+}+4OH^- \longrightarrow Cr(OH)_4^-$ $2Cr(OH)_4^-+3H_2O_2+2OH^- \longrightarrow 2CrO_4^{2-}+8H_2O$	碱性	
		$2CrO_4^{2-}+2H^+ \longrightarrow Cr_2O_7^{2-}+H_2O$ $Cr_2O_7^{2-}+4H_2O_2+2H^+ \longrightarrow 5H_2O+2CrO_5$(蓝色)	酸性	1. 反应应在较低温度下进行 2. CrO_5 在酸性溶液中易分解: $4CrO_5+12H^+ \longrightarrow 4Cr^{3+}+7O_2+6H_2O$
Pb^{2+}	K_2CrO_4	$Pb^{2+}+CrO_4^{2-} \longrightarrow PbCrO_4\downarrow$(黄色)	中性或弱酸性	1. $PbCrO_4\downarrow$ 可溶于 NaOH 和浓 HNO_3,难溶于稀 HNO_3 和乙酸,不溶于 $NH_3 \cdot H_2O$ 2. Ba^{2+}、Ag^+、Hg^{2+} 等离子与 CrO_4^{2-} 能生成有色沉淀干扰检出
Mn^{2+}	$NaBiO_3$	$2Mn^{2+}+5NaBiO_3+14H^+ \longrightarrow 2KMnO_4$(紫红色)$+5Na^++5Bi^{3+}+7H_2O$	H_2SO_4 或 HNO_3 介质	Cr^{3+}浓度大时稍有干扰
Fe^{3+}	$K_4[Fe(CN)_6]$	$K^++Fe^{3+}+Fe(CN)_6^{4-} \longrightarrow KFe[Fe(CN)_6]\downarrow$(深蓝色)	酸性	
	NH_4SCN	$Fe^{3+}+SCN^- \longrightarrow Fe(SCN)^{2+}$(血红色)	酸性	1. 大量 Cu^{2+} 存在与 SCN^- 生成黑绿色沉淀,干扰 Fe^{3+} 检出 2. 氟化物、磷酸、草酸、酒石酸、柠檬酸、含有 α-或 β-OH 的有机酸与 Fe^{3+} 生成稳定的配合物,干扰检出
Fe^{2+}	$K_3[Fe(CN)_6]$	$K^++Fe^{2+}+Fe(CN)_6^{3-} \longrightarrow KFe[Fe(CN)_6]\downarrow$(深蓝色)	酸性	
Co^{2+}	NH_4SCN(饱和或固体)并用丙酮或戊醇萃取	$Co^{2+}+4SCN^- \longrightarrow Co(SCN)_4^{2-}$(艳蓝绿色)	酸性	Fe^{3+} 干扰 Co^{2+} 的检出,可用 NH_4F 或 NaF 掩蔽 Fe^{3+}

续表

离子	试剂	鉴定反应	介质条件	说明
Ni^{2+}	丁二酮肟	Ni^{2+}与丁二酮肟生成鲜红色的螯合物沉淀	pH = 5 ~ 10	1. 在氨性或醋酸钠溶液中进行 2. Co^{2+}、Fe^{3+}、Bi^{3+}分别与丁二酮肟反应生成棕色、红色可溶物和黄色沉淀，Fe^{3+}、Cr^{3+}、Cu^{2+}、Mn^{2+}与氨水生成有色沉淀或可溶物，均干扰检出
Cd^{2+}	H_2S 或 Na_2S	$Cd^{2+}+H_2S \longrightarrow CdS\downarrow$（黄色）$+2H^+$	碱性	凡能与 S^{2-}生成有色硫化物沉淀的金属离子均有干扰
Cu^{2+}	$K_4[Fe(CN)_6]$	$2Cu^{2+}+Fe(CN)_6^{4-} \longrightarrow Cu_2[Fe(CN)_6]\downarrow$（红褐色）	中性 或酸性	Fe^{3+}干扰检出
Ag^+	HCl	$Ag^++Cl^- \longrightarrow AgCl\downarrow$（白色） $AgCl+2NH_3\cdot H_2O \longrightarrow Ag(NH_3)_2^++Cl^-+2H_2O$ $Ag(NH_3)_2^++Cl^-+2H^+ \longrightarrow 2NH_4^++AgCl\downarrow$	酸性	Pb^{2+}、Hg_2^{2+}与 Cl^-形成白色沉淀干扰鉴定，但 $PbCl_2$、Hg_2Cl_2难溶于氨水，可与 AgCl 分离
	K_2CrO_4	$2Ag^+ + CrO_4^{2-} \longrightarrow Ag_2CrO_4\downarrow$（砖红色）	中性或 微酸性	Pb^{2+}、Ba^{2+}、Hg^{2+}有干扰
Zn^{2+}	$(NH_4)_2S$	$Zn^{2+}+S^{2-} \longrightarrow ZnS\downarrow$（白色）	$c(H^+)<$ $0.3\ mol\cdot L^{-1}$	凡能与 S^{2-}生成有色硫化物沉淀的金属离子均有干扰
	二苯硫腙（打萨宗）	加入二苯硫腙振荡后水层呈粉红色	强碱性	在中性或弱酸性条件下，许多重金属离子都能与二苯硫腙生成有色的配合物，因而应注意鉴定的介质条件
Hg^{2+}	$SnCl_2$	见 Sn^{2+}的鉴定	酸性	
	KI 和 $NH_3\cdot H_2O$	① 先加入过量 KI： $Hg^{2+}+2I^- \longrightarrow HgI_2\downarrow$ $HgI_2+2I^- \longrightarrow HgI_4^{2-}$ ② 再加入 $NH_3\cdot H_2O$ 或 NH_4^+盐溶液并加入浓碱溶液，生成红棕色沉淀： $NH_4^++2HgI_4^{2-}+4OH^- \longrightarrow Hg_2NI\downarrow+7I^-+4H_2O$		凡能与 I^-、OH^-生成深色沉淀的金属离子均有干扰

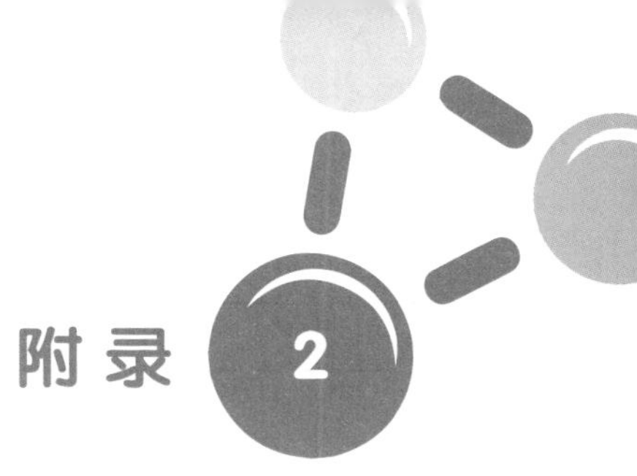

附录 2

常见阴离子的主要鉴定反应

离子	试剂	鉴定反应	介质条件	说明
Cl^-	$AgNO_3$	$Ag^+ + Cl^- \longrightarrow AgCl\downarrow$（白色）	酸性	1. AgCl 溶于过量氨水或 $(NH_4)_2CO_3$，用 HNO_3 酸化后沉淀重新析出 2. SCN^- 与 Ag^+ 生成的白色 AgSCN 沉淀不溶于 $NH_3 \cdot H_2O$
Br^-	氯水，CCl_4（或苯）	$2Br^- + Cl_2 \longrightarrow Br_2 + 2Cl^-$	中性或酸性	析出的溴溶于 CCl_4（或苯）溶剂中呈橙黄色或橙红色
I^-	氯水，CCl_4（或苯）	$2I^- + Cl_2 \longrightarrow I_2 + 2Cl^-$	中性或酸性	析出的碘溶于 CCl_4（或苯）溶剂中呈紫红色
SO_4^{2-}	$BaCl_2$	$SO_4^{2-} + Ba^{2+} \longrightarrow BaSO_4\downarrow$（白色）	酸性	1. $BaSO_4\downarrow$ 不溶于 HCl、HNO_3 2. CO_3^{2-}、SO_3^{2-} 的干扰可加酸排除
$S_2O_3^{2-}$	稀 HCl	$S_2O_3^{2-} + 2H^+ \longrightarrow SO_2\uparrow + S\downarrow + H_2O$ 反应中有硫析出使溶液变浑浊	酸性	SO_3^{2-}、S^{2-} 同时存在时干扰鉴定
	$AgNO_3$	$2Ag^+ + S_2O_3^{2-} \longrightarrow Ag_2S_2O_3\downarrow$（白色） $Ag_2S_2O_3 + H_2O \longrightarrow Ag_2S\downarrow$（黑色）$+ 2H^+ + SO_4^{2-}$	中性	1. S^{2-} 干扰鉴定 2. $Ag_2S_2O_3$ 沉淀不稳定，生成后立即发生水解反应，并且伴随明显的颜色变化，由白→黄→棕，最后变为黑色的 Ag_2S

续表

离子	试剂	鉴定反应	介质条件	说明
SO_3^{2-}	稀 HCl	$SO_3^{2-}+2H^+ \longrightarrow SO_2\uparrow+H_2O$ 可用蘸有 $KMnO_4$ 溶液或淀粉-I_2 溶液或品红溶液的试纸检验	酸性	1. $S_2O_3^{2-}$、S^{2-}对鉴定有干扰 2. SO_2 的检验： ① 可使 $KMnO_4$ 还原而褪色 ② 可使 I_2 还原为 I^-，使淀粉-I_2 溶液褪色 ③ 可使品红溶液褪色
	$Na_2[Fe(CN)_5NO]$ $ZnSO_4$ $K_4[Fe(CN)_6]$	生成红色沉淀	中性	S^{2-}与 $Na_2[Fe(CN)_5NO]$生成紫红色配合物，干扰鉴定，可用 $PbCO_3$ 将 S^{2-} 转化为 PbS 除去
S^{2-}	稀 HCl	$S^{2-}+2H^+ \longrightarrow H_2S\uparrow$	酸性	1. $H_2S\uparrow$可用蘸有 $Pb(NO_3)_2$、$Pb(Ac)_2$ 的试纸变黑 2. SO_3^{2-}、$S_2O_3^{2-}$ 干扰鉴定
	$Na_2[Fe(CN)_5NO]$	$S^{2-}+Fe(CN)_5(NO)^{2-} \longrightarrow$ $Fe(CN)_5(NO)S^{4-}$（紫红色）	碱性	
NO_2^-	对氨基苯磺酸 α-萘胺	溶液呈现红色	中性或乙酸介质	MnO_4^- 等强氧化剂有干扰
NO_3^-	$FeSO_4$ 浓 H_2SO_4	$NO_3^-+3Fe^{2+}+4H^+ \longrightarrow 3Fe^{3+}+NO+2H_2O$ $Fe^{2+}+NO \longrightarrow Fe(NO)^{2+}$（棕色）	酸性	1. 鉴定反应中在混合液与浓硫酸分层处形成棕色环 2. NO_2^- 干扰鉴定，可加入稀硫酸加热除去
CO_3^{2-}	稀 HCl （稀 H_2SO_4）	$CO_3^{2-}+2H^+ \longrightarrow CO_2\uparrow+H_2O$ $CO_2+2OH^-+Ba^{2+} \longrightarrow BaCO_3\downarrow$（白色）$+H_2O$	酸性	SO_3^{2-}、$S_2O_3^{2-}$ 与 H^+作用后产生 SO_2 也能使 $Ba(OH)_2$ 变浊，应在加酸前加入 H_2O_2 或 $KMnO_4$ 使之氧化成 SO_4^{2-} 后除去
SiO_3^{2-}	NH_4Cl （饱和）加热	$SiO_3^{2-}+2NH_4^+ \longrightarrow H_2SiO_3\downarrow$（白色胶状）$+2NH_3\uparrow$	碱性	

续表

离子	试剂	鉴定反应	介质条件	说明
PO_4^{3-}	$AgNO_3$	$3Ag^+ + PO_4^{3-} \longrightarrow Ag_3PO_4\downarrow$（黄色）	中性或弱酸性	CrO_4^{2-}、S^{2-}、AsO_4^{3-}、I^-、$S_2O_3^{2-}$等离子能与Ag^+生成有色沉淀，妨碍鉴定
	$(NH_4)_2MoO_4$（过量试剂）	$PO_4^{3-} + 3NH_4^+ + 12MoO_4^{2-} + 24H^+ \longrightarrow (NH_4)_3[PMo_{12}O_{40}]\cdot 6H_2O\downarrow$（黄色）$+6H_2O$	HNO_3介质	1. 无干扰离子时不必加HNO_3 2. 磷钼酸铵能溶于过量磷酸盐溶液生成配合物，因此需要加入过量钼酸铵试剂 3. SO_3^{2-}、$S_2O_3^{2-}$、S^{2-}、I^-、Sn^{2+}等还原性离子易将钼酸铵还原为低价钼的化合物——钼蓝，严重干扰检出 4. SiO_3^{2-}、AsO_4^{3-}与钼酸试剂也能形成相似的黄色沉淀，妨碍鉴定 5. 大量Cl^-存在时可与Mo^{6+}形成配合物而降低检出灵敏度

3 附录

难溶化合物的溶度积（25 ℃）

化合物英文名称	化学式	K_{sp}
aluminum phosphate	$AlPO_4$	9.84×10^{-21}
barium carbonate	$BaCO_3$	2.58×10^{-9}
barium chromate(Ⅵ)	$BaCrO_4$	1.17×10^{-10}
barium fluoride	BaF_2	1.84×10^{-7}
barium hydroxide octahydrate	$Ba(OH)_2\cdot8H_2O$	2.55×10^{-4}
barium iodate monohydrate	$Ba(IO_3)_2\cdot H_2O$	1.67×10^{-9}
barium molybdate	$BaMoO_4$	3.54×10^{-8}
barium sulfate	$BaSO_4$	1.08×10^{-10}
barium sulfite	$BaSO_3$	5.0×10^{-10}
cadmium carbonate	$CdCO_3$	1.0×10^{-12}
cadmium hydroxide	$Cd(OH)_2$	7.2×10^{-15}
cadmium oxalate trihydrate	$CdC_2O_4\cdot3H_2O$	1.42×10^{-8}
cadmium iodate	$Cd(IO_3)_2$	2.5×10^{-8}
cadmium phosphate	$Cd_3(PO_4)_2$	2.53×10^{-33}
cadmium sulfide	CdS	$8\times10^{-7}(K_{spa})^{*}$
calcium carbonate(calcite)	$CaCO_3$	3.36×10^{-9}
calcium fluoride	CaF_2	3.45×10^{-11}
calcium hydroxide	$Ca(OH)_2$	5.02×10^{-6}
calcium molybdate	$CaMoO_4$	1.46×10^{-8}
calcium oxalate trihydrate	$CaC_2O_4\cdot H_2O$	2.32×10^{-9}
calcium phosphate	$Ca_3(PO_4)_2$	2.07×10^{-33}
calcium sulfate dihydrate	$CaSO_4\cdot2H_2O$	3.14×10^{-5}
copper(Ⅰ) bromide	CuBr	6.27×10^{-9}
copper(Ⅰ) chloride	CuCl	1.72×10^{-7}
copper(Ⅰ) iodide	CuI	1.27×10^{-12}
copper(Ⅱ) oxalate	CuC_2O_4	4.43×10^{-10}
copper(Ⅱ) phosphate	$Cu_3(PO_4)_2$	1.40×10^{-37}

续表

化合物英文名称	化学式	K_{sp}
copper(Ⅱ) sulfide	CuS	6×10^{-16}(K_{spa})*
iron(Ⅱ) carbonate	$FeCO_3$	3.13×10^{-11}
iron(Ⅱ) fluoride	FeF_2	2.36×10^{-6}
iron(Ⅱ) hydroxide	$Fe(OH)_2$	4.87×10^{-17}
iron(Ⅲ) hydroxide	$Fe(OH)_3$	2.79×10^{-39}
iron(Ⅲ) phosphate dihydrate	$FePO_4\cdot2H_2O$	9.91×10^{-16}
iron(Ⅱ) sulfide	FeS	6×10^{2}(K_{spa})*
lead(Ⅱ) carbonate	$PbCO_3$	7.40×10^{-14}
lead(Ⅱ) chloride	$PbCl_2$	1.70×10^{-5}
lead(Ⅱ) hydroxide	$Pb(OH)_2$	1.43×10^{-20}
lead(Ⅱ) iodide	PbI_2	9.8×10^{-9}
lead(Ⅱ) sulfate	$PbSO_4$	2.53×10^{-8}
lead(Ⅱ) sulfide	PbS	3×10^{-7}(K_{spa})*
magnesium carbonate	$MgCO_3$	6.82×10^{-6}
magnesium carbonate pentahydrate	$MgCO_3\cdot5H_2O$	3.79×10^{-6}
magnesium carbonate trihydrate	$MgCO_3\cdot3H_2O$	2.38×10^{-6}
magnesium hydroxide	$Mg(OH)_2$	5.61×10^{-12}
magnesium oxalate dihydrate	$MgC_2O_4\cdot2H_2O$	4.83×10^{-6}
magnesium phosphate	$Mg_3(PO_4)_2$	1.04×10^{-24}
manganese(Ⅱ) carbonate	$MnCO_3$	2.24×10^{-11}
manganese(Ⅱ) oxalate dihydrate	$MnC_2O_4\cdot2H_2O$	1.70×10^{-7}
manganese (Ⅱ) sulfide(α form)	MnS	3×10^{7}(K_{spa})*
nickel(Ⅱ) carbonate	$NiCO_3$	1.42×10^{-7}
nickel(Ⅱ) hydroxide	$Ni(OH)_2$	5.48×10^{-16}
nickel(Ⅱ) phosphate	$Ni_3(PO_4)_2$	4.74×10^{-32}
potassium hexachloroplatinate	K_2PtCl_6	7.48×10^{-6}
silver(Ⅰ) bromide	$AgBr$	5.35×10^{-13}
silver(Ⅰ) carbonate	Ag_2CO_3	8.46×10^{-12}
silver(Ⅰ) chloride	$AgCl$	1.77×10^{-10}
silver(Ⅰ) chromate	Ag_2CrO_4	1.12×10^{-12}
silver(Ⅰ) iodide	AgI	8.52×10^{-17}
silver(Ⅰ) oxalate	$Ag_2C_2O_4$	5.40×10^{-12}
silver(Ⅰ) phosphate	Ag_3PO_4	8.89×10^{-17}
silver(Ⅰ) sulfate	Ag_2SO_4	1.20×10^{-5}
silver(Ⅰ) sulfide	Ag_2S	6×10^{-30}(K_{spa})*
tin(Ⅱ) hydroxide	$Sn(OH)_2$	5.45×10^{-27}

续表

化合物英文名称	化学式	K_{sp}
tin(Ⅱ) sulfide	SnS	$1.0\times10^{-5}(K_{spa})$ *
zinc carbonate	$ZnCO_3$	1.46×10^{-10}
zinc carbonate monohydrate	$ZnCO_3 \cdot H_2O$	5.42×10^{-11}
zinc hydroxide	$Zn(OH)_2$	3×10^{-17}
zinc oxalate dihydrate	$ZnC_2O_4 \cdot 2H_2O$	1.38×10^{-9}
zinc selenide	$ZnSe$	3.6×10^{-26}
zinc sulfide(sphalerite)	ZnS	$2\times10^{-4}(K_{spa})$ *
zinc sulfide(wurtzite)	ZnS	$3\times10^{-2}(K_{spa})$ *

本表来源于“HANDBOOK OF CHEMISTRY *and* PHYSICS”2016～2017,5-177(1043-1044);

* 因为 S^{2-} 有水解,硫化物的溶度积用 K_{spa} 表示,基于 $M_mS_n(s)+2H^+ \rightleftharpoons mM^+ + nH_2S(aq)$ 反应。

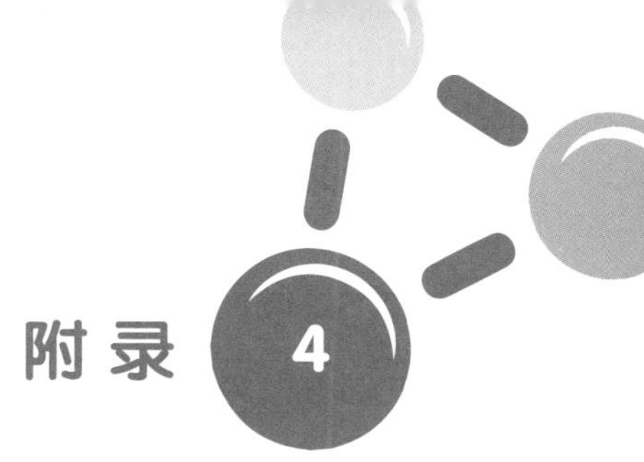

附录 4

标准电极电势*

电极反应	$E^{\ominus}/V$	电极反应	$E^{\ominus}/V$
$Ag^{+}+e \rightleftharpoons Ag$	0.7996	$AgBr+e \rightleftharpoons Ag+Br^{-}$	0.07133
$AgCl+e \rightleftharpoons Ag+Cl^{-}$	0.22233	$Ag_2CrO_4+2e \rightleftharpoons 2Ag+CrO_4^{2-}$	0.4470
$AgI+e \rightleftharpoons Ag+I^{-}$	-0.15224	$Ag_2O+H_2O+2e \rightleftharpoons 2Ag+2OH^{-}$	0.342
$Ag_2S+2e \rightleftharpoons 2Ag+S^{2-}$	-0.691	$Ag_2S+2H^{+}+2e \rightleftharpoons 2Ag+H_2S$	-0.0366
$Al^{3+}+3e \rightleftharpoons Al$	-1.676	$Al(OH)_3+3e \rightleftharpoons Al+3OH^{-}$	-2.30
$Al(OH)_4^{-}+3e \rightleftharpoons Al+4OH^{-}$	-2.310	$Ba^{2+}+2e \rightleftharpoons Ba$	-2.912
$Ba(OH)_2+2e \rightleftharpoons Ba+2OH^{-}$	-2.99	$Bi^{3+}+3e \rightleftharpoons Bi$	0.308
$Bi_2O_3+3H_2O+6e \rightleftharpoons 2Bi+6OH^{-}$	-0.46	$BiOCl+2H^{+}+3e \rightleftharpoons Bi+Cl^{-}+H_2O$	0.1583
$Br_2(aq)+2e \rightleftharpoons 2Br^{-}$	1.0873	$Br_2(l)+2e \rightleftharpoons 2Br^{-}$	1.066
$Ca^{2+}+2e \rightleftharpoons Ca$	-2.868	$Ca(OH)_2+2e \rightleftharpoons Ca+2OH^{-}$	-3.02
$Cd^{2+}+2e \rightleftharpoons Cd$	-0.4030	$CdSO_4+2e \rightleftharpoons Cd+SO_4^{2-}$	-0.246
$Cd(OH)_4^{2-}+2e \rightleftharpoons Cd+4OH^{-}$	-0.658	$CdO+H_2O+2e \rightleftharpoons Cd+2OH^{-}$	-0.783
$Cl_2(g)+2e \rightleftharpoons 2Cl^{-}$	1.35827	$ClO^{-}+H_2O+2e \rightleftharpoons Cl^{-}+2OH^{-}$	0.81
$ClO_3^{-}+6H^{+}+5e \rightleftharpoons 1/2Cl_2+3H_2O$	1.47	$ClO_3^{-}+6H^{+}+5e \rightleftharpoons Cl^{-}+3H_2O$	1.451
$ClO_3^{-}+3H_2O+6e \rightleftharpoons Cl^{-}+6OH^{-}$	0.62	$Co^{2+}+2e \rightleftharpoons Co$	-0.28
$Co(OH)_2+2e \rightleftharpoons Co+2OH^{-}$	-0.73	$Cr^{3+}+e \rightleftharpoons Cr^{2+}$	-0.407
$Cr^{3+}+3e \rightleftharpoons Cr$	-0.744	$Cr_2O_7^{2-}+14H^{+}+6e \rightleftharpoons 2Cr^{3+}+7H_2O$	1.36
$CrO_4^{2-}+4H_2O+3e \rightleftharpoons Cr(OH)_3+5OH^{-}$	-0.13	$Cr(OH)_3+3e \rightleftharpoons Cr+3OH^{-}$	-1.48
$Cu^{+}+e \rightleftharpoons Cu$	0.521	$Cu^{2+}+e \rightleftharpoons Cu^{+}$	0.153
$Cu^{2+}+2e \rightleftharpoons Cu$	0.3419	$CuI_2^{-}+e \rightleftharpoons Cu+2I^{-}$	0.00
$Cu_2O+H_2O+2e \rightleftharpoons 2Cu+2OH^{-}$	-0.360	$Cu(OH)_2+2e \rightleftharpoons Cu+2OH^{-}$	-0.222
$Fe^{2+}+2e \rightleftharpoons Fe$	-0.447	$Fe^{3+}+3e \rightleftharpoons Fe$	-0.037
$Fe^{3+}+e \rightleftharpoons Fe^{2+}$	0.771	$Fe(OH)_3+e \rightleftharpoons Fe(OH)_2+OH^{-}$	-0.56
$2H_2O+2e \rightleftharpoons H_2+2OH^{-}$	-0.8277	$H_2O_2+2H^{+}+2e \rightleftharpoons 2H_2O$	1.776
$I_2+2e \rightleftharpoons 2I^{-}$	0.5355	$I_3^{-}+2e \rightleftharpoons 3I^{-}$	0.536
$2IO_3^{-}+12H^{+}+10e \rightleftharpoons I_2+6H_2O$	1.195	$IO_3^{-}+2H_2O+4e \rightleftharpoons IO^{-}+4OH^{-}$	0.15
$IO_3^{-}+3H_2O+6e \rightleftharpoons IO^{-}+6OH^{-}$	0.26	$Mg^{2+}+2e \rightleftharpoons Mg$	-2.372

续表

电极反应	$E^\ominus$/V	电极反应	$E^\ominus$/V
$Mg(OH)_2+2e \rightleftharpoons Mg+2OH^-$	-2.690	$Mn^{2+}+2e \rightleftharpoons Mn$	-1.185
$MnO_2+4H^++2e \rightleftharpoons Mn^{2+}+2H_2O$	1.224	$MnO_4^-+e \rightleftharpoons MnO_4^{2-}$	0.558
$MnO_4^-+4H^++3e \rightleftharpoons MnO_2+2H_2O$	1.679	$MnO_4^-+8H^++5e \rightleftharpoons Mn^{2+}+4H_2O$	1.507
$MnO_4^-+2H_2O+3e \rightleftharpoons MnO_2+4OH^-$	0.595	$MnO_4^-+4H_2O+5e \rightleftharpoons Mn(OH)_2+6OH^-$	0.34
$MnO_4^{2-}+2H_2O+2e \rightleftharpoons MnO_2+4OH^-$	0.60	$Mn(OH)_2+2e \rightleftharpoons Mn+2OH^-$	-1.56
$Mn(OH)_3+e \rightleftharpoons Mn(OH)_2+OH^-$	0.15	$NO_2^-+H_2O+e \rightleftharpoons NO+2OH^-$	-0.46
$NO_3^-+4H^++3e \rightleftharpoons NO+2H_2O$	0.957	$NO_3^-+H_2O+2e \rightleftharpoons NO_2^-+2OH^-$	0.01
$Ni^{2+}+2e \rightleftharpoons Ni$	-0.257	$Ni(OH)_2+2e \rightleftharpoons Ni+2OH^-$	-0.72
$O_2+2H^++2e \rightleftharpoons H_2O_2$	0.695	$O_2+4H^++4e \rightleftharpoons 2H_2O$	1.229
$O_2+2H_2O+2e \rightleftharpoons H_2O_2+2OH^-$	-0.146	$O_2+2H_2O+2e \rightleftharpoons 4OH^-$	0.401
$H_3PO_4+2H^++2e \rightleftharpoons H_3PO_3+H_2O$	-0.276	$PO_4^{3-}+2H_2O+2e \rightleftharpoons HPO_3^{2-}+3OH^-$	-1.05
$Pb^{2+}+2e \rightleftharpoons Pb$	-0.1262	$PbBr_2+2e \rightleftharpoons Pb+2Br^-$	-0.284
$PbCl_2+2e \rightleftharpoons Pb+2Cl^-$	-0.2675	$PbI_2+2e \rightleftharpoons Pb+2I^-$	-0.365
$PbO+H_2O+2e \rightleftharpoons Pb+2OH^-$	-0.580	$PbO_2+4H^++2e \rightleftharpoons Pb^{2+}+2H_2O$	1.455
$PbO_2+H_2O+2e \rightleftharpoons PbO+2OH^-$	0.247	$PbO_2+SO_4^{2-}+4H^++2e \rightleftharpoons PbSO_4+2H_2O$	1.6913
$PbSO_4+2e \rightleftharpoons Pb+SO_4^{2-}$	-0.3588	$S+2e \rightleftharpoons S^{2-}$	-0.47627
$S+2H^++2e \rightleftharpoons H_2S(aq)$	0.142	$2S+2e \rightleftharpoons S_2^{2-}$	-0.42836
$S_2O_6^{2-}+4H^++2e \rightleftharpoons 2H_2SO_3$	0.564	$S_2O_8^{2-}+2e \rightleftharpoons 2SO_4^{2-}$	2.010
$S_2O_8^{2-}+2H^++2e \rightleftharpoons 2HSO_4^-$	2.123	$S_4O_6^{2-}+2e \rightleftharpoons 2S_2O_3^{2-}$	0.08
$H_2SO_3+4H^++4e \rightleftharpoons S+3H_2O$	0.449	$2SO_3^{2-}+2H_2O+2e \rightleftharpoons S_2O_4^{2-}+4OH^-$	-1.12
$2SO_3^{2-}+3H_2O+4e \rightleftharpoons S_2O_3^{2-}+6OH^-$	-0.571	$SO_4^{2-}+4H^++2e \rightleftharpoons H_2SO_3+H_2O$	0.172
$2SO_4^{2-}+4H^++2e \rightleftharpoons S_2O_6^{2-}+H_2O$	-0.22	$SO_4^{2-}+H_2O+2e \rightleftharpoons SO_3^{2-}+2OH^-$	-0.93
$Sb+3H^++3e \rightleftharpoons SbH_3$	-0.510	$Sb_2O_3+6H^++6e \rightleftharpoons 2Sb+3H_2O$	0.152
$SbO_2^-+2H_2O+3e \rightleftharpoons Sb+4OH^-$	-0.66	$SiO_3^{2-}+3H_2O+4e \rightleftharpoons Si+6OH^-$	-1.697
$Sn^{2+}+2e \rightleftharpoons Sn$	-0.1375	$Sn^{4+}+2e \rightleftharpoons Sn^{2+}$	0.151
$SnO_2+4H^++2e \rightleftharpoons Sn^{2+}+2H_2O$	-0.094	$SnO_2+4H^++4e \rightleftharpoons Sn+2H_2O$	-0.117
$SnO_2+2H_2O+4e \rightleftharpoons Sn+4OH^-$	-0.945	$Zn^{2+}+2e \rightleftharpoons Zn$	-0.7618
$Zn(OH)_2+2e \rightleftharpoons Zn+2OH^-$	-1.249	$ZnO+H_2O+2e \rightleftharpoons Zn+2OH^-$	-1.260

* 本表来源于“HANDBOOK OF CHEMISTRY *and* PHYSICS”2016～2017，5-78(944-947)；

表中列出的数据是在 298.15 K(25 ℃)、101.325 kPa(1 atm)(不是 1 bar 的标准压力)下的标准电极电势 $E^\ominus$ 值，所有可溶性物质的活度均为 1.000 mol·L^{-1}。

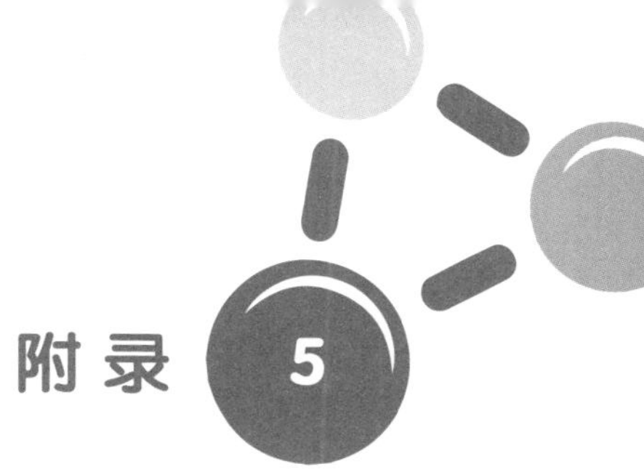

附录 5

纯水的表观密度（ρ_W）*

t/℃	ρ_W/($g \cdot mL^{-1}$)	t/℃	ρ_W/($g \cdot mL^{-1}$)
10	0.9984	21	0.9970
11	0.9983	22	0.9968
12	0.9982	23	0.9966
13	0.9981	24	0.9963
14	0.9980	25	0.9961
15	0.9979	26	0.9959
16	0.9978	27	0.9956
17	0.9976	28	0.9954
18	0.9975	29	0.9951
19	0.9973	30	0.9948
20	0.9972	31	0.9946

* 表观密度是指在一定的空气密度、温度下，一定材质的玻璃量器所容纳或释出单位体积的纯水于 20 ℃时与黄铜砝码所需该砝码的质量。此表所列数据适用于在 1.2 $g \cdot L^{-1}$的空气密度下，用衡量法测定钠钙玻璃（制造玻璃量器用的软质玻璃，其体膨胀系数为 25×10^{-6} ℃$^{-1}$）量器的实际容量。

6 附录

市售酸碱试剂的浓度、含量及密度

试剂	浓度/(mol·L^{-1})	含量%	密度/(g·mL^{-1})
乙酸	6.2~6.4	36.0~37.0	1.04
冰乙酸	17.4	GR,99.8;AR,99.5;CP,99.0	1.05
氨水	12.9~14.8	25~28	0.88
盐酸	11.7~12.4	36~38	1.18~1.19
氢氟酸	27.4	40	1.13
硝酸	14.4~15.2	65~68	1.39~1.40
高氯酸	11.7~12.5	70.0~72.0	1.68
磷酸	14.6	85.0	1.69
硫酸	17.8~18.4	95~98	1.83~1.84

附录 7

常用酸碱指示剂

名称	颜色			变色 pH 范围	pK (HIn)	pT	配制方法
	酸色型	过渡色	碱色型				
百里酚蓝（麝香草酚蓝）（第一变色范围）	红	橙	黄	1.2～2.8	1.65	2.6	0.1% 乙醇（20%）溶液或 0.1% 水溶液（10 mL 内含 4.3 mL 0.05 mol·L^{-1} NaOH 溶液）
甲基黄（二甲基黄、对二甲氨基苯偶氮苯）	红	橙黄	黄	2.9～4.0	3.25	3.9	0.1% 乙醇（90%）溶液
溴酚蓝（四溴苯酚磺酞）	黄		蓝紫	3.0～4.6	3.85	4.0	0.1% 乙醇（20%）溶液或 0.1% 水溶液（10 mL 内含 3 mL 0.05 mol·L^{-1} NaOH 溶液）
甲基橙（对二甲氨基苯偶氮对苯磺酸钠）	红	橙	黄	3.1～4.4	3.46	4.0	0.1% 的水溶液
溴甲酚绿（溴甲酚蓝、四溴间甲苯酚磺酞）	黄	绿	蓝	3.8～5.4	4.90	4.4	0.1% 乙醇（20%）溶液或 0.1% 水溶液（10 mL 内含 2.9 mL 0.05 mol·L^{-1} NaOH 溶液）
甲基红（对二甲氨基苯偶氮邻苯甲酸）	红	橙	黄	4.4～6.2	5.00	5.0	0.1% 或 0.2% 乙醇（60%）溶液
溴百里酚蓝（二溴百里酚磺酞）	黄	绿	蓝	6.0～7.6	7.30	7.0	0.1% 乙醇（20%）溶液或 0.1% 水溶液（10 mL 内含 3.2 mL 0.05 mol·L^{-1} NaOH 溶液）
酚红（苯酚磺酞）	黄	橙	红	6.8～8.0	8.00	7.0	0.1% 乙醇（20%）溶液或 0.1% 水溶液（10 mL 内含 5.7 mL 0.05 mol·L^{-1} NaOH 溶液）
百里酚蓝（麝香草酚蓝）（第二变色范围）	黄		蓝	8.0～9.6	8.90	9.0	0.1% 乙醇（20%）溶液或 0.1% 水溶液（10 mL 内含 4.3 mL 0.05 mol·L^{-1} NaOH 溶液）
酚酞	无色	粉红	红	8.2～10.0	9.00		0.1% 乙醇（60%）溶液
百里酚酞	无色	淡蓝	蓝	9.4～10.6	10.0	10.0	0.1% 乙醇（90%）溶液

8 附录

常用金属指示剂

化学式及名称	EDTA 直接滴定的主要条件和终点颜色变化	配制方法
$C_7H_6O_6S$ 磺基水杨酸	Fe^{3+}:pH = 1.5 ~ 3,乙酸盐,温热, 红紫→无色	1% ~2% 水溶液
$C_8H_8N_6O_6$ 紫尿酸铵;红紫酸铵; 氨基紫色酸;骨螺紫	Ca^{2+}:pH = 12,氢氧化钠,红→紫 Cu^{2+}:pH = 7 ~ 8,氨,黄→紫 Co^{2+}:pH = 8 ~ 10,氨,黄→紫 Ni^{2+}:pH = 8.5 ~ 11.5,氨,黄→紫红	与 NaCl 固体按 1 : 100 质量比混合(三个月后灵敏度降低,三个月内可用)
$C_{15}H_{11}N_3O$ 1-(2-吡啶偶氮)-2-萘酚; PAN;*o*-PAN	Cd^{2+}:pH = 6,乙酸盐,红→黄 Cu^{2+}:pH = 2.5,乙酸盐,红→黄或 pH = 10,氨,紫→黄 Zn^{2+}:pH = 5 ~ 7,乙酸盐,粉红→黄	0.1% 乙醇溶液(三个月后灵敏度降低,三个月内可用)
$C_{16}H_{11}ClN_2O_5S$ 镁试剂,铬蓝 2RL,2-羟基-1-(2-羟基-3-磺基-5-氯苯偶氮)萘	Mg^{2+}:pH = 9.8 ~ 11.2,氨性缓冲溶液, 红→蓝	
$C_{16}H_{12}N_2O_{11}S_3$ 酸性铬蓝 K;红光酸性铬蓝;2-(2-羟基-5-磺基苯偶氮)变色酸(三钠盐)	Ca^{2+}:pH = 12,红→蓝 Mg^{2+}、Pb^{2+}、Zn^{2+}:pH = 10,氨性缓冲溶液,红→蓝(测 Pb^{2+} 加酒石酸)	0.1% 乙醇溶液
$C_{20}H_{13}N_3O_7S$ 铬黑 T;羊毛铬黑 T,1-(1-羟基-2-萘偶氮)-6-硝基-4-磺基-2-萘酚(钠盐);EBT;BT	Mg^{2+}:pH = 10,氨性缓冲溶液 Zn^{2+}:pH = 6.8 ~ 10,氨性缓冲溶液 Cd^{2+}:pH = 6.8 ~ 11.5,氨性缓冲溶液 Pb^{2+}:pH = 10,氨性缓冲溶液,酒石酸 Mn^{2+}:pH = 8 ~ 10,氨性缓冲溶液,抗坏血酸 颜色变化均为红→蓝	0.5 g 指示剂溶于 75 mL 三乙醇和 25 mL 无水乙醇

续表

化学式及名称	EDTA 直接滴定的主要条件和终点颜色变化	配制方法
$C_{21}H_{14}N_2O_7S$ 钙指示剂;钙红;2-羟基-1-(2-羟基-4-磺基-1-萘偶氮)-3 萘甲酸;HHSNN	Ca^{2+}:pH=12~12.5,酒红→蓝	与 NaCl 固体按 1:100 质量比混合(三个月后灵敏度降低,一年内可用)
$C_{23}H_{16}Cl_2O_9S$ 铬天青 S;铬天蓝 S;3"-磺基-2",6"-二氯-3,3'-二甲基-4'-羟基-5,5'-二羧基品红酮(三钠盐)	Al^{3+}:pH=4,乙酸盐缓冲液,加热,紫蓝→黄橙 Ca^{2+}、Mg^{2+}、Ba^{2+}:pH=10~11,氨性缓冲溶液,红→黄 Cu^{2+}:pH=6~6.5,乙酸盐缓冲液,紫蓝→黄(绿)	0.4% 水溶液
$C_{31}H_{32}N_2O_{13}S$ 二甲酚橙	Zn^{2+}:pH=5~6,红→亮黄 Pb^{2+}:pH=5~6,红→亮黄	0.5% 乙醇溶液(三个月后灵敏度降低,三个月内可用)

9 附录

常用氧化还原指示剂

名称	变色点电位	颜色		配制方法
		氧化态	还原态	
亚甲蓝	+0.532 V	天蓝色	无色	0.1% 水溶液
二苯胺	+0.76 V	紫色	无色	1% 浓硫酸溶液
二苯胺磺酸钠	+0.85 V	红紫色	无色	0.8 g 指示剂、2 g Na_2CO_3 加水稀释至 100 mL
邻苯氨基甲酸	+0.89 V	红紫色	无色	0.11 g 指示剂溶于 20 mL 5% Na_2CO_3 溶液中，加水稀释至 100 mL
邻二氮菲亚铁配合物	+1.06 V	浅蓝色	红色	1.485 g 邻二氮菲和 0.695 g $FeSO_4$ 配成 100 mL 水溶液

附录 10

沉淀滴定法常用指示剂

名称	被测离子及 pH（滴定剂 $AgNO_3$）	终点颜色变化	配制方法
铬酸钾	Cl^-、Br^- 中性或弱碱性	白色→砖红色	5% 水溶液
铁铵矾（硫酸高铁铵）	Br^-、I^-、SCN^- 酸性（>3 $mol \cdot L^{-1}$）	白色→红色	40% 的 1 $mol \cdot L^{-1}$ HNO_3 溶液
荧光黄	Cl^-、Br^-、SCN^-、I^- 中性	黄绿→玫瑰红 黄绿→橙	0.1% 乙醇溶液或 0.1% 钠盐水溶液
二氯荧光黄	Cl^-、Br^-、I^- pH 4.4～7.0	黄绿→浅红	0.1% 乙醇（70%）溶液或 0.1% 钠盐水溶液
曙红（四溴荧光黄）	Br^-、SCN^-、I^- pH 1～2	橙→深红	0.1% 乙醇（70%）溶液或 0.5% 钠盐水溶液

11 附录

常用基准物质的干燥条件及应用

名称	干燥条件	应用
$AgNO_3$ 硝酸银	280 ~ 290 ℃干燥至恒重	标定卤化物及硫氰酸盐溶液
$CaCO_3$ 碳酸钙	110 ~ 120 ℃保持 2 h，于干燥器中冷却	标定 EDTA 溶液
$KHC_8H_4O_4$ 邻苯二甲酸氢钾	110 ~ 120 ℃干燥至恒重，于干燥器中冷却	标定 NaOH 溶液
KIO_3 碘酸钾	120 ~ 140 ℃保持 2 h，于干燥器中冷却	标定 $Na_2S_2O_3$ 溶液
$K_2Cr_2O_7$ 重铬酸钾	100 ~ 110 ℃保持 3 ~ 4 h，于干燥器中冷却	标定 $Na_2S_2O_3$、$FeSO_4$ 溶液
NaCl 氯化钠	500 ~ 650 ℃保持 50 min，于干燥器中冷却	标定 $AgNO_3$ 溶液
$Na_2B_4O_7 \cdot 10H_2O$ 硼砂	于含 NaCl-蔗糖饱和溶液的干燥器中保存	标定 HCl、H_2SO_4 溶液
Na_2CO_3 碳酸钠	500 ~ 650 ℃保持 50 min，于干燥器中冷却	标定 HCl、H_2SO_4 溶液
$Na_2C_2O_4$ 草酸钠	150 ~ 200 ℃保持 2 h，于干燥器中冷却	标定 $KMnO_4$ 溶液
Zn 锌	室温干燥器中保存	标定 EDTA 溶液
ZnO 氧化锌	700 ~ 800 ℃保持 50 min，于干燥器中冷却	标定 EDTA 溶液

附录 12

物质的相对分子质量*

化学式	相对分子质量	化学式	相对分子质量	化学式	相对分子质量
Ag	107.868	Br_2	159.808	$CoCl_2$	129.839
AgBr	187.772	C	12.011	$CoCl_2 \cdot 2H_2O$	165.87
AgCl	143.321	Ca	40.078	$CoCl_2 \cdot 6H_2O$	237.93
Ag_2CrO_4	331.73	$CaCl_2$	110.984	$Co(NO_3)_2$	182.942
$AgNO_3$	169.873	$CaCl_2 \cdot 2H_2O$	147.015	$Co(NO_3)_3$	244.948
Ag_2O	231.735	$CaCl_2 \cdot 6H_2O$	219.075	$Co(NO_3)_2 \cdot 6H_2O$	291.034
Ag_3PO_4	418.576	$CaCO_3$	100.087	CoO	74.932
Ag_2S	247.801	CaC_2O_4	128.097	Co_2O_3	165.864
Ag_2SO_4	311.799	$CaC_2O_4 \cdot H_2O$	146.112	$Co_2O_3 \cdot H_2O$	183.88
Al	26.982	$CaHPO_4$	136.057	Co_3O_4	240.798
$AlCl_3$	133.341	$CaHPO_4 \cdot 2H_2O$	172.088	$Co(OH)_2$	92.948
$AlCl_3 \cdot 6H_2O$	241.432	$Ca(NO_3)_2$	164.087	$Co(OH)_3$	109.955
$Al(OH)_3$	78.004	$Ca(NO_3)_2 \cdot 4H_2O$	236.149	$Co(OH)_2 \cdot H_2O$	110.963
$Al(NO_3)_3$	212.997	CaO	56.077	CoS	90.998
$Al(NO_3)_3 \cdot 9H_2O$	375.134	$Ca(OH)_2$	74.093	$CoSO_4$	154.996
Al_2O_3	101.961	$Ca_3(PO_4)_3$	310.177	$CoSO_4 \cdot 7H_2O$	281.102
$Al_2(SO_4)_3$	342.151	$CaSO_4$	136.141	Cr	51.996
$Al_2(SO_4)_3 \cdot 18H_2O$	666.426	Cd	112.411	$CrCl_3$	158.355
Ar	39.948	$CdCl_2$	183.317	$Cr(NO_3)_3$	238.011
As	74.922	$CdCl_2 \cdot H_2O$	201.332	$Cr(NO_3)_3 \cdot 9H_2O$	400.148
As_2O_3	197.841	$Cd(NO_3)_2$	236.42	Cr_2O_3	151.99
Au	196.967	$Cd(NO_3)_2 \cdot 4H_2O$	308.482	$Cr_2(SO_4)_3$	392.18
$AuCl_3$	577.68	CdO	128.41	Cs	132.905
B	10.81	$Cd(OH)_2$	146.426	Cu	63.546
Ba	137.327	CdS	144.476	CuCl	98.999
$BaCl_2$	208.233	$CdSO_4$	208.474	$CuCl_2$	134.452

续表

化学式	相对分子质量	化学式	相对分子质量	化学式	相对分子质量
$BaCl_2 \cdot 2H_2O$	244.264	Ce	140.116	$CuCl_2 \cdot 2H_2O$	170.483
$BaCO_3$	197.336	Ce_2O_3	328.23	CuI	190.45
BaC_2O_4	225.346	$Ce_2(SO_4)_3$	568.42	$Cu(NO_3)_2$	187.555
$BaCrO_4$	253.321	$Ce(SO_4)_2 \cdot 4H_2O$	404.303	$Cu(NO_3)_2 \cdot 3H_2O$	241.602
$Ba(NO_3)_2$	261.336	$C_2H_2O_4$	90.035	$Cu(NO_3)_2 \cdot 6H_2O$	295.647
$Ba(OH)_2$	171.342	$C_2H_2O_4 \cdot 2H_2O$	126.065	CuO	79.545
$BaSO_4$	233.39	$C_4H_6O_6$	150.087	CuO_2	143.091
Be	9.012	$C_6H_8O_7$	192.124	$Cu(OH)_2$	97.561
Bi	208.98	$C_6H_8O_7 \cdot H_2O$	210.139	$Cu_2(OH)_3Cl$	213.567
$BiCl_3$	315.339	$C_8H_5KO_4$	204.222	CuS	95.611
BiOCl	260.432	Cl_2	70.9	Cu_2S	159.157
$Bi(OH)_3$	260.002	Co	58.933	$CuSO_4$	159.609
$CuSO_4 \cdot 5H_2O$	249.685	H_2O_2	34.015	$MgSO_4$	120.368
Dy	162.5	HOCl	52.46	$MgSO_4 \cdot 7H_2O$	246.474
Er	167.259	H_3PO_4	97.995	Mn	54.938
Eu	151.964	H_2S	34.081	$MnCl_2 \cdot 4H_2O$	197.906
Fe	55.845	H_2SO_4	98.079	$MnCO_3$	114.947
$FeCl_2$	126.751	I_2	253.809	$Mn(NO_3)_2 \cdot 6H_2O$	287.039
$FeCl_2 \cdot 4H_2O$	198.813	In	114.818	MnO	70.937
$FeCl_3$	162.204	Ir	192.217	MnO_2	86.937
$FeCl_3 \cdot 6H_2O$	270.295	K	39.098	$Mn(OH)_2$	88.953
$Fe(NO_3)_3$	241.86	KBr	119.002	MnO(OH)	87.945
$Fe(NO_3)_3 \cdot 9H_2O$	403.997	KCl	74.551	MnS	87.003
Fe_2O_3	159.688	K_2CO_3	138.206	$MnSO_4$	151.001
Fe_3O_4	231.533	$K_2C_2O_4$	166.216	$MnSO_4 \cdot 4H_2O$	223.062
FeS	87.91	$K_2C_2O_4 \cdot H_2O$	184.231	Mo	95.96
$FeSO_4$	151.908	K_2CrO_7	294.185	N_2	28.014
$Fe_2(SO_4)_3$	399.878	KH_2PO_4	136.085	Na	22.99
$FeSO_4 \cdot 7H_2O$	278.014	K_2HPO_4	174.176	$NaBiO_3$	279.968
$Fe_2(SO_4)_3 \cdot 9H_2O$	562.015	KI	166.003	NaCl	58.443
Ga	69.723	KIO_3	214.001	NaClO	74.442
$GaCl_3$	176.082	$KMnO_4$	158.034	$NaClO_3$	106.441
$Ga(NO_3)_3$	255.738	K_2MnO_4	197.133	Na_2CO_3	105.989
Ga_2O_3	187.444	KNO_3	101.103	$Na_2CO_3 \cdot 10H_2O$	286.142
$Ga(OH)_3$	120.745	KOCl	90.55	NaF	41.988

续表

化学式	相对分子质量	化学式	相对分子质量	化学式	相对分子质量
Ge	72.63	KOH	56.105	$NaHCO_3$	84.007
Gd	157.25	KSCN	97.181	$NaH_2PO_4 \cdot H_2O$	137.993
$GdCl_3$	263.61	K_2SO_4	174.26	Na_2HPO_4	141.959
$GdCl_3 \cdot 6H_2O$	371.7	La	138.905	$Na_2HPO_4 \cdot 12H_2O$	358.143
$Gd(NO_3)_3 \cdot 6H_2O$	451.36	LaF_3	195.9	$NaHSO_4$	120.061
Gd_2O_3	362.5	Li	6.94	NaI	149.894
$Gd_2(SO_4)_3$	602.69	Lu	174.967	$NaNO_2$	68.996
$Gd_2(SO_4)_3 \cdot 8H_2O$	746.81	Mg	24.305	$NaNO_3$	84.995
$HAuCl_4 \cdot 4H_2O$	411.848	$MgCl_2$	95.211	NaOH	39.997
H_3BO_3	61.833	$MgCl_2 \cdot 6H_2O$	203.302	Na_3PO_4	163.94
HCl	36.461	$MgCO_3$	84.314	Na_2S	78.045
$HClO_3$	84.459	$MgCO_3 \cdot 2H_2O$	120.345	$Na_2S \cdot 9H_2O$	240.183
He	4.003	MgC_2O_4	112.324	Na_2SO_3	126.043
HNO_2	47.014	$MgC_2O_4 \cdot 2H_2O$	148.354	Na_2SO_4	142.043
HNO_3	63.013	$Mg(NO_3)_2$	148.314	Nb	92.906
$H_2NOH \cdot HCl$	69.491	$Mg(NO_3)_2 \cdot 2H_2O$	184.345	Nd	144.242
Ho	164.93	MgO	40.304	NH_3	17.031
H_2O	18.015	$Mg(OH)_2$	58.32	NH_4Br	97.943
NH_4Cl	53.492	PbS	239.3	SnS	150.775
$(NH_4)_2CO_3$	96.086	$PbSO_4$	303.3	SnS_2	182.84
$(NH_4)_2C_2O_4$	124.096	Pd	106.42	SO_2	64.064
$(NH_4)_2C_2O_4 \cdot H_2O$	142.11	$PdCl_2$	177.33	SO_3	80.063
NH_4F	37.037	$PdCl_2 \cdot 2H_2O$	213.36	Sr	87.62
NH_4HCO_3	79.056	Pr	140.908	Ta	180.948
NH_4HF_2	57.044	Pt	195.084	Tb	158.925
NH_4NO_3	80.043	Rb	85.468	Tc	98.0
NH_4OH	35.046	Rh	102.906	Te	127.6
$(NH_4)_2S$	68.142	$RhCl_3$	209.265	Th	232.038
NH_4SCN	76.121	$Rh(NO_3)_3$	288.921	Ti	47.867
$(NH_4)_2SO_3$	116.14	$Rh(NO_3)_3 \cdot 2H_2O$	324.951	$TiCl_3$	154.226
$(NH_4)_2SO_4$	132.14	Rh_2O_3	253.809	$TiCl_4$	189.679
Ni	58.693	Ru	101.07	TiO_2	79.866
$NiCl_2$	129.599	$RuCl_3$	207.43	Tm	168.934
$NiCl_2 \cdot 6H_2O$	237.69	S	32.06	U	238.029
$Ni(NO_3)_2$	182.702	Sb	121.76	V	50.942

续表

化学式	相对分子质量	化学式	相对分子质量	化学式	相对分子质量
$Ni(NO_3)_2 \cdot 6H_2O$	290.794	$SbCl_3$	228.119	V_2O_3	149.881
NiO	74.692	$SbCl_5$	299.025	V_2O_5	262.208
Ni_2O_3	165.385	Sb_2O_3	291.518	W	183.84
$Ni(OH)_2$	92.708	SbOCl	173.212	Xe	131.293
$Ni(OH)_2 \cdot H_2O$	110.723	Sc	44.956	Y	88.906
NO	30.006	Se	78.96	Yb	173.054
NO_2	46.006	Si	28.085	YCl_3	195.265
O_2	31.998	SiO_2	60.085	$Y(OH)_3$	139.928
Os	190.23	Sm	150.36	Zn	65.38
P	30.974	$SmCl_3$	256.72	$ZnCl_2$	136.315
Pb	207.2	$SmCl_3 \cdot 6H_2O$	364.81	$ZnCO_3$	124.418
$PbCl_2$	278.1	$Sm(NO_3)_3$	336.38	$Zn(NO_3)_2$	189.418
$PbCl_4$	349.0	$Sm(NO_3)_3 \cdot 6H_2O$	444.47	$Zn(NO_3)_2 \cdot 6H_2O$	297.51
$PbCrO_4$	323.2	Sn	118.71	ZnO	81.408
$Pb(NO_3)_2$	331.2	$SnCl_2$	189.616	$Zn(OH)_2$	99.424
PbO	223.2	$SnCl_2 \cdot 2H_2O$	225.647	Zr	91.224
PbO_2	239.2	$SnCl_4$	260.522	ZrO_2	123.223
Pb_2O_3	462.4	$SnCl_4 \cdot 5H_2O$	350.598	ZnS	97.474
Pb_3O_4	685.6	SnO_2	150.709	$ZnSO_4$	161.472
$Pb(OH)_2$	241.2	$Sn(OH)_2$	152.725	$ZnSO_4 \cdot 7H_2O$	287.578

* 本表来源于“HANDBOOK OF CHEMISTRY *and* PHYSICS”2016 ~ 2017,3-126/462(264-630);4-44/96(763-815)

读者意见反馈

为收集对教材的意见建议,进一步完善教材编写并做好服务工作,读者可将对本教材的意见建议通过如下渠道反馈至我社。

咨询电话 400-810-0598

反馈邮箱 hepsci@pub.hep.cn

通信地址 北京市朝阳区惠新东街4号富盛大厦1座

高等教育出版社理科事业部

邮政编码 100029